U0903575

复杂系统的模糊变结构控制及其应用

米 阳 韩云昊 著

北 京
冶 金 工 业 出 版 社
2010

内 容 简 介

本书从基本原理与方法、多种控制算法和实际应用等多个方面，阐述了近年来复杂系统模糊变结构控制方面的研究成果。内容包括：不确定离散系统的滑模控制；状态不完全可测时滞系统的研究；非线性离散系统的模糊鲁棒镇定；时滞不确定离散系统的鲁棒镇定；不确定系统的模糊滑模控制；不确定时滞系统的模糊滑模控制；基于分区切换方法设计倒立摆系统的控制器；基于变结构控制的时滞复杂动态网络的鲁棒自适应同步。本书是国内模糊变结构控制领域方面的专著，取材新颖、广泛，结合实际，反映了这一领域近年来所取得的进展。

本书适宜信息、自动化及计算机应用等专业科技人员阅读，也可供高等院校相关专业的师生参考。

图书在版编目（CIP）数据

复杂系统的模糊变结构控制及其应用/米阳，韩云昊著.
—北京：冶金工业出版社，2008.11（2010.3 重印）
ISBN 978-7-5024-4762-5

Ⅰ.复…　Ⅱ.①米…　②韩…　Ⅲ.模糊控制：变结构控制　Ⅳ.TP13

中国版本图书馆 CIP 数据核字（2008）第 172498 号

出 版 人　曹胜利
地　　址　北京北河沿大街嵩祝院北巷 39 号，邮编 100009
电　　话　（010）64027926　电子信箱　postmaster@cnmip.com.cn
责任编辑　宋　良　美术编辑　李　新　版式设计　葛新霞
责任校对　白　迅　责任印制　李玉山
ISBN 978-7-5024-4762-5
北京兴华印刷厂印刷；冶金工业出版社发行；各地新华书店经销
2008 年 11 月第 1 版，2010 年 3 月第 2 次印刷
148mm×210mm；5.625 印张；277 千字；170 页；1501-3000 册
20.00 元

冶金工业出版社发行部　电话：（010）64044283　传真：（010）64027893
冶金书店　地址：北京东四西大街 46 号（100711）　电话：（010）65289081
（本书如有印装质量问题，本社发行部负责退换）

序

传统控制理论发展到今天已非常成熟。然而,随着工程应用对控制要求的不断提高,在一些复杂的控制过程中,如航空航天等领域,却遇到了越来越多用传统控制理论无法解决的问题。这些复杂系统往往具有如下特点:缺乏精确的数学模型,高度的非线性,复杂的任务要求。而模糊理论的兴起正是反映了解决这类问题的迫切需要。变结构控制的优点是能够克服系统的不确定性,对干扰和未建模动态具有很强的鲁棒性;缺点是用于补偿干扰和未建模动态的高控制增益和在滑动面附近控制行为的高频转换而产生抖振现象。如何将两者有机地结合起来,相互取长补短,构成一种新的具有双方优点的集成系统,将是一种极有前景的方法。

近年来,本书的作者在模糊变结构控制及应用研究方面取得了不少研究成果,诸如:离散系统的全程滑模控制,不确定离散系统的滑模控制律的改进,非线性离散系统的模糊鲁棒镇定,时滞不确定离散系统模糊鲁棒镇定,基于变结构控制的时滞复杂动态网络同步研究等。这些成果分别发表在国内外有影响的专业期刊上。本书涵盖了作者近几年的学术研究成果,反映了该学术领域的前沿问题,是模糊变结构控制领域中的一本好书。

2008 年 7 月于上海

前　言

自动控制理论与技术自产生之日起就一直十分活跃，发展迅速，对工农业生产、国防建设、社会进步等起了很大的推动作用。但是，随着生产力的发展和科学技术的进步，当前所面临的系统都是复杂系统。而复杂系统具有大量不确定因素，如多变量、多约束、多耦合、多扰动、大时滞和非线性等特点，所以难以建立精确数学模型，控制算法计算量大。因此，采用鲁棒控制理论和模糊控制方法相结合来解决此类问题，既符合这类系统的特点，又充分发挥了多学科交叉的优势。同时也符合当今信息处理和控制理论相互交叉、相互渗透、相互促进的发展趋势。

自从 Zadeh 建立模糊集理论以来，随着理论和应用研究的深入，模糊集理论得到了长足发展，这主要归功于模糊理论对非线性系统具有极强的建模能力和良好的鲁棒性，即模糊系统的智能特性。模糊逻辑控制器特别适合于描述那些具有不确定性系统的控制问题。从 1974 年的 Mamdani 模糊温度控制器，到 1982 年水泥窑的问世，实践充分表明了模糊控制极具生命力。但是，尽管模糊控制理论的发展至今已有三十多年，也有不少成功的应用范例，但仍处于发展阶段。究其原因，一方面是模糊控制器的设计和分析一直都没有系统和定型的方法可以遵循，另一方面是它与相关学科的结合运用还很不完善。

由于复杂系统中存在的大量不确定性以及状态和扰动的不完全性，使得实行过程的鲁棒控制十分必要。而变结构控制理论作为一种控制系统的综合方法，无论是对于线性系统还是对于非线性系统，均有普遍的适用性。它具有对所控对象模型精度要求较低，进入滑动模态后对系统参数摄动及外界干扰有较强鲁棒性以及控制计算量小、实时性强和快速响应等优点。常规的 VSC 控制器往往会出现抖振问题。抖振的存在对于系统是有害的，会使系统最终出现稳态误差，增加系统能量消耗，还可能激发系统未建模部分的强烈振动，不能满足工程要求。这成为影响它应用的主要问题。因此，近期学术界对 VSC 理论的研究重心已经转移到如何削弱并防止抖振发生等方面。

把滑模控制与模糊控制结合起来,利用滑模控制的快速性和鲁棒性与模糊控制的柔化和智能作用优势互补,来改善系统的动态品质,是本书研究的方向。本书的主要工作概括如下:研究了离散系统的全程滑模控制问题和不确定离散系统的滑模控制律的改进问题;考虑了一类不确定时滞系统的鲁棒观测器设计和镇定问题;针对包含参数不确定项的非线性离散系统,研究了基于T-S模型的模糊鲁棒镇定控制问题;尝试将模糊控制与滑模控制理论相结合,设计具有全局稳定性的模糊控制器;并将变结构控制的研究应用到倒立摆系统的稳定性和复杂网络的同步研究中,取得了理想控制效果;最后,对全书内容作出总结,并提出了下一步研究的方向。

在写作过程中,上海电力学院副校长、同济大学博士生导师张浩教授提出了许多宝贵意见、并为本书作序;东北大学博士生导师井元伟教授和河南师范大学李文林教授给予了有益的指导并提出了宝贵的意见;课题组成员进行了有益的讨论;上海电力学院给予了大力支持;作者的研究工作先后得到了国家自然科学基金资助项目、上海市教育委员会科研创新项目和上海市教委科研基金项目的资助。在此对上述单位和学者表示衷心的感谢。

本书是作者近几年研究工作的结晶,希望本书的出版,能为推动模糊变结构控制在我国的研究和应用,起到促进作用。

由于作者水平所限,书中纰漏和错误在所难免,诚请广大读者批评指正。

作 者
2008 年 6 月
于上海电力学院

目　录

第 1 章　绪　　言

1.1　变结构控制的研究背景和发展概况

变结构控制(又称滑动模态控制),出现于 20 世纪 50 年代,经历了几十年的发展,已形成了自己的体系,成为自动控制系统的一般设计方法[1]。在变结构控制的发展初期(1957 ~ 1962),主要研究内容是:用相变量表示的二阶系统;从 1962 年到 1970 年,主要研究内容是:用常微分方程表示的高阶线性系统;从 70 年代开始,主要方向为在状态空间中研究多变量线性系统。所有这些研究主要是在苏联进行的[2-4]。70 年代后期,基于对变结构在滑动模态阶段对参数不确定项和外部干扰具有不变性的认识,变结构控制开始在世界范围内受到控制工作者的广泛关注,并开始研究一般的非线性系统的变结构控制,所得到的结果是令人鼓舞的[2,4-7]。目前,变结构控制理论作为一种系统的综合方法已被推广到控制系统的各个分支中,如模型跟踪系统、自适应系统、大系统、分布参数系统、时滞系统、不确定性系统、随机系统、学习控制和神经元网络等[8-12],并且在许多工程控制系统上得到了应用,如飞行控制、卫星姿态控制、柔性空间飞行器控制、机器人控制、电机控制、电力系统控制和化工过程控制等等[13-14]。

所谓变结构控制系统是指当系统的状态满足一定的条件时,系统结构发生的改变,即描述系统运动的微分方程发生变化。一个典型的情况是:

$$\dot{\boldsymbol{x}} = f(t,\boldsymbol{x},\boldsymbol{u}) \tag{1.1}$$

$$\boldsymbol{u}_i = \begin{cases} \boldsymbol{u}_i^+(x,t) & \text{当 } s_i(x) > 0 \\ \boldsymbol{u}_i^-(x,t) & \text{当 } s_i(x) < 0 \end{cases} \tag{1.2}$$

式中,$\boldsymbol{x} \in \mathbb{R}^n$为系统的状态变量,$\boldsymbol{u} \in \mathbb{R}^m$为控制变量,$\boldsymbol{s} \in \mathbb{R}^m$表示切换函数,$\boldsymbol{u} = [u_1,\cdots,u_m]^{\mathrm{T}}$,$\boldsymbol{s} = [s_1,\cdots,s_m]^{\mathrm{T}}$。由(1.1)和(1.2)可见,当系统状态 $\boldsymbol{x}$ 从区域 $\varphi_i^+ = \{\boldsymbol{x} \in \mathbb{R}^n : s_i(x) > 0\}$ 进入 $\varphi_i^- = \{\boldsymbol{x} \in \mathbb{R}^n : s_i(x) < 0\}$ 时,系

统的结构从 $\dot{x}=f(t,\boldsymbol{x},\boldsymbol{u}^+)$ 变为 $\dot{x}=f(t,\boldsymbol{x},\boldsymbol{u}^-)$，其中 $\boldsymbol{u}^{\pm}=[u_1,\cdots,u_{i-1},u_i^{\pm},u_{i+1},\cdots,u_m]^{\mathrm{T}}$，即系统运动的微分方程在子流形

$$\varphi=\{\boldsymbol{x}\in\mathbb{R}^n:\ \boldsymbol{s}(x)=0\} \tag{1.3}$$

附近是不连续的。因此，变结构控制也称为不连续控制。

早在变结构控制理论成为控制系统的一般综合方法之前，不连续控制的问题在数学、物理及工程等领域中以这种或那种方式出现，如右端不连续微分方程的研究，具有约束条件的变分问题，非线性振动，继电控制或 bang - bang 控制等。但充分认识到不连续控制的优越性，则是在系统地引入滑动模态的概念及发现滑动模态的不变性之后[15-25]。

所谓滑动模态，是指系统(1.1)的状态限制在子流形(1.3)上的运动。一般地，系统的初始状态未必在子流形 φ 上，此时控制(1.2)的作用就在于把 $x(\cdot)$ 在有限时间内驱动到并维持在 φ 上。这就是所谓的到达过程。滑动模态是变结构控制系统最本质的运动，它可以表现出与系统到达过程中的运动 $\dot{\boldsymbol{x}}=f(t,\boldsymbol{x},\boldsymbol{u}^+)$ 及 $\dot{\boldsymbol{x}}=f(t,\boldsymbol{x},\boldsymbol{u}^-)$ 完全不同的性质。

例如，即使系统 $\dot{\boldsymbol{x}}=f(t,\boldsymbol{x},\boldsymbol{u}^+)$ 及 $\dot{\boldsymbol{x}}=f(t,\boldsymbol{x},\boldsymbol{u}^-)$ 都是不稳定的，但两者创造的滑动模态却可以是稳定的。考虑系统[7]

$$\begin{bmatrix}\dot{x}\\ \dot{y}\end{bmatrix}=f(x,u)=\begin{bmatrix}y\\ 2y-x-u\end{bmatrix} \tag{1.4}$$

$$u=\begin{cases}u^+=4x & \text{当 } xs>0\\ u^-=-4x & \text{当 } xs<0\end{cases} \tag{1.5}$$

$$s=x+2y \tag{1.6}$$

系统 $\dot{x}=f(x,u^+)$，$\dot{x}=f(x,u^-)$ 及 $\dot{x}=f(x,u)$ 的相图分别示于图 1.1(a)、(b)、(c)。由图 1.1 可以看出，前两者在原点处的运动都是不稳定的，而后者却是小范围渐近稳定的。

变结构系统之所以表现出这种特殊的性质，是由于它把各个子系统较“好”的运动有机地结合起来，而力图避开各个子系统“不好”的运动。这种思想正是变结构系统的深刻本质，在图 1.1 中得到了充分的体现。

实际上，经典的调节理论是随着系统状态的变化而改变系统的输入信息的，以获得系统的稳定性、最优代价范函等等；而变结构理论则是随着系统状态的变化而改变系统结构的，当然可以期望获得更好的性质。

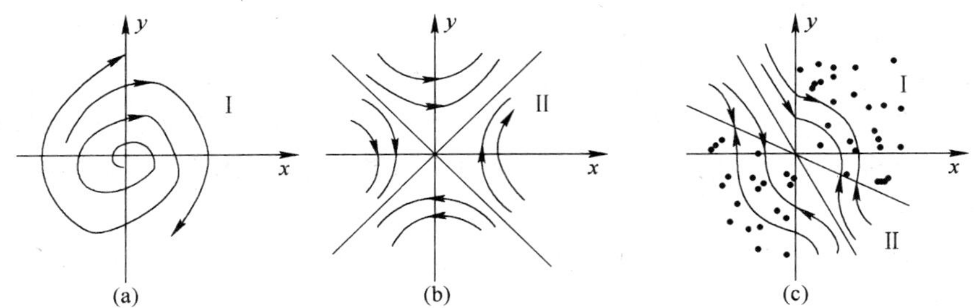

图 1.1　由两个不稳定的系统组成一个稳定的变结构系统

本书只讨论形如式(1.1)的有常微分方程描述的变结构系统。一般地说,即使系统是变结构系统,如式(1.1)和式(1.2),也未必具有滑动模态。这里,我们只讨论具有滑动模态的变结构控制系统,这时也把变结构控制狭义地理解为滑动模态控制。

但是,变结构控制系统还有一个突出的缺点,即抖振。这也是阻碍变结构控制应用的主要障碍之一。

1.2　变结构控制的数学基础及设计步骤

1.2.1　变结构控制的数学基础

在变结构控制理论中,首先遇到的一个基本问题,是关于形如式(1.1)和式(1.2)的微分方程解的存在性及唯一性问题。显然,在滑动流形附近,方程(1.1)的右端不满足 Lipshitz 条件,因此解的存在性及唯一性不能得到保证。为了解决这一问题,Filippov[26] 于 20 世纪 60 年代提出了右端具有不连续性的微分方程解的理论。Utkin[1] 从控制角度出发,给出了至今仍广泛使用的等价控制概念来解决这一问题。下面分别介绍这些方法。

A　Filippov[26] 方法

考虑微分方程

$$\dot{\boldsymbol{x}} = f(t,\boldsymbol{x}) \tag{1.7}$$

式中,$f:\mathbb{R}^1 \times \mathbb{R}^n \rightarrow \mathbb{R}^n$ 对 (t,x) 可测,是 x 的不连续函数。

定义 1.1[26]　函数 x: $[t_0,t_1] \rightarrow \mathbb{R}^n$ 称为方程(1.7)在 $[t_0,t_1]$ 上的 Filippov 解(F－解),如果 $x(\cdot)$ 在 $[t_0,t_1]$ 上绝对连续,并且

$$\dot{x}(t) \in \bigcap_{\delta>0} \bigcap_{\mu N=0} \overline{C \cup x} f(t,\beta(x,\delta)\setminus N) \text{ a. e. in}[t_0,t_1] \tag{1.8}$$

式中，$\beta(x,\delta)$表示$\mathbb{R}^n$中以x为球心，δ为半径的开球，μN表示$\mathbb{R}^n$中集合N的 Lebesgue 测度，$C\cup x$及$\overline{C\cup x}$分别表示凸组合及其闭包。

在变结构控制系统(1.1)和(1.2)中，向量场f在滑动流形上的取值一般来说是不确定的，而定义1.1中的零测集N的作用就是用来消除这种病态行为的。

对切换流形是$n-1$维的情况，方程(1.7)的F－解有非常清晰的几何解释。设

$$\dot{\boldsymbol{x}} = f(x) = \begin{cases} f^{+}(x) & \text{当 } s(x) > 0 \\ f^{-}(x) & \text{当 } s(x) < 0 \end{cases} \tag{1.9}$$

方程(1.9)在区域$\{\boldsymbol{x}\in\mathbb{R}^n:\ s(x)>0\}$及$\{\boldsymbol{x}\in\mathbb{R}^n:\ s(x)<0\}$中的F－解就是相应微分方程的普通解，若下述极限存在

$$\lim_{s(x)\to 0} f^{+}(x) = f_0^{+}(x),\ \lim_{s(x)\to 0} f^{-}(x) = f_0^{-}(x) \tag{1.10}$$

且满足条件

$$(\text{grad } s)^{\mathrm{T}}\cdot f_0^{+} < 0,(\text{grad } s)^{\mathrm{T}}\cdot f_0^{-} < 0 \tag{1.11}$$

则在切换流形$\varphi=\{\boldsymbol{x}\in\mathbb{R}^n:\ s(x)=0\}$上方程(1.9)的F－解就是下述方程的解：

$$\dot{x} = f_0(x) = \frac{(\text{grad } s)^{\mathrm{T}}\cdot f_0^{-}}{(\text{grad } s)^{\mathrm{T}}\cdot(f_0^{-}-f_0^{+})}f_0^{+} - \frac{(\text{grad } s)^{\mathrm{T}}\cdot f_0^{+}}{(\text{grad } s)^{\mathrm{T}}\cdot(f_0^{-}-f_0^{+})}f_0^{-} \tag{1.12}$$

即f_0落在向量f_0^{+}与f_0^{-}的连线上且与φ相切。这个结果表明了F－解对系统存在扰动时的稳定性。

B　等价控制方法

尽管 Filippov[26]理论为变结构控制系统提供了严格的理论基础，但应用起来并不方便。当变结构系统存在滑动模态时，等价控制概念是解决微分方程的不连续性的方便方法。

考虑系统

$$\dot{\boldsymbol{x}} = f(\boldsymbol{x},t) + \boldsymbol{B}(\boldsymbol{x},t)\boldsymbol{u} \tag{1.13}$$

$$u_i = \begin{cases} u_i^{+}(x,t) & \text{当 } s(x) > 0 \\ u_i^{-}(x,t) & \text{当 } s(x) < 0 \end{cases} \tag{1.14}$$

式中，$\boldsymbol{f}:\mathbb{R}^n\times R^1\to\mathbb{R}^n$，$\boldsymbol{B}:\mathbb{R}^n\times\mathbb{R}^1\to\mathbb{R}^m$，$s:\mathbb{R}^n\to\mathbb{R}^m$，$s(x)>0(<0)$表示其

中每个分量 $s_i(x)>0(<0)$, $i=1\cdots m$。令 $\boldsymbol{G}=\dfrac{\partial s}{\partial x}$,设 $\forall(x,t)\in\mathbb{R}^n\times R^1$, $\boldsymbol{GB}$ 非奇异。

在到达过程,系统(1.13)的解按经典微分方程的解定义。在滑动流形上,补充定义控制 u 的值,(即等价控制 u_{eq}),它使得沿着系统(1.13)的解,有

$$\frac{\mathrm{d}s}{\mathrm{d}t}\equiv 0 \tag{1.15}$$

由此可得

$$u_{\mathrm{eq}}=-[\boldsymbol{G}(x)\boldsymbol{B}(x,t)]^{-1}\boldsymbol{G}(x)f(x,t) \tag{1.16}$$

将式(1.16)代入式(1.13),即得系统滑动模态的运动方程为

$$\begin{cases}\dot{x}=f-\boldsymbol{B}(\boldsymbol{GB})^{-1}\boldsymbol{G}f\\ s(x)=0\end{cases} \tag{1.17}$$

系统(1.13)在滑动流形上的解即方程(1.17)定义。条件(1.15)的意义是明显的,系统一旦到达滑动流形,等价控制将使之维持在滑动流形上。

方程(1.17)表示理想情况下滑动模态的运动方程,记其解为 $x^*(t)$。在实际情形下,由于执行机构的时延,间隙特性以及系统的建模误差,理想的滑动运动(1.17)是难以实现的,即控制(1.14)只能把系统(1.13)的状态驱动到滑动流形附近:$\varphi_\Delta=\{\boldsymbol{x}\in\mathbb{R}^n:\ \|s(x)\leqslant\boldsymbol{\Delta}\|\}$,记此时系统(1.13)和(1.14)的解为 $x_\Delta(t)$。要想使等价控制方法具有实际意义,必须要求

$$\lim_{\Delta\to0}x_\Delta(t)=x^*(t) \tag{1.18}$$

条件(1.18)称为滑动模态的可逼近性[7]。条件(1.18)意味着:(1)系统(1.13)和(1.14)的未定义部分的运动,即滑动模态是唯一的;(2)不管以何种近似方程来实现控制律(1.14),当其近似程度足够好时,将产生同一种运动,即滑动模态。这两点无论在理论上还是在应用上都是至关重要的。系统(1.1)的 F-解与等价控制解在一定条件下是等价的。

1.2.2 变结构控制系统的设计步骤

变结构控制系统设计的任务[7]在于:

(1)选择切换函数 $s(x)$,以保证滑动模态渐近稳定或者更进一步的

具有良好的动态性能。

(2)确定变结构控制 $u(x)$,以保证存在滑动模态;系统自状态空间中的任一点出发均能于有限时间内到达滑动流形。

下面分别介绍 $s(x)$ 及 $u(x)$ 的设计方法。另外,本节还将讨论变结构系统的一些特殊问题,如鲁棒性及抖动现象。

1.2.2.1 切换函数的设计

A 线性系统的切换函数

考虑系统

$$\dot{x} = \boldsymbol{A}x + \boldsymbol{B}u, x \in \mathbb{R}^n, u \in \mathbb{R}^m \tag{1.19}$$

$$s = \boldsymbol{C}x, s \in \mathbb{R}^m \tag{1.20}$$

其中,$\boldsymbol{A}$,$\boldsymbol{B}$,$\boldsymbol{C}$ 为具有相应维数的定常数矩阵,假定矩阵对($\boldsymbol{A}$,$\boldsymbol{B}$)可控,矩阵 $\boldsymbol{B}$ 列满秩。

我们的任务是通过设计矩阵 $\boldsymbol{C}$,使得系统(1.19)限制在子空间 $\varphi = \mathrm{Ker}\boldsymbol{C} = \{x \in \mathbb{R}^n: \boldsymbol{C}x = 0\}$ 上的运动满足所期望的性质,且 $|\boldsymbol{CB}| \neq 0$。基本方法是把系统(1.19)和(1.20)变换为正则型。作变换

$$\bar{x} = \boldsymbol{T}x = \begin{bmatrix} T_1 \\ T_2 \end{bmatrix} x = \begin{bmatrix} \bar{x}_1 \\ \bar{x}_2 \end{bmatrix}$$

使得 $T_1\boldsymbol{B} = 0$,$T_2\boldsymbol{B} = \boldsymbol{B}_2$,这里 $\boldsymbol{B}_2$ 为 $m \times m$ 非奇异矩阵,令

$$\boldsymbol{TAT}^{-1} = \begin{bmatrix} \boldsymbol{A}_{11} & \boldsymbol{A}_{12} \\ \boldsymbol{A}_{21} & \boldsymbol{A}_{22} \end{bmatrix}, \boldsymbol{CT}^{-1} = [\boldsymbol{C}_1, \boldsymbol{C}_2]$$

易证 $|\boldsymbol{C}_2| \neq 0$,因此,系统(1.19)和(1.20)化为如下的正则型,

$$\dot{\bar{x}}_1 = \boldsymbol{A}_{11}\bar{x}_1 + \boldsymbol{A}_{12}\bar{x}_2 \tag{1.21}$$

$$\dot{\bar{x}}_2 = \boldsymbol{A}_{21}\bar{x}_1 + \boldsymbol{A}_{22}\bar{x}_2 + \boldsymbol{B}_2 u \tag{1.22}$$

$$s = \boldsymbol{C}_1\bar{x}_1 + \boldsymbol{C}_2\bar{x}_2 \tag{1.23}$$

由此得到滑动模态的动力学方程为

$$\dot{\bar{x}}_1 = (\boldsymbol{A}_{11} - \boldsymbol{A}_{12}\boldsymbol{C}_2^{-1}\boldsymbol{C}_1)\bar{x}_1 = (\boldsymbol{A}_{11} - \boldsymbol{A}_{12}\boldsymbol{F})\bar{x}_1 \tag{1.24}$$

式中,$\boldsymbol{F} = \boldsymbol{C}_2^{-1}\boldsymbol{C}_1$。易证若($\boldsymbol{A}$,$\boldsymbol{B}$)可控,则($\boldsymbol{A}_{11}$,$\boldsymbol{A}_{12}$)可控,因而滑动模态(1.24)的动态品质可以通过线性系统理论的传统设计方法,如极点配置,二次型范函指标优化等方法获得[7]。

B 非线性系统的切换函数

考虑系统

$$\dot{\boldsymbol{x}} = f(t,\boldsymbol{x},\boldsymbol{u}),x \in \mathbb{R}^n,u \in \mathbb{R}^m \tag{1.25}$$

$$\boldsymbol{s} = \boldsymbol{s}(\boldsymbol{x}),s \in \mathbb{R}^m \tag{1.26}$$

目标是寻求切换函数 $\boldsymbol{s}(x)$，使得系统(1.26)限制在切换流形上的运动是渐近稳定的，对于一般的非线性系统(1.26)，这是异常困难的问题，即便是对仿射非时变非线性系统[27]，这一问题也远未解决。因此，这里将介绍一些简单的非线性系统的切换函数的设计方法。

a 正则型非线性系统

考虑非线性系统[27]

$$\begin{aligned}\dot{x}_{i1} &= x_{i2}\\ &\vdots\\ \dot{x}_{i,n_i-1} &= x_{i,n_i}\\ \dot{x}_{i,n_i} &= \alpha_i(\boldsymbol{x}) + \beta_i(\boldsymbol{x})u_i\end{aligned} \tag{1.27}$$

式中，$i=1,2\cdots m$，$\boldsymbol{x}=[x_{11}\cdots x_{1,n_1},\cdots,x_{m1}\cdots x_{m,n_m}]^{\mathrm{T}}$，$\sum_{i=1}^{m} n_i = n$，$\alpha_i(0) = 0$，$\beta_i(x) \neq 0$。称系统(1.27)为非线性系统的正则型。对此系统，切换函数可取为

$$s_i = C_{i1}x_{i1} + \cdots + C_{i,n_i-1}x_{i,n_i-1} + x_{i,n_i} \tag{1.28}$$

式中，$\{C_{i1},\cdots,C_{i,n_{i-1}},1\}$ $i=1,2,\cdots,m$ 为 m 个 Hurwitz 多项式系数，其滑动模态为 m 个解耦线性系统：

$$\begin{aligned}\dot{x}_{i1} &= x_{i2}\\ &\vdots\\ \dot{x}_{i,n_i-2} &= x_{i,n_i-1}\\ \dot{x}_{i,n_i-1} &= -C_{i1}x_{i1} - \cdots - C_{i,n_i-1}x_{i,n_i-1}\end{aligned} \tag{1.29}$$

应当指出，式(1.27)最后一项的右端对 u 可以是非线性的。由高阶微分方程描述的系统 $f(x,\dot{x},\cdots,x^{(n)},u)=0$ 可以化为(1.27)。

b 微分几何方法

对系统(1.29)，设有 m 个函数 $h_1(x),\cdots,h_m(x)$，其相关度[21]分别为 $r_1,\cdots,r_m$，如果 $h_1(x),\cdots,h_m(x)$ 及 $r_1,\cdots,r_m$，满足

$$r_1 + \cdots + r_m = n \tag{1.30}$$

$$\operatorname{rank}\{h_1, L_f h_1, \cdots, L_f^{(r_1-1)} h_1, \cdots; h_m, L_f h_m, \cdots, L_f^{(r_m-1)} h_m\} = n \tag{1.31}$$

则系统(1.29)的切换函数可选为 $s_i = C_{i1} h_i + C_{i2} L_f h_i + \cdots + C_{i,r_i-1} L_f^{(r_i-2)} h_i + L_f^{(r_i-1)} h_i, i = 1, \cdots, m$，其中 $\{C_{i1}, C_{i2}, \cdots, C_{i,r_i-1}, 1\}$ $(i=1,\cdots,m)$ 为 m 个 Hurwitz 多项式系数，此时系统的滑动模态也是 m 个形如(1.29)的线性系统(在适当的局部坐标系下)。

这种方法的缺点在于函数 $h_1, \cdots, h_m$ 的构造是困难的。对于正则系统，h_i 的构造是明显的，但对于一般的非线性系统，还没有一般的方法。关于非线性系统(1.26)的切换函数的构造，目前仍然是一个富有挑战性的问题，它与非线性系统的光滑镇定是直接相关的[27]。

1.2.2.2　控制器的设计

A　Lyapunov 方法

控制器的设计一般是使用到达条件来完成的，传统的方法是 Lyapunov 方法，其基本思想是，令

$$V = \frac{1}{2} s^{\mathrm{T}} s \tag{1.32}$$

而使其沿着系统(1.26)解的导数 $\frac{\mathrm{d}V}{\mathrm{d}t} < 0$，即

$$\dot{V} = s^{\mathrm{T}} \dot{s} < 0 \tag{1.33}$$

保证(1.33)成立的一个充分条件就是

$$\begin{cases} \dot{s}_i < 0 \text{ 当 } s_i > 0 \\ \dot{s}_i > 0 \text{ 当 } s_i < 0 \end{cases}, i = 1, \cdots, m \tag{1.34}$$

条件(1.34)是变结构控制理论中广泛使用的到达条件。

应当指出，式(1.33)或式(1.34)并不能保证有限时间到达。例如，当 $m=1$ 时，$s = \mathrm{e}^{-at}$ $(a>0)$ 满足式(1.33)或式(1.34)，显然它不能在有限时间内到达零。保证有限时间到达的一个充分条件是

$$\lim_{\|s\| \to 0} \dot{V} < 0 \text{ 或 } \lim_{s_i \to 0_+} \dot{s}_i < 0, \lim_{s_i \to 0_-} \dot{s}_i > 0 \tag{1.35}$$

式(1.35)正是经典文献[2,5,7]中所使用的到达条件。

利用到达条件(1.34)～(1.35)所给出的控制器，有两种典型形

式[7]：

(1)继电型

$$u_i = M_i \operatorname{sgn} s_i, i = 1, \cdots, m, M_i = \text{const} \tag{1.36}$$

(2)不连续增益状态反馈型：

$$u_i = \boldsymbol{\Psi}_i x, \boldsymbol{\Psi}_i = \begin{cases} \boldsymbol{\Psi}_i^+ & \text{当 } s_i k_i(x) > 0 \\ \boldsymbol{\Psi}_i^- & \text{当 } s_i k_i(x) < 0 \end{cases} \quad i = 1, \cdots, m \tag{1.37}$$

式中，$\boldsymbol{\Psi}_i, \boldsymbol{\Psi}_i^{\pm}$ 均为行向量，引进函数 $k_i(x)$ 是为了保证式(1.34)成立，但因此也产生了多余的切换面，此时必须验证方程(1.26)的右端在这些切换面上是连续的。即系统(1.26)在 $k_i(x)=0(i=1,\cdots,m)$ 附近的运动是正常的。确实，经典的变结构控制系统[7]（如正则型系统）满足这一要求。变结构控制(1.36)使得系统对于某类外部干扰具有完全自适应性，而(1.37)则使得系统对其模型的某类参数摄动具有完全自适应性。

B 到达律方法

前面讨论滑动模态时，我们希望滑动模态具有某种所要求的品质。同样，对于到达过程，我们有时也希望它具有某种品质，但是到达条件(1.34)和(1.35)丝毫反映不出系统的状态是如何到达滑动流形的。为此，高为炳[5]提出了到达律的概念，它既保证了到达过程的品质，也给出了控制器的一种方便的综合方法。一般的到达律为

$$\dot{s} = -\varepsilon \operatorname{sgn} s - \gamma(s) \tag{1.38}$$

式中，$\varepsilon=\operatorname{diag}(\varepsilon_1,\cdots,\varepsilon_m)$，$\varepsilon_i>0$，$\operatorname{sgn} s = [\operatorname{sgn} s_1, \cdots, \operatorname{sgn} s_m]^{\mathrm{T}}$，$\gamma$: $\mathbb{R}^m \to \mathbb{R}^m$，$\gamma(0)=0$，$s^{\mathrm{T}}\gamma(s) \geqslant 0$。显见，由(1.26)及(1.38)立即可以求出变结构控制 $u^{\pm}(x)$。

C 抖动问题

式(1.19)和式(1.20)所得的滑动模态都是在假定控制系统的执行机构是理想的情况下得到的。实际上，由于开关器件的时滞和回滞特性以及操作器的时延及惯性等实际因素的影响，系统的状态到达滑动流形后，将不是保持在其上作滑动运动，而是在滑动流形附近作来回穿越运动，甚至产生极限环振荡。这种现象称为抖动[5]。

抖动是不连续控制系统中普遍存在的现象，它是一种高频振荡，有可能激励起实际系统中未建模的高频运动成分。这是人们所不期望的，因

而削弱或消除抖动是变结构控制理论的一个重要问题。抖动的产生无非有两个原因：一是不连续性，二是执行机构的不理想。后者必然存在，因而对控制进行连续化是消除抖动的必由之路[5-8]。

消除抖动的一种方法[7]是用饱和型函数代替符号函数（见图1.2）。其基本思想是，定义 $\varphi_\Delta = \{\boldsymbol{x} \in \mathbb{R}^n: \|s(\boldsymbol{x})\| \leqslant \boldsymbol{\Delta}\}$，当 $x \notin \varphi_\Delta$ 时，控制仍取为原来设计的 $u^{\pm}(x)$；而当 $\boldsymbol{x} \in \varphi_\Delta$ 时，控制取为 s 的线性函数，该线性函数的控制作为 x 的函数是连续的。由此，系统的状态将在有限时间内被驱动到并维持在 φ 周围的一个带域 φ_τ 内：$\varphi_\tau = \{x \in \mathbb{R}^n: \ \|s(x)\| \leqslant \boldsymbol{\Delta}\}$。

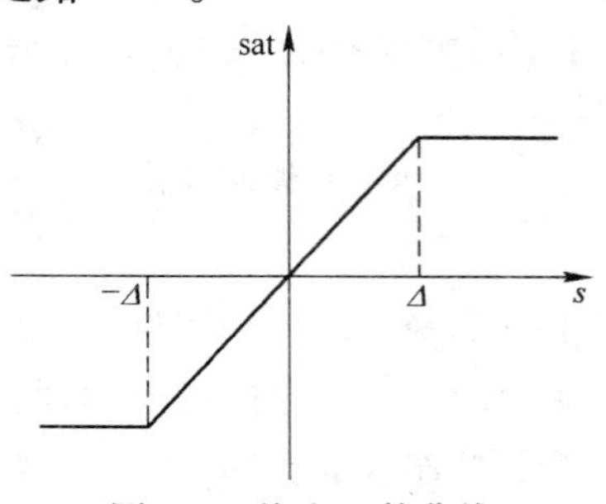

图1.2　饱和函数曲线

值得注意的是，上述方法因为不能保证系统在滑动流形上运动，因而系统预先设计的滑动模态的稳定性可能遭到破坏。一般来说，对线性系统，采用上述方法可以保证系统的所有状态是有界的，但是对非线性系统，系统在带域 φ_τ 中的运动有可能发散。

消除抖动的另一种方法[7]是：当 s 趋近滑动流形时，减小反馈增益，从而减小抖振。这种方法不能消除抖振，另外，也降低了系统的抗干扰能力，但从理论上仍然保证了有限时间到达滑动模态。

总之，抖振是变结构控制系统的一个严重缺点，消除或减小抖振而保持系统的抗干扰能力，仍然是变结构控制理论与应用的重要课题。

变结构作为一种设计方法，它的结果往往不是唯一的，这和其他方法有很大的不同。像最优控制，一旦最优指标确定，控制也就唯一地确定了。再如线性系统的极点配置，一旦给定了要配置的极点集，控制也就确定了，至多有若干待定参数，但控制的结构是唯一地得到了。对于变结构控制，可变因素很多，选择不同的控制形式、切换函数、到达条件以及求变结构控制的方法等，会导致不同的变结构控制规律。同一问题出现了这种多样性，从积极的意义来看，又为工程设计者提供了更多的选择[7]。

1.3 模糊控制的研究背景和发展概况

1.3.1 模糊控制理论的研究背景

自20世纪60年代以来,现代控制理论已经在工业生产过程、军事科学以及航空航天等许多方面都得到成功的应用。例如,极小值原理可以用来解决某些最优控制问题,利用卡尔曼滤波器可以对具有有色噪声的系统进行状态估计,预测控制理论可以对大滞后过程进行有效的控制。但是它们都有一个基本的要求:需要建立被控对象的精确数学模型。

随着科学技术的迅猛发展,各个领域对自动控制系统控制精度、响应速度、系统稳定性与适应能力的要求越来越高,所研究的系统也日益复杂多变[27-30]。然而由于一系列的原因,诸如被控对象或过程的非线性、时变性、多参数间的强烈耦合、较大的随机干扰、过程机理错综复杂、各种不确定性以及现场测量手段不完善等,难以建立被控对象的精确模型。虽然常规自适应控制技术可以解决一些问题,但范围是有限的。对于那些难以建立数学模型的复杂被控对象,采用传统的控制方法,包括基于现代控制理论的控制方法,往往不如一个有实践经验的操作人员所进行的手动控制效果好。因为人脑的重要特点之一就是有能力对模糊事物进行识别与判决,采用看起来似乎不确切的模糊手段,常常可以达到精确的目的。操作人员是通过不断地学习、积累操作经验来实现对被控对象进行控制的。这些经验包括对被控对象特征的了解、在各种情况下相应的控制策略以及性能指标判据。这些信息通常是以自然语言的形式表达的,其特点是定性的描述,所以具有模糊性。由于这种特性使得人们无法用现有的定量控制理论对这些信息进行处理,于是需要探索出新的理论与方法。

实际上,人们已无法回避客观上存在的模糊现象。直到1965年,美国柏克莱加利福尼亚大学电气工程系教授L. A. Zadeh[31]创立模糊集合理论时,才真正开辟了解决这一问题的科学途径。模糊集合理论的诞生,为处理客观世界中存在的一类模糊性问题,提供了有力工具,同时也适应了自适应科学发展的迫切需要。正是在这种背景下,作为模糊数学一个重要应用分支的模糊控制理论便应运而生了。

1.3.2 模糊控制理论发展概况

所谓模糊控制,既不是指被控对象是模糊的,也不是指控制器是不确定的,而是指在表示知识、概念上的模糊性。虽然模糊控制算法是通过模糊语言描述的,但它所完成的却是一项完全确定的工作。

模糊控制理论是控制领域中非常有发展前途的一个分支,这是由于模糊控制具有许多传统控制无法与之比拟的优点,其中主要有:

(1)使用语言方法,可不需要掌握过程的精确数学模型。因为对复杂的生产过程,很难获取过程的精确数学模型,而语言方法却是一种很方便的近似。

(2)对于具有一定操作经验、而非控制专业的工作者,模糊控制方法易于掌握。

(3)操作人员易于通过人的自然语言进行人机界面联系,这些模糊条件语句很容易加入到过程的控制环节上。

(4)采用模糊控制,过程的动态相应品质优于常规 PID 控制,并对过程参数的变化具有较强的适应性。

模糊集合和模糊控制的概念是由美国加利福尼亚大学著名教授 L. A. Zadeh[31] 首先提出的。模糊集合的引入,可将人的判断、思维过程用比较简单的数学形式直接表达出来,从而使对复杂系统做出合乎实际的、符合人类思维方式的处理成为可能,为经典模糊控制器的形成奠定了基础。为了加快模糊控制理论的研究,1972 年,以日本东京大学为中心,发起成立了“模糊系统研究会”。1974 年在加利福尼亚大学的美日研究班上,进行了有关“模糊集合及其应用”的国际学术交流。1978 年,Fuzzy Sets and Systems 杂志在国际上开始发行。1984 年,IFSA(International Fuzzy Systems Association)正式成立,并已召开了几届国际模糊系统会议。从 1992 年起,IEEE Fuzzy Systems 国际会议每年举办一次。1993 年,IEEE Trans. On Fuzzy Systems 开始出版[32,33]。

尽管模糊集合理论的提出至今只有 30 多年,但发展迅速。20 世纪 80 年代以来,自动控制系统的被控对象更加复杂化,它不仅表现在多输入 - 多输出的前耦合性、参数时变性和严重的非线性特性,更突出的是从系统对象所能获得的只是信息量相对地减少,以及对控制性能的要求日益增高。然而,正如 L. A. Zadeh 教授于 1973 年所指出的:“当一个系统复杂性增大时，人们能使其精确化的能力将会下降，当达到一定的阈值时，复杂性和精确性将互相排斥”（即“不相容原理”）。因此要想精确地描述复杂对象与系统的任何物理现象和运动状态，实际上已不可能。关键是如何在精确和简明之间取得平衡，而使问题的描述具有实际意义。这种描述的模糊性，能高效率地对复杂事物作出正确无误的判断和处理。因此，模糊控制理论的研究和应用，在现代控制领域中具有重要的地位和意义。模糊控制不仅适用于小规模线性单变量系统，而且逐渐向大规模、非线性复杂系统扩展。从已实现的控制系统来看，它具有易于掌握、输出量连续、可靠性高、能发挥熟练专家操作的良好自动化效果等优点。

至今，世界上研究“模糊”的学者已超过万人，发表的重要论文达5000多篇[34-36]，研究范围从单纯的模糊数学到模糊理论应用、模糊系统及其硬件集成。与知识工程和控制方面有关的研究有：模糊建模理论、模糊序列、模糊识别、模糊知识库、模糊语言规则、模糊近似推理等[32]。

我国在模糊理论方面的研究处于世界先进水平[32,37-39]，先后出版了几十部有关模糊理论方面的著作，每年在国内外期刊、会议上发表的论文也非常多。相比之下，工程应用方面则较为薄弱。相信在不久的将来，模糊技术将在我国工程应用方面得到很大的发展。

1.3.3 关于 T-S 模糊逻辑系统

非线性控制系统是当今最活跃的一个研究领域，但目前仍缺少系统的和有效的处理方法。模糊控制技术具有控制器设计简便、适用于许多非线性系统以及鲁棒性强等特点[31]。20 世纪 80 年代以来在控制理论和工程实践方面获得了很大的发展，但缺乏严格的稳定性证明。对于控制系统来说，稳定性是一个最基本的性能要求。现代控制理论已建立起成体系、内容丰富的稳定性理论，但关于模糊控制系统的稳定性的研究，目前还不十分深入，关于镇定的研究也不多见。对于二阶模糊系统，可以利用模糊相平面方法分析，但不适用于高阶系统。

模糊 T-S 模型是对非线性不确定系统建模的一个重要工具，目前已经在系统辨识及其控制中得到了广泛的应用[40-43]，并形成了模糊控制领域中最重要的方向之一。Takagi 和 Sugeno[44] 提出了著名的 T-S 模糊系统模型，为解决非线性系统控制问题提供了新途径，而且可得到严格的稳定性证明。T-S 模糊模型的前件为模糊的，后件为确定的线性方程，它将线性系统理论与模糊理论相结合，来解决非线性系统鲁棒稳定性问题（如图1.3所示）。

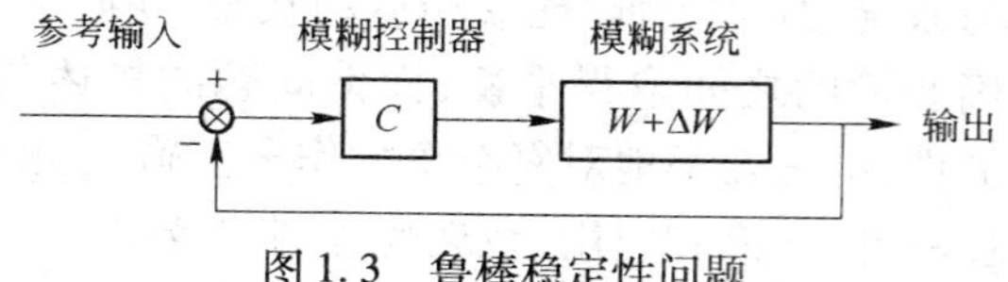

图1.3 鲁棒稳定性问题

一般 Takagi – Sugeno 模糊系统满足如下模糊规则

定义模糊推理规则如下：

R^l：如果 x_1 是 F_1^l 且…且 x_n 是 F_n^l，则 $y = c_0^l + c_1^l x_1 + c_n^l x_n$

式中，F_i^l 为模糊集，c_i 为真参数，y^l 为系统根据规则 R^l 所得到的输出，$l = 1, \cdots, M$。

采用单点模糊化、乘积推理和中心平均加权反模糊化构成的模糊逻辑系统为

$$y(x) = \frac{\sum_{l=1}^{M} y^l \prod_{i=1}^{n} \mu_{F_l^i}(x_i)}{\sum_{l=1}^{M} \prod_{i=1}^{n} \mu_{F_l^i}(x_i)} \tag{1.39}$$

或

$$y(x) = \frac{\sum_{l=1}^{M} \sum_{j=0}^{n} c_j^l x_j \prod_{i=1}^{n} \mu_{F_l^i}(x_i)}{\sum_{l=1}^{M} \prod_{i=1}^{n} \mu_{F_l^i}(x_i)} \tag{1.40}$$

模糊逻辑系统(1.40)通常称为模糊 T – S 模型。图1.4给出了 Takagi – Sugeno 模糊系统的基本框图。

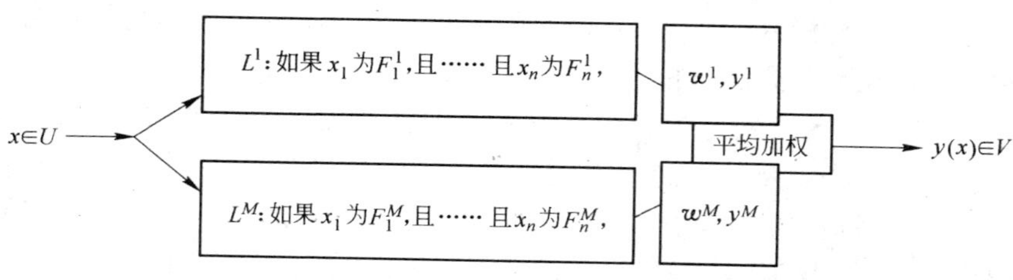

图1.4 Takagi – Sugeno 模糊系统的基本框图

1.4 模糊控制的数学基础

我国古代伟大的哲学家和思想家老子曰"精确兮,模糊所伏;模糊兮,精确所依。"模糊数学不是将数学变得模模糊糊,而是用数学的方法去描述客观世界中的模糊现象,揭示其本质和规律[38]。模糊数学在经典数学和充满模糊性的现实世界之间架起了一座桥梁,为模糊系统与模糊控制的发展提供了起点和基本语言。模糊数学本身就是一个巨大的领域,其原理是由用模糊集合的概念取代经典数学理论中的集合概念发展而来的。按照这种方式,所有的经典数学分支都可以被"模糊化",于是诞生了模糊测度理论、模糊拓扑、模糊算术和模糊分析等等分支[39]。

1965 年,L. A. Zadeh 教授在其发表的著名论文"Fuzzy Sets"中,首次提出用"隶属函数"的概念来定量描述事物模糊性的模糊集合理论[31],从而奠定了模糊数学的基础。1974 年,英国学者 E. H. Mamdani[40] 首次把模糊集合理论成功地应用在锅炉和蒸汽机的控制中,在自动控制领域,首开模糊控制在实际工程上应用之先河。

下面首先介绍一些模糊集合的基本定义和性质[45]。

定义 1.2[45] 映射 $\mu_A(x): X \to [0,1]$ 称为论域 X 上的模糊子集合,记为 A。$\mu_A(x)$ 称为 x 相对于模糊集合 A 的隶属度函数。

模糊集合有多种表示方法,最基本的表示方法是将它所包含的元素及其相应的隶属函数表示出来,它可以用如下的序偶形式来表示:

$$A = \{(x, \mu_A(x)) \mid x \in X\}$$

也可以表示成

$$A = \begin{cases} \int_X \dfrac{\mu_A(x)}{x}, \text{如果 } X \text{ 为连续论域} \\ \sum\limits_{i=1}^{n} \dfrac{\mu_A(x_i)}{x_i}, \text{如果 } X \text{ 为离散论域} \end{cases}$$

下面给出模糊集合的一个例子。

例:设论域 X 为"年龄",在 $X = [0,200]$ 上定义两个模糊集合"少年"和"老年人",这两个模糊集合分别用 Y, O 表示,其隶属函数如图 1.5 所示。

模糊集与经典集合有着相同的运算性质[45]:

(1)分配律

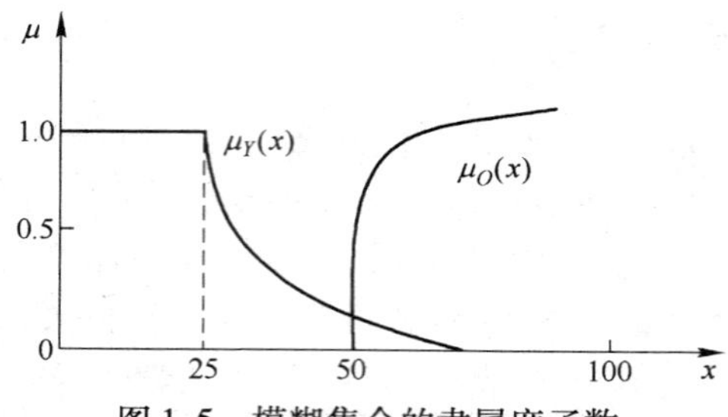

图 1.5　模糊集合的隶属度函数

$$A \cap (B \cup C) = (A \cap B) \cup (A \cap C), A \cup (B \cap C) = (A \cup B) \cap (A \cup C)$$

(2)结合律

$$(A \cap B) \cap C = A \cap (B \cap C), (A \cup B) \cup C = A \cup (B \cup C)$$

(3)交换律

$$A \cup B = B \cup A, A \cap B = B \cap A$$

(4)吸收律

$$(A \cap B) \cup A = A, (A \cup B) \cap A = A$$

(5)幂等律

$$A \cup A = A, A \cap A = A$$

(6)同一律

$$A \cup X = X, A \cap X = A, A \cup \Phi = A, A \cap \Phi = \Phi$$

(7)狄 · 摩根律

$$\overline{(A \cup B)} = \bar{A} \cap \bar{B}, \overline{(A \cap B)} = \bar{A} \cup \bar{B}$$

(8)双重否定律

$$\bar{\bar{A}} = A$$

下面介绍一些模糊集合的基本定理。

定理 1.1(分解定理)[45]　设 A 是论域 X 上的模糊集，A_α 是 A 的 α 截集，其中，$\alpha \in [0,1]$，则有分解式 $A = \bigcup_{\alpha \in [0,1]} \alpha A_\alpha$ 成立。

分解式中的 αA_α 也是论域 X 上的一个模糊集，被称为 α 与截集 A_α 的“乘积”，其隶属度函数定义为 $\mu_{\alpha A_\alpha}(x) = \begin{cases} \alpha, x \in A_\alpha \\ 0, x \notin A_\alpha \end{cases}$。隶属度函数可用图 1.6 表示。

定理 1.2(扩展原理)[45]　设映射 $f: X \to Y$，由 f 诱导一个新映射，记

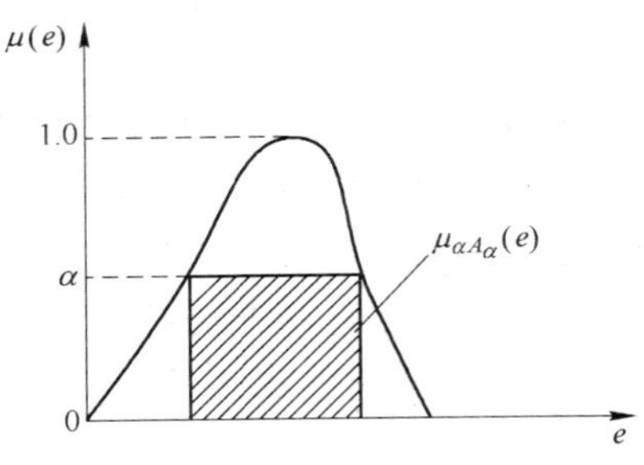

图 1.6 隶属度函数

为$\tilde{f}$，如果$\tilde{f}$满足下式

$$\tilde{f}: F(X) \to F(Y), A \to \tilde{f}(A),$$

$$\mu_{\tilde{f}(A)}(y) = \begin{cases} \bigvee\limits_{\tilde{f}(x)=y} \mu_A(x), & \tilde{f}(y) \neq \Phi \\ 0, & \tilde{f}(y) = \Phi \end{cases}$$

那么由$\tilde{f}$诱导出另一个新的映射$\tilde{f}^{-1}$，其中$\tilde{f}^{-1}$满足下式

$$\tilde{f}^{-1}: F(Y) \to F(X), B \to \tilde{f}^{-1}(B)$$

$$\mu_{\tilde{f}^{-1}(B)}(x) = \mu_B(\tilde{f}(x))$$

这时，$\tilde{f}(A)$称为A在$\tilde{f}$下的象，而$\tilde{f}^{-1}(B)$叫做B在$\tilde{f}$下的原象。式中$\tilde{f}$，称为f的扩展。

1.5 本书的主要内容

近年来，模糊控制理论和应用取得了巨大的成就，但是对于模糊控制稳定性、鲁棒性等性能的分析还比较困难，因此将模糊控制与常规控制理论相结合，设计具有全局稳定性的模糊控制器，是当前研究的重点[42-44]。而变结构控制[46-52]即滑模控制由于具有鲁棒性，被有效地应用在不确定系统控制中,当系统运动轨线到达滑动模态时,具有对外部干扰和参数变量不变性。

基于以上思想,笔者在分别利用滑模控制技术和模糊控制技术研究不确定系统的基础上,尝试将两者相结合。在控制过程中,运用李雅普诺夫稳定性定理和线性矩阵不等式技术,实现系统的稳定并且抑制了抖振。而且,利用模糊控制技术还能有效地减弱传统的滑模控制对不确定项的边界限制条件。书中的主要结果均给出了仿真实例,从直观的角度表明文中结论的有效性。

本书各部分的主要内容概括如下:

第2章主要研究了三个问题,即离散系统的全程滑模控制问题、不确定离散系统的滑模控制律的改进问题和基于幂次趋近律的一类离散时间系统的变结构控制。滑模控制包括到达阶段和滑动阶段两个运动阶段,而系统只在滑动阶段对系统不确定项具有不变性。因此在第一个问题中,针对不确定离散系统[53-57],选择切换函数 $s(x)$,使系统轨线一开始就落在切换面上,缩短了到达运动阶段,使系统运动始终具有理想滑模的优良性能。传统的滑模控制是利用不确定项的界来设计控制律的,具有很大的保守性。在第二个问题中,利用对不确定项的动态逼近来构造控制律,提高了控制的精度,并且克服了由传统控制方法所产生的振颤和保守的缺点。在第三个问题中,针对一类离散时间系统,提出一种变结构控制设计方法。通过构造幂次趋近律,使得系统的准滑动模态不仅能保持步步穿越切换面的基本属性,而且能大幅度削弱抖振,有效地改善控制品质,提高系统的鲁棒性,并且采样周期越短,该控制方法的效果越明显。

针对一类不确定时滞系统,第3章考虑了其鲁棒观测器的设计和镇定问题。当系统中含有非线性项和时滞状态时[58-65],状态估计问题就变得十分困难。因此,通过在观测器的设计中引入前馈补偿项,抵消了时滞项和不确定项的影响,实现了对不确定时滞系统的观测。另外,考虑了一类状态不完全可测时滞系统的镇定问题。对于状态不完全已知的时滞系统,利用线性矩阵不等式和系统变换技巧,给出了时滞系统观测器的具体构造,并且基于设计的观测器,给出了系统的稳定性判据和只包含观测状态的控制律。由于判据中需要的参数是由线性矩阵不等式解出的,不是事先估计选定的,减少了结论的保守性。

在第4章和第5章针对包含参数不确定项和时滞项的非线性离散系

统,研究了其模糊鲁棒镇定控制问题。为了更精确地逼近原系统,在 T - S 模型中添加了参数不确定项,并且通过构造线性矩阵不等式[66-68],把对系统的镇定问题转化为求解线性矩阵不等式的问题。最后通过对著名的 truck - trailer 算例[69-70]进行仿真,说明方法的可行性。

第 6 章尝试将模糊控制与滑模控制理论相结合,设计具有全局稳定性的模糊控制器。首先,研究了一类不确定连续系统基于动态补偿的模糊滑模控制器设计问题和利用模糊滑模控制的非线性不确定系统模型到达控制问题。用切换函数信息建立模糊控制规则,并将其转化为模糊数模型,把通常模糊规则中运动误差和误差变化率信息压缩为一种信息,简化了模糊规则和模糊推理的难度。在此模糊规则基础上提出的双二次函数插值解模糊算法,大大简化了控制律的分析和求解计算。其次,研究了一类不确定离散系统的模糊滑模控制问题。基于 T - S 模型构造出包含局部补偿器和监督控制器全局模糊逻辑控制器。所设计的方法能够充分利用模糊逻辑控制和滑模控制方法的优点,使得全局闭环系统的跟踪性能和鲁棒性能得到显著改善。第 7 章则将第 6 章的控制器推广到一类非线性时滞系统的模糊滑模控制的研究,改进传统方法的鲁棒性能和快速性。

第 8 章和第 9 章分别将变结构控制应用到倒立摆系统的稳定性研究和复杂网络的同步性问题的研究中。经过理论证明和仿真实验,说明设计的控制器取得了理想的控制效果。

第 10 章是本书的结论及对下一步研究工作的展望。

第 2 章　不确定离散系统的滑模控制

2.1　引言

随着变结构系统理论[2,5-7,46-48]的发展,离散系统的变结构控制问题得到了广泛的研究[6,47]。在变结构控制系统中,系统的运动可分为两个阶段:第一阶段是到达运动,即由到达条件保证系统运动在有限时间内从任意初始状态到达切换面;第二阶段是系统在控制律的作用下保持滑模运动。变结构控制的优点在于其滑动模态具有鲁棒性,即系统只有在滑动阶段才具有对参数摄动和外界干扰的不敏感性。因此,如何缩短到达时间和增强系统对不确定项的鲁棒性,则是变结构控制一个重要的研究方向。

2.2　不确定离散系统的全程滑模控制

文献[48]提出了全程滑模的思想,并利用这一思想研究了连续系统的变结构控制。离散系统与连续系统相比有其新的特点。针对离散系统的滑模控制,在文献[48]的基础上,本节研究不确定离散系统的缩短到达时间的问题。选择切换函数 $s(x)$,使系统轨线一开始就落在切换面上,并通过控制律的构造将系统运动保持在切换流形附近,使系统运动始终具有理想滑模的优良性能。

2.2.1　系统描述

考虑如下离散不确定系统

$$\boldsymbol{x}(k+1) = (\boldsymbol{A} + \Delta\boldsymbol{A})x(k) + \boldsymbol{Bu}(k) + \boldsymbol{Df}(k) \quad k = 0,1,\cdots \tag{2.1}$$

式中,状态变量 $\boldsymbol{x}(k) \in \mathbb{R}^n$,控制变量 $\boldsymbol{u}(k) \in \mathbb{R}^m$,外界干扰 $\boldsymbol{f}(k) \in \mathbb{R}^l$,$(\boldsymbol{A},\boldsymbol{B})$完全能控,$\boldsymbol{B}$ 列满秩。

假设 2.1　系统的摄动和外干扰有界,即

$$\|\Delta\boldsymbol{A}\| \leqslant \Psi_{\mathrm{a}}, \|\boldsymbol{f}\| \leqslant \Psi_{\mathrm{f}} \tag{2.2}$$

其中,Ψ_{a} 和 Ψ_{f} 为已知正常数。

假设 2.2　矩阵 $\Delta\boldsymbol{A}$ 和 $\boldsymbol{D}$ 满足匹配条件,即

$$\operatorname{rank}(\Delta\boldsymbol{A},\boldsymbol{B}) = \operatorname{rank}(\boldsymbol{D},\boldsymbol{B}) = \operatorname{rank}(\boldsymbol{B}) \tag{2.3}$$

2.2.2 不确定离散系统全程滑模控制律设计

2.2.2.1 切换函数构造

选取切换函数

$$s(x,k) = \boldsymbol{C}\boldsymbol{x}(k) - \boldsymbol{C}\boldsymbol{E}(k)\boldsymbol{x}(0) \tag{2.4}$$

其中

$$\boldsymbol{E}(k) = \begin{pmatrix} \boldsymbol{E}_1(k) & 0 \\ 0 & \boldsymbol{E}_2(k) \end{pmatrix} \tag{2.5}$$

$$\boldsymbol{E}_1(k) = \begin{pmatrix} \beta_1^k & & \\ & \ddots & \\ & & \beta_{n-m}^k \end{pmatrix}$$

$$\boldsymbol{E}_2(k) = \begin{pmatrix} \beta_{n-m+1}^k & & \\ & \ddots & \\ & & \beta_n^k \end{pmatrix}$$

$\boldsymbol{C}$ 的选取参照文献[7]，令 $\boldsymbol{C}=[\boldsymbol{C}_1,\boldsymbol{C}_2]$。其中：$\boldsymbol{C}_1 \in \mathbb{R}^{(n-m)\times(n-m)}$，$\boldsymbol{C}_2 \in \mathbb{R}^{m\times m}$ 为可逆阵；$|\beta_i|<1, i=1,\cdots,n$。由式(2.4) 易知 $s(x(0))$，即系统一开始便处于理想滑动模态区。

利用以上构造的切换函数，定义如下超平面带

$$S_0^{\Delta} = \{\boldsymbol{x} \in \mathbb{R}^n \mid \boldsymbol{s}^{\mathrm{T}}\boldsymbol{s} < \Delta^2\} \tag{2.6}$$

式中，$\boldsymbol{\Delta}$ 可视为切换带的宽度。

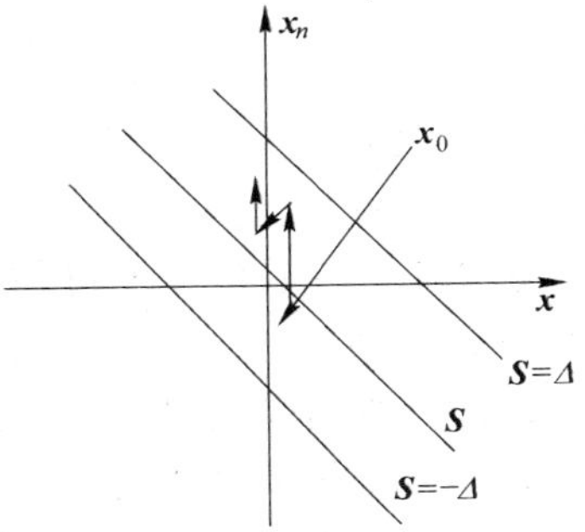

图 2.1 离散系统的切换带

2.2.2.2 控制律设计

这里用趋近律[5]来构造控制 $\boldsymbol{u}$。趋近律一般表示为

$$\boldsymbol{s}(k+1) - \boldsymbol{s}(k) = \boldsymbol{\varepsilon}T\operatorname{sgn}\boldsymbol{s}(k) - \boldsymbol{q}T\boldsymbol{s}(k) \tag{2.7}$$

式中，$\boldsymbol{\varepsilon}$ 和 $\boldsymbol{q}$ 均为对角阵，对角元分别为 ε_i 和 q_i；T 为采样周期，$0<Tq_i<1, \varepsilon_i, q_i>0$。

将方程(2.1)代入式(2.4)，解得控制

$$\boldsymbol{u}(k) = -(\boldsymbol{CB})^{-1}\boldsymbol{C}\Delta \boldsymbol{A}x(k) - (\boldsymbol{CB})^{-1}\boldsymbol{CD}\boldsymbol{f}(k) - (\boldsymbol{CB})^{-1}[\boldsymbol{C}(\boldsymbol{A}-\boldsymbol{I})\boldsymbol{x}(k) - \boldsymbol{C}(\boldsymbol{E}(k+1)-\boldsymbol{E}(k))\boldsymbol{x}(0) + \boldsymbol{\varepsilon}T\text{sgn}\,\boldsymbol{s}(k) + \boldsymbol{q}T\boldsymbol{s}(k)] \tag{2.8}$$

由于 $\boldsymbol{u}$ 中含有不确定项,所以在实际中不能实现。为构造可行的 $\boldsymbol{u}$,现给出如下假设:

假设 2.3　由假设 2.1 知 $\Delta \boldsymbol{A}$ 和 $f(k)$ 有界，不妨设其上下界的估计值已知,令

$$\begin{cases} F_1^+ = \sup\limits_{\|\Delta \boldsymbol{A}\| \leqslant \Psi_\alpha} \boldsymbol{C}\Delta \boldsymbol{A}\boldsymbol{x}(k) \\ F_2^+ = \sup\limits_{\|\boldsymbol{f}(k)\| \leqslant \Psi_f} \boldsymbol{CD}\boldsymbol{f}(k) \end{cases} \tag{2.9}$$

$$\begin{cases} F_1^- = \inf\limits_{\|\Delta \boldsymbol{A}\| \leqslant \Psi_\alpha} \boldsymbol{C}\Delta \boldsymbol{A}\boldsymbol{x}(k) \\ F_2^- = \inf\limits_{\|\boldsymbol{f}(k)\| \leqslant \Psi_f} \boldsymbol{CD}\boldsymbol{f}(k) \end{cases} \tag{2.10}$$

由此可得如下定理。

定理 2.1　选择控制

$$\boldsymbol{u}(k) = \begin{cases} \boldsymbol{u}_{\text{eq}} + \boldsymbol{u}^+, \boldsymbol{s}(k) > 0 \\ \boldsymbol{u}_{\text{eq}} + \boldsymbol{u}^-, \boldsymbol{s}(k) < 0 \end{cases} \tag{2.11}$$

式中

$$\boldsymbol{u}_{\text{eq}} = -(\boldsymbol{CB})^{-1}[\boldsymbol{C}(\boldsymbol{A}-\boldsymbol{I})\boldsymbol{x}(k) + \boldsymbol{C}(\boldsymbol{E}(k)-\boldsymbol{E}(k+1))\boldsymbol{x}(0)]$$

$$\boldsymbol{u}^+ = (\boldsymbol{CB})^{-1}[-\boldsymbol{\varepsilon}T\,\text{sgn}\,\boldsymbol{s}(k) - \boldsymbol{q}T\boldsymbol{s}(k) - F_1^+ - F_2^+]$$

$$\boldsymbol{u}^- = (\boldsymbol{CB})^{-1}[-\boldsymbol{\varepsilon}T\,\text{sgn}\,\boldsymbol{s}(k) - \boldsymbol{q}T\boldsymbol{s}(k) - F_1^- - F_2^-]$$

则系统(2.1)满足到达条件。

证明参见文献[7]。

注 2.1　由定理 2.1 可估计出 $\Delta \boldsymbol{s}(k)$ 的一个界。当 $\boldsymbol{s}(k)>0$ 时,$\boldsymbol{s}(k+1)-\boldsymbol{s}(k) \geqslant -\Delta - \|\boldsymbol{s}(k)\|$,当 $\boldsymbol{s}(k)<0$ 时,有 $\boldsymbol{s}(k+1)-\boldsymbol{s}(k) \leqslant \Delta + \|\boldsymbol{s}(k)\|$ 两种情况,皆有 $\|\boldsymbol{s}(k+1)\| < \max\{\|\boldsymbol{s}(k)\|, \Delta\}$,所以某个时刻后系统的运动必将进入并保持在切换带 S_0^Δ 内。

下面给出系统的稳定性分析。

为了证明系统的稳定性,现给出如下定义。

定义 2.1　若 $\boldsymbol{x}(k)$ 有界且 $\overline{\lim\limits_{k\to\infty}} \|\boldsymbol{x}(k)\| < \Delta$,则称 $\boldsymbol{x}(k)$ 为 Δ 渐近稳定的。

定理 2.2　选择式(2.2)构造的切换函数 $s(\boldsymbol{x}(k))$ 和定理 2.1 构造的控制律，可保证系统(2.1)具有渐近稳定的理想滑动模态和 Δ 渐近稳

定的实际滑动模态。

证明 首先证明系统(2.1)的理想滑动模态是稳定的。系统(2.1)的简约型为

$$\boldsymbol{x}_1(k+1)=\boldsymbol{A}_{11}\boldsymbol{x}_1(k)+\boldsymbol{A}_{12}\boldsymbol{x}_2(k) \tag{2.12}$$

$$\boldsymbol{x}_2(k+1)=\boldsymbol{A}_{21}\boldsymbol{x}_1(k)+\boldsymbol{A}_{22}\boldsymbol{x}_2(k)+\boldsymbol{B}_2\boldsymbol{u}(k)+\boldsymbol{B}_2\widetilde{\boldsymbol{A}}\boldsymbol{x}(k)+\boldsymbol{B}_2\widetilde{\boldsymbol{D}}\boldsymbol{f}(k) \tag{2.13}$$

设 x_1^* 代表理想滑动模态运动轨线，则系统的理想滑动模态方程为

$$\boldsymbol{x}_1^*(k+1)=\boldsymbol{A}_{11}\boldsymbol{x}_1^*(k)+\boldsymbol{A}_{12}\boldsymbol{x}_2^*(k) \tag{2.14}$$

$$\boldsymbol{C}_1\boldsymbol{x}_1^*(k)+\boldsymbol{C}_2\boldsymbol{x}_2^*(k)-\boldsymbol{CE}(k)\boldsymbol{x}(0)=0 \tag{2.15}$$

由式(2.15)得

$$\boldsymbol{x}_2^*(k)=-\boldsymbol{C}_2^{-1}\boldsymbol{C}_1\boldsymbol{x}_1^*(k)+\boldsymbol{C}_2^{-1}\boldsymbol{CE}(k)\boldsymbol{x}(0) \tag{2.16}$$

将式(2.16)代入式(2.14),可使滑动方程化为如下 $n-m$ 维方程

$$\boldsymbol{x}_1^*(k+1)=(\boldsymbol{A}_{11}-\boldsymbol{A}_{12}\boldsymbol{C}_2^{-1}\boldsymbol{C}_1)\boldsymbol{x}_1^*(k)+\boldsymbol{A}_{12}\boldsymbol{C}_2^{-1}\boldsymbol{CE}(k)\boldsymbol{x}(0) \tag{2.17}$$

记$\overline{\boldsymbol{A}}=\boldsymbol{A}_{11}-\boldsymbol{A}_{12}\boldsymbol{C}_2^{-1}\boldsymbol{C}_1$，$\bar{l}=\boldsymbol{A}_{12}\boldsymbol{C}_2^{-1}\boldsymbol{CE}(k)\boldsymbol{x}(0)$。由切换函数中 $\boldsymbol{C}$ 的构造,知$|\lambda(\overline{\boldsymbol{A}})|<1$,且$\overline{\boldsymbol{A}}-\boldsymbol{I}$可逆。方程(2.17)两边同时加$(\overline{\boldsymbol{A}}-\boldsymbol{I})^{-1}\bar{l}$,得

$$\boldsymbol{x}_1^*(k+1)+(\overline{\boldsymbol{A}}-\boldsymbol{I})^{-1}\bar{l}=\overline{\boldsymbol{A}}[\boldsymbol{x}_1^*(k)+(\overline{\boldsymbol{A}}-\boldsymbol{I})^{-1}\bar{l}] \tag{2.18}$$

由切换函数的构造知$\overline{\boldsymbol{A}}$有期望的稳定极点，所以

$$\lim_{k\to\infty}\boldsymbol{x}_1^*(k)=\lim_{k\to\infty}-(\overline{\boldsymbol{A}}-\boldsymbol{I})^{-1}\bar{l}=\lim_{k\to\infty}-(\overline{\boldsymbol{A}}-\boldsymbol{I})^{-1}\boldsymbol{A}_{12}\boldsymbol{C}_2^{-1}\boldsymbol{CE}(k)\boldsymbol{x}(0) \tag{2.19}$$

当 $k\to\infty$ 时,$\boldsymbol{E}(k)\to 0$,所以 $\boldsymbol{x}_1^*(k)\to 0$,理想滑动模态是渐近稳定的。

接下来证明实际滑动模态是 Δ 渐近稳定的。由前面推导知,理想滑动模态方程为

$$\boldsymbol{x}_1^*(k+1)=(\boldsymbol{A}_{11}-\boldsymbol{A}_{12}\boldsymbol{C}_2^{-1}\boldsymbol{C}_1)\boldsymbol{x}_1^*(k)+\boldsymbol{A}_{12}\boldsymbol{C}_2^{-1}\boldsymbol{CE}(k)\boldsymbol{x}(0) \tag{2.20}$$

由

$$s(k)=\boldsymbol{C}_1\boldsymbol{x}_1(k)+\boldsymbol{C}_2\boldsymbol{x}_2(k)+\boldsymbol{CE}(k)\boldsymbol{x}(0) \tag{2.21}$$

可知理想切换流型附近的运动为

$$\boldsymbol{x}_1(k+1)=\overline{\boldsymbol{A}}\boldsymbol{x}_1(k)+\boldsymbol{A}_{12}\boldsymbol{C}_2^{-1}s(k)+\boldsymbol{A}_{12}\boldsymbol{C}_2^{-1}\boldsymbol{CE}(k)\boldsymbol{x}(0) \tag{2.22}$$

记 $\boldsymbol{e}(k)=\boldsymbol{x}_1(k)-\boldsymbol{x}_1^*(k)$,则误差方程为

$$e(k+1) = \overline{A}e(k) + A_{12}C_2^{-1}s(k) \tag{2.23}$$

解该误差方程,得

$$e(k) = \overline{A}^k e(0) + \sum_{l=1}^{k-1} \overline{A}^{k-l-1} A_{12}C_2^{-1}s(i) \tag{2.24}$$

所以

$$e(k+1) = \overline{A}^{k+1} e(0) + \sum_{l=1}^{k} \overline{A}^{k-l} A_{12}C_2^{-1}s(i) \tag{2.25}$$

由$\overline{A}$,C_1 和C_2^{-1} 的选取知

$$\overline{A} = P\begin{pmatrix} \lambda_1 & & \\ & \ddots & \\ & & \lambda_{n-m} \end{pmatrix}P^{-1}$$

式中,P 为可逆阵。不妨取$\overline{\lambda} = \{|\lambda_1|,\cdots,|\lambda_{n-m}|\} < 1$,则

$$e(k+1) = P\begin{pmatrix} \lambda_1^{k+1} & & \\ & \ddots & \\ & & \lambda_{n-m}^{k+1} \end{pmatrix}P^{-1}e(0) +$$

$$\sum_{l=1}^{k} P\begin{pmatrix} \lambda_1^{k-l} & & \\ & \ddots & \\ & & \lambda_{n-m}^{k-l} \end{pmatrix}P^{-1}A_{12}C_2^{-1}s(i)$$

由此得

$$\|e(k+1)\| \leqslant \left\| P\begin{pmatrix} \lambda_1^{k+1} & & \\ & \ddots & \\ & & \lambda_{n-m}^{k+1} \end{pmatrix}P^{-1} \right\| \|e(0)\| +$$

$$\sum_{l=1}^{k} \left\| P\begin{pmatrix} \lambda_1^{k-l} & & \\ & \ddots & \\ & & \lambda_{n-m}^{k-l} \end{pmatrix}P^{-1} \right\| \|A_{12}C_2^{-1}\| \|s(i)\|$$

得

$$\|e(k+1)\| \leqslant \|P\| \|P^{-1}\| \|e(0)\| \left\| \begin{pmatrix} \lambda_1^{k+1} & & \\ & \ddots & \\ & & \lambda_{n-m}^{k+1} \end{pmatrix} \right\| +$$

$$\| s(i) \| \ \| \boldsymbol{P} \| \ \| \boldsymbol{P}^{-1} \| \ \| \boldsymbol{A}_{12}\boldsymbol{C}^{-1} \| \ \times \left\| \sum_{l=1}^{k} \begin{pmatrix} \lambda_1^{k-l} & & \\ & \ddots & \\ & & \lambda_{n-m}^{k-l} \end{pmatrix} \right\|$$

所以

$$\| \boldsymbol{e}(k+1) \| \leqslant \| \boldsymbol{P} \| \ \| \boldsymbol{P}^{-1} \| \ \| \boldsymbol{e}(0) \| \ | \bar{\lambda}^{k+1} | + \Delta \| \boldsymbol{P} \| \ \| \boldsymbol{P}^{-1} \| \ \| \boldsymbol{A}_{12}\boldsymbol{C}^{-1} \| \left\| \sum_{l=1}^{k} \bar{\lambda}^{k-l} \right\|$$

记 $M_1 = \| \boldsymbol{P} \| \ \| \boldsymbol{P}^{-1} \| \ \| \boldsymbol{e}(0) \|$，$M_2 = \Delta \| \boldsymbol{P} \| \ \| \boldsymbol{P}^{-1} \| \ \| \boldsymbol{A}_{12}\boldsymbol{C}_2^{-1} \|$。因为

$$\sum_{l=1}^{k} \bar{\lambda}^{k-l} < \frac{1}{1-\bar{\lambda}}$$

所以

$$\| \boldsymbol{e}(k+1) \| \leqslant M_1 | \bar{\lambda}^{k+1} | + \frac{M_2}{1-\bar{\lambda}} \Delta$$

当 k 充分大时，$| \bar{\lambda}^{k+1} | \to 0$。于是有

$$\| \boldsymbol{e}(k+1) \| \leqslant \frac{2M_2}{1-\bar{\lambda}} \Delta$$

记 $M_3 = \dfrac{2M_2}{1-\bar{\lambda}}$，则得 $\| \boldsymbol{e}(k+1) \| \leqslant M_3 \Delta$。因为 $\boldsymbol{x}_1(k) = \boldsymbol{x}_1(k) - \boldsymbol{x}_1^*(k) + \boldsymbol{x}_1^*(k)$，所以

$$\| \boldsymbol{x}_1(k) \| \leqslant \| \boldsymbol{x}_1(k) - \boldsymbol{x}_1^*(k) \| + \| \boldsymbol{x}_1^*(k) \| = \| \boldsymbol{e}(k) \| + \| \boldsymbol{x}_1^* \| \leqslant M_3 \Delta + \| \boldsymbol{x}_1^* \|$$

因为理想滑模渐近稳定，即 $\boldsymbol{x}_1^* \to 0$，所以当 k 充分大时，有 $\| \boldsymbol{x}_1(k) \| \leqslant 2M_3 \Delta$。进而有 $\boldsymbol{x}_2(k) = \boldsymbol{C}_2^{-1}(s(k) - \boldsymbol{C}_1 \boldsymbol{x}_1(k))$，因此有

$$\| \boldsymbol{x}_2(k) \| \leqslant \| \boldsymbol{C}_2^{-1} \| \Delta + \| \boldsymbol{C}_2^{-1} \boldsymbol{C}_1 \| \ \| \boldsymbol{x}_1(k) \|$$

从而当 k 充分大时，有

$$\| \boldsymbol{x}(k) \| \leqslant \| \boldsymbol{x}_1(k) \| + \| \boldsymbol{x}_2(k) \| \leqslant M_4 \Delta$$

其中

$$M_4 = 2M_3 + \| \boldsymbol{C}_2^{-1} \| + 2 \| \boldsymbol{C}_2^{-1} \boldsymbol{C}_1 \| M_3$$

记区域 $N = \{ \boldsymbol{x} | \ \| \boldsymbol{x} \| \leqslant M_4 \Delta \}$。则当 k 充分大时，$\boldsymbol{x}(k) \in N \cap S_0^{\Delta}$，即实际滑模是 Δ 渐近稳定的。

2.2.3　仿真算例

考虑如下不确定离散系统

$$\boldsymbol{x}(k+1)=(\boldsymbol{A}+\Delta\boldsymbol{A})x(k)+\boldsymbol{B}\boldsymbol{u}(k)+\boldsymbol{D}\boldsymbol{f}(k)$$

其中，$\boldsymbol{A}=\begin{bmatrix}1 & 1\\0 & 0.5\end{bmatrix}$，$\Delta\boldsymbol{A}=0$，$\boldsymbol{B}=[0\quad 1]^{\mathrm{T}}$，$\boldsymbol{D}=[0\quad 1]^{\mathrm{T}}$，$\boldsymbol{f}(k)$是不确定常数。

在此例中，取常规切换函数为 $s_1(\boldsymbol{x}(k))=\boldsymbol{C}\boldsymbol{x}(k)$ 和本节中所设计的切换函数为 $s_2(x(k))=\boldsymbol{C}\boldsymbol{x}(k)-\boldsymbol{C}\boldsymbol{E}(k)\boldsymbol{x}(0)$，利用极点配置选择 $\boldsymbol{C}=[1\quad 1]$，使滑动方程具有期望的极点 1/2，并设

$$\boldsymbol{E}(k)=\begin{bmatrix}1/2^k & 0\\0 & 1/2^k\end{bmatrix},\boldsymbol{\varepsilon}T=0.25,\boldsymbol{q}T=0.5$$

仿真结果如图 2.2 所示。其中，图 2.2(a)和图 2.2(b)是当系统含有正弦不确定项时，利用传统方法和本节方法得到的系统切换函数变化曲线；图 2.2(c)和图 2.2(d)是系统含有余弦不确定项时，利用传统方法

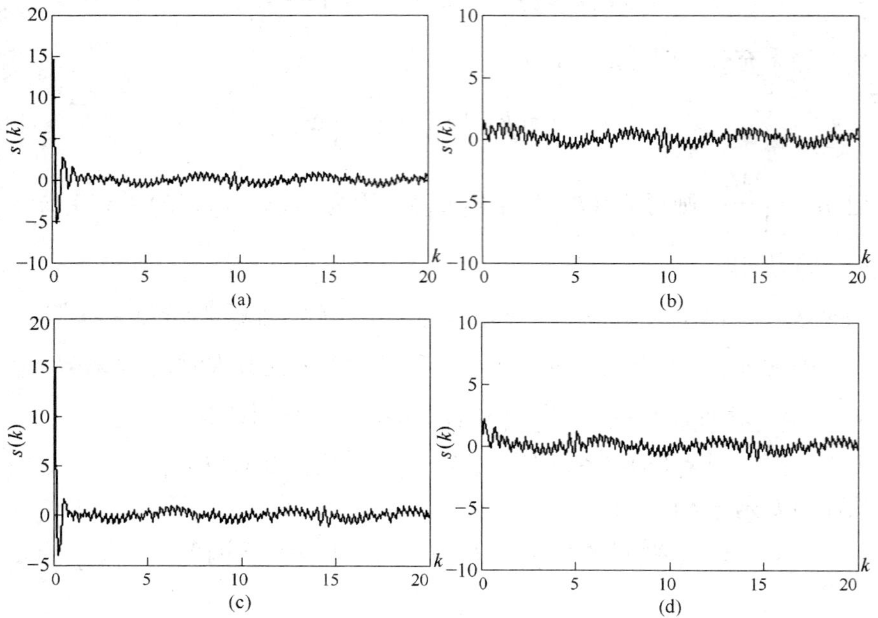

图 2.2　切换函数 $s(k)$的变化曲线

(a)传统方法切换函数的变化；(b)本节方法切换函数的变化；
(c)传统方法切换函数的变化；(d)本节方法切换函数的变化

和本节方法得到的系统切换函数变化曲线。由仿真曲线可以看出,与常规方法相比,本节设计的方法使系统运动一开始便落在滑动模态上,缩短了到达时间,增强了系统的鲁棒性。

2.3　不确定离散系统的滑模控制律的改进

传统的变结构控制方法[3-4,6,46]要求不确定项的界为已知变量。将不确定项的界用在控制律中以便抵消不确定性的影响。但是该方法存在一些缺点:对于不确定项有很多限制条件如满足匹配条件等,同时,控制律是基于不确定性的范数的界构造的,因此具有保守性和较大的振颤。为了克服这些缺点,文献[49]在 Moura[58]工作的基础上将不确定项归结为等价干扰 $\varphi(k)$,并且利用 $\varphi(k-1)$ 来代替 $\varphi(k)$ 推导出控制律。因为是利用对不确定项的估计而不是边界值,文献[47]所设计的控制器克服了利用范数所设计控制器的保守性并且对一系列复杂的限制条件给出了估计。但是,该方法的一个关键假设是等价干扰的动态性能与采样时间相比是慢时变的。这个条件对于包含不确定项 $\Delta\boldsymbol{B}$ 的离散时间变结构控制系统是严格的。因为 $\varphi(k)$ 包含 $u(k)$,并且 $u(k)$ 包含 $\mathrm{sgn}s(k)$,特别当轨线趋近拟滑动模态时,在每一个采样时刻,符号是变化的。所以很难保证等价干扰 $\varphi(k)$ 满足慢时变条件,因此该方法的应用受到限制。为了减弱不确定项对系统的影响,保证系统存在拟滑动模态,在本节讨论了滑模控制律的改进问题。证明了在不同的区域,$\Delta\varphi(k)/T$ 的变化是不同的。推导了 $\Delta\varphi(k)/T$ 的变化律,提出了分区逼近方法,利用适当估计构造控制律,改善了系统的控制效果并且克服了传统控制方法的缺点。

2.3.1　系统描述和假设

考虑满足下面方程的不确定离散时间系统

$$\boldsymbol{x}(k+1)=[\boldsymbol{A}+\Delta\boldsymbol{A}(k)]\boldsymbol{x}(k)+[\boldsymbol{B}+\Delta\boldsymbol{B}(k)]\boldsymbol{u}(k)+\boldsymbol{d}(k) \quad (2.26)$$

式中,$\boldsymbol{x}(k)\in\mathbb{R}^n$ 是状态向量,$\boldsymbol{u}\in\mathbb{R}^m$ 是控制向量,矩阵对 $(\boldsymbol{A},\boldsymbol{B})$ 是完全可控的,不确定项 $\Delta\boldsymbol{A}$ 和 $\Delta\boldsymbol{B}$ 是参数干扰,$\boldsymbol{d}(k)$ 代表外部干扰,T 是采样周期。

首先,对于给定系统(2.26)给出如下假设:

假设 2.4　与采样区间相比,$\Delta\boldsymbol{A}(k)$,$\Delta\boldsymbol{B}(k)$,$\boldsymbol{d}(k)$ 的变化是慢时变的,以及

$$\frac{\Delta\boldsymbol{A}(k)-\Delta\boldsymbol{A}(k-1)}{T}\approx 0,\frac{\Delta\boldsymbol{B}(k)-\Delta\boldsymbol{B}(k-1)}{T}\approx 0,\frac{\boldsymbol{d}(k)-\boldsymbol{d}(k-1)}{T}\approx 0 \tag{2.27}$$

由假设 2.4，不确定离散系统(2.26)能够被重新写为

$$\boldsymbol{x}(k+1)\approx[\boldsymbol{A}+\Delta\boldsymbol{A}]\boldsymbol{x}(k)+[\boldsymbol{B}+\Delta\boldsymbol{B}]\boldsymbol{u}(k)+\boldsymbol{d}(k) \tag{2.28}$$

显然，当不确定项满足 $\Delta\boldsymbol{B}=0,\boldsymbol{d}(t)=0$ 时，使得极限 $\lim\limits_{T\to 0^+}\boldsymbol{x}(k+1)=\boldsymbol{x}(k)$ 存在，因此 $\lim\limits_{T\to 0^+}(\boldsymbol{A}-\boldsymbol{I}+\Delta\boldsymbol{A})=\lim\limits_{T\to 0^+}(\boldsymbol{F}+\Delta\boldsymbol{A})=0$。所以给出另外一个假设。

假设 2.5　假设存在正常数 K_1 和 K_2，使得系统矩阵 $\boldsymbol{A}$ 和不确定项 $\Delta\boldsymbol{A}$ 满足下面条件

$$\boldsymbol{A}=\boldsymbol{I}+\boldsymbol{F}\quad \frac{\|\boldsymbol{F}\|}{T}\leqslant K_1\quad \frac{\|\Delta\boldsymbol{A}\|}{T}\leqslant K_2 \tag{2.29}$$

例如我们把下面连续系统

$$\dot{\boldsymbol{x}}=(\boldsymbol{E}+\Delta\boldsymbol{E})\boldsymbol{x}+(\boldsymbol{G}+\Delta\boldsymbol{G})\boldsymbol{u}$$

转化为离散系统

$$\frac{\boldsymbol{x}(k+1)-\boldsymbol{x}(k)}{T}\approx(\boldsymbol{E}+\Delta\boldsymbol{E})\boldsymbol{x}(k)+(\boldsymbol{G}+\Delta\boldsymbol{G})\boldsymbol{u}(k)$$

注意 $\boldsymbol{F}=T\boldsymbol{E},\boldsymbol{A}=\boldsymbol{F}+\boldsymbol{I},\Delta\boldsymbol{A}=T\Delta\boldsymbol{E}$，那么

$$\boldsymbol{x}(k+1)=(\boldsymbol{A}+\Delta\boldsymbol{A})\boldsymbol{x}(k)+(\boldsymbol{B}+\Delta\boldsymbol{B})\boldsymbol{u}(k)$$

所以，假设 2.5 满足。

由假设 2.5，系统(2.26)可以表示为，

$$\boldsymbol{x}(k+1)-\boldsymbol{x}(k)\approx(\boldsymbol{F}+\Delta\boldsymbol{A})\boldsymbol{x}(k)+(\boldsymbol{B}+\Delta\boldsymbol{B})\boldsymbol{u}(k)+\boldsymbol{d}(k) \tag{2.30}$$

本节的主要工作，是利用假设 2.4 和假设 2.5 作为前提变量对不确定项给出适当的估计，并且利用估计值设计控制器，所设计的控制器能够提高控制的精确性，并且使得系统(2.26)渐近稳定，同时获得良好的动态性能。

下面对系统的不确定项进行估计。

对系统(2.26)，最一般的滑模控制方法是利用不确定项的界来设计变结构控制律 $u^{\pm}(k)$，但是这样就使得所设计的控制器保守并且放大了振颤。为了克服这个缺陷，文献[49]提出了等价干扰的方法。该方法可以归结为如下形式：

$$\boldsymbol{\varphi}(k)=\Delta\boldsymbol{A}\boldsymbol{x}(k)+\Delta\boldsymbol{B}\boldsymbol{u}(k)+\boldsymbol{d}(k) \tag{2.31}$$

与采样频率相比,假设 $\boldsymbol{\varphi}(k)$ 的变化是慢时变的,并且利用 $\varphi(k-1)$ 代替 $\varphi(k)$,将其代入到文献[6]所提的到达条件中

$$\boldsymbol{s}(k+1)=(1-qT)\boldsymbol{s}(k)-\varepsilon T\text{sgn}\ \boldsymbol{s}(k) \tag{2.32}$$

采用 $\boldsymbol{s}(k)=\boldsymbol{C}\boldsymbol{x}(k)$ 作为切换函数,当不考虑不确定项的界时,那么可推导出变结构控制律为

$$\boldsymbol{u}(k)=-(\boldsymbol{CB})^{-1}[\boldsymbol{CA}\boldsymbol{x}(k)+\boldsymbol{C}\boldsymbol{\varphi}(k-1)-(1-qT)\boldsymbol{s}(k)+\varepsilon T\text{sgn}\ \boldsymbol{s}(k)] \tag{2.33}$$

但是 $\boldsymbol{\varphi}(k)$ 的变化与采样频率相比是慢时变的,所以可以写为 $\|\varphi(k)-\varphi(k-1)\|/T\approx0$。并且注意到 $\boldsymbol{\varphi}(k)$ 中包含 $\Delta\boldsymbol{B}\boldsymbol{u}(k)$ 和 $\boldsymbol{u}(k)$ 中包含 sgn $\boldsymbol{s}(k)$,特别当轨线趋近 $\boldsymbol{s}(k)=0$ 附近时,在每一个采样时刻,符号是变化的,所以假设 2.4 很难满足,除非 $T^{-1}\|\Delta\boldsymbol{B}\|$ 是充分小的。

对于变量 $\boldsymbol{\varphi}(k)$,得到下面结论。

定理 2.3 如果采样时间 T 足够小,那么

$$\frac{\|\boldsymbol{\varphi}(k)-\boldsymbol{\varphi}(k-1)\|}{T}=\varepsilon\|\Delta\boldsymbol{B}(\boldsymbol{CB}+\boldsymbol{C}\Delta\boldsymbol{B})^{-1}[\text{sgn}\ \boldsymbol{s}(k)-\text{sgn}\ \boldsymbol{s}(k-1)]\|+\boldsymbol{o}(T) \tag{2.34}$$

式中,$\boldsymbol{o}(T)$ 是 T 的高阶无穷小量。

证明 对于系统(2.30)两边同时左乘 $\boldsymbol{C}$, 得

$$\boldsymbol{s}(k)-\boldsymbol{s}(k-1)=\boldsymbol{C}(\boldsymbol{F}+\Delta\boldsymbol{A})\boldsymbol{x}(k-1)+\boldsymbol{C}(\boldsymbol{B}+\Delta\boldsymbol{B})\boldsymbol{u}(k-1)+\boldsymbol{Cd}(k-1) \tag{2.35}$$

$$\boldsymbol{s}(k+1)-\boldsymbol{s}(k)=\boldsymbol{C}(\boldsymbol{F}+\Delta\boldsymbol{A})\boldsymbol{x}(k)+\boldsymbol{C}(\boldsymbol{B}+\Delta\boldsymbol{B})\boldsymbol{u}(k)+\boldsymbol{Cd}(k) \tag{2.36}$$

将等式(2.36)减去等式(2.35),并同时除以 T,存在下面等式

$$\frac{[\boldsymbol{s}(k+1)-\boldsymbol{s}(k)]-[\boldsymbol{s}(k)-\boldsymbol{s}(k-1)]}{T}=\frac{\boldsymbol{C}(\boldsymbol{F}+\Delta\boldsymbol{A})}{T}[\boldsymbol{x}(k)-\boldsymbol{x}(k-1)]+\frac{\boldsymbol{C}[\boldsymbol{d}(k)-\boldsymbol{d}(k-1)]}{T}+\boldsymbol{C}(\boldsymbol{B}+\Delta\boldsymbol{B})\frac{\boldsymbol{u}(k)-\boldsymbol{u}(k-1)}{T} \tag{2.37}$$

将到达条件(2.32)代入到方程(2.37),得

$$-q[\boldsymbol{s}(k)-\boldsymbol{s}(k-1)]-\varepsilon[\text{sgn}\ \boldsymbol{s}(k)-\varepsilon\text{sgn}\ \boldsymbol{s}(k-1)]=\frac{\boldsymbol{C}(\boldsymbol{F}+\Delta\boldsymbol{A})}{T}[\boldsymbol{x}(k)-\boldsymbol{x}(k-1)]+\frac{\boldsymbol{C}[\boldsymbol{d}(k)-\boldsymbol{d}(k-1)]}{T}$$

$$+\boldsymbol{C}(\boldsymbol{B}+\Delta\boldsymbol{B})\frac{\boldsymbol{u}(k)-\boldsymbol{u}(k-1)}{T} \tag{2.38}$$

解等式(2.38),得

$$\frac{\boldsymbol{u}(k)-\boldsymbol{u}(k-1)}{T}=-(\boldsymbol{CB}+\boldsymbol{C}\Delta\boldsymbol{B})^{-1}\{q[\boldsymbol{s}(k)-\boldsymbol{s}(k-1)]+\varepsilon[\operatorname{sgn}\boldsymbol{s}(k)-\operatorname{sgn}\boldsymbol{s}(k-1)]+$$
$$\frac{\boldsymbol{C}(\boldsymbol{F}+\Delta\boldsymbol{A})}{T}[\boldsymbol{x}(k)-\boldsymbol{x}(k-1)]+\frac{\boldsymbol{C}[\boldsymbol{d}(k)-\boldsymbol{d}(k-1)]}{T}\} \tag{2.39}$$

由式(2.31)对 $\varphi(k)$ 的定义,我们能够得到

$$\frac{\boldsymbol{\varphi}(k)-\boldsymbol{\varphi}(k-1)}{T}=\frac{\Delta\boldsymbol{A}}{T}[\boldsymbol{x}(k)-\boldsymbol{x}(k-1)]+\Delta\boldsymbol{B}\frac{\boldsymbol{u}(k)-\boldsymbol{u}(k-1)}{T}+\frac{\boldsymbol{d}(k)-\boldsymbol{d}(k-1)}{T} \tag{2.40}$$

将式(2.39)代入式(2.40),得

$$\frac{\boldsymbol{\varphi}(k)-\boldsymbol{\varphi}(k-1)}{T}=-\varepsilon\Delta\boldsymbol{B}(\boldsymbol{CB}+\boldsymbol{C}\Delta\boldsymbol{B})^{-1}[\operatorname{sgn}\boldsymbol{s}(k)-\operatorname{sgn}\boldsymbol{s}(k-1)]+\boldsymbol{E}_1(k)+\boldsymbol{E}_2(k) \tag{2.41}$$

其中

$$\boldsymbol{E}_1(k)=-\Delta\boldsymbol{B}(\boldsymbol{CB}+\boldsymbol{C}\Delta\boldsymbol{B})^{-1}q[\boldsymbol{s}(k)-\boldsymbol{s}(k-1)]$$

$$\boldsymbol{E}_2(k)=\frac{1}{T}[\Delta\boldsymbol{A}-\Delta\boldsymbol{B}(\boldsymbol{CB}+\boldsymbol{C}\Delta\boldsymbol{B})^{-1}\boldsymbol{C}(\boldsymbol{F}+\Delta A)][\boldsymbol{x}(k)-\boldsymbol{x}(k-1)]$$
$$+\frac{1}{T}[\boldsymbol{I}+\Delta\boldsymbol{B}(\boldsymbol{CB}+\boldsymbol{C}\Delta B)]^{-1}\boldsymbol{C}[\boldsymbol{d}(k)-\boldsymbol{d}(k-1)]$$

因为 T 充分小,所以在假设 2.4 和假设 2.5 的条件下,(2.41)可以被近似的表示为

$$\frac{\boldsymbol{\varphi}(k)-\boldsymbol{\varphi}(k-1)}{T}=-\varepsilon\Delta\boldsymbol{B}(\boldsymbol{CB}+\boldsymbol{C}\Delta\boldsymbol{B})^{-1}[\operatorname{sgn}\boldsymbol{s}(k)-\operatorname{sgn}\boldsymbol{s}(k-1)]+\boldsymbol{o}(T) \tag{2.42}$$

所以

$$\frac{\|\boldsymbol{\varphi}(k)-\boldsymbol{\varphi}(k-1)\|}{T}\approx\varepsilon\|\Delta\boldsymbol{B}(\boldsymbol{CB}+\boldsymbol{C}\Delta\boldsymbol{B})^{-1}[\operatorname{sgn}\boldsymbol{s}(k)-\operatorname{sgn}\boldsymbol{s}(k-1)]\|$$

2.3.2　不确定离散系统改进的滑模控制律的设计

为了方便起见,仅考虑单输入的情况。很容易推出下面的结论也适合多输入的情况。

引理 2.1 假设 $\Omega(\varepsilon)=\left\{s\,\middle|\,|s|<\dfrac{\varepsilon T}{1-qT}\right\}$，$\boldsymbol{\omega}(k)=\boldsymbol{C\varphi}(k)$存在

(a)$\boldsymbol{\omega}(k)=\boldsymbol{\omega}(k-2)+\boldsymbol{o}(T)$ if $\boldsymbol{s}(k-2)\in\Omega(\varepsilon)$

(b)$\boldsymbol{\omega}(k)=\boldsymbol{\omega}(k-1)+\boldsymbol{o}(T)$ if $\boldsymbol{s}(k-2)\notin\Omega(\varepsilon)$

证明 (a) 当$\boldsymbol{s}(k-2)\in\Omega(\varepsilon)$ 时，那么$|\boldsymbol{s}(k-2)|<\dfrac{\varepsilon T}{1-qT}$。由式(2.30)，推出下面不等式

$$\begin{aligned}\boldsymbol{s}(k-1)\cdot\boldsymbol{s}(k-2)&=[(1-qT)\boldsymbol{s}(k-2)-\varepsilon T\operatorname{sgn}\boldsymbol{s}(k-2)]\boldsymbol{s}(k-2)\\&=(1-qT)|\boldsymbol{s}(k-2)|^2-\varepsilon T|\boldsymbol{s}(k-2)|\\&=|\boldsymbol{s}(k-2)|[(1-qT)|\boldsymbol{s}(k-2)|-\varepsilon T]<\varepsilon T-\varepsilon T=0\end{aligned}\tag{2.43}$$

$$\begin{aligned}|\boldsymbol{s}(k-1)|&=|(1-qT)\boldsymbol{s}(k-2)-\varepsilon T\operatorname{sgn}\boldsymbol{s}(k-2)|\\&\leqslant\max\{(1-qT)|\boldsymbol{s}(k-2)|,\varepsilon T\}<\varepsilon T\end{aligned}\tag{2.44}$$

由上面不等式，很容易看出$\boldsymbol{s}(k-2)$和$\boldsymbol{s}(k-1)$有不同的符号，并且$\boldsymbol{s}(k-1)\in\Omega(\varepsilon)$。对$\boldsymbol{s}(k-1)$采取同样的推导，易知$\boldsymbol{s}(k)$和$\boldsymbol{s}(k-1)$有不同的符号，且$|\boldsymbol{s}(k)|<\varepsilon$。因此

$$\operatorname{sgn}\boldsymbol{s}(k)-\operatorname{sgn}\boldsymbol{s}(k-2)=0\quad\text{if}\quad\boldsymbol{s}(k-2)\in\Omega(\varepsilon)\tag{2.45}$$

由(2.42)和(2.45)，可知

$$\begin{aligned}\frac{\boldsymbol{\omega}(k)-\boldsymbol{\omega}(k-2)}{T}&=\frac{\boldsymbol{\omega}(k)-\boldsymbol{\omega}(k-1)+\boldsymbol{\omega}(k-1)-\boldsymbol{\omega}(k-2)}{T}\\&\approx-\varepsilon\boldsymbol{C\Delta B}[\boldsymbol{CB}+\boldsymbol{C\Delta B}]^{-1}[\operatorname{sgn}\boldsymbol{s}(k)-\operatorname{sgn}\boldsymbol{s}(k-1)]\\&\quad-\varepsilon\boldsymbol{C\Delta B}[\boldsymbol{CB}+\boldsymbol{C\Delta B}]^{-1}[\operatorname{sgn}\boldsymbol{s}(k-1)-\operatorname{sgn}\boldsymbol{s}(k-2)]\\&=-\varepsilon\boldsymbol{C\Delta B}[\boldsymbol{CB}+\boldsymbol{C\Delta B}]^{-1}[\operatorname{sgn}\boldsymbol{s}(k)-\operatorname{sgn}\boldsymbol{s}(k-2)]\\&=0\end{aligned}\tag{2.46}$$

可知

$$\boldsymbol{\omega}(k)=\boldsymbol{\omega}(k-2)+\boldsymbol{o}(T)\text{如果}\boldsymbol{s}(k-2)\in\Omega(\varepsilon)\tag{2.47}$$

(b) 当$\boldsymbol{s}(k-2)\notin\Omega(\varepsilon)$时，假设$|\boldsymbol{s}(k-2)|>\dfrac{(2-qT)\varepsilon T}{(1-qT)^2}$(否则由式(2.32)可知，至多经过一个采样时刻就和情况(a)相同)，所以

$$\begin{aligned}|\boldsymbol{s}(k-1)|&=|(1-qT)\boldsymbol{s}(k-2)-\varepsilon T\operatorname{sgn}\boldsymbol{s}(k-2)|\\&>\frac{(2-qT)\varepsilon T}{1-qT}-\varepsilon T=\frac{\varepsilon T}{1-qT}\end{aligned}\tag{2.48}$$

和

$$\boldsymbol{s}(k)\cdot\boldsymbol{s}(k-1)=[(1-qT)\boldsymbol{s}(k-1)-\varepsilon T\operatorname{sgn}\boldsymbol{s}(k-1)]\boldsymbol{s}(k-1)$$

$$= (1-qT)\,|s(k-1)|^2 - \varepsilon T|s(k-1)| > 0 \tag{2.49}$$

因此 $s(k)$ 和 $s(k-1)$ 有相同的符号,

$$\mathrm{sgn}\,\boldsymbol{s}(k) - \mathrm{sgn}\,\boldsymbol{s}(k-1) = 0 \quad \text{if} \quad \boldsymbol{s}(k-2) \notin \Omega(\varepsilon) \tag{2.50}$$

由(2.42)和(2.50),可知

$$\frac{\boldsymbol{\omega}(k) - \boldsymbol{\omega}(k-1)}{T} \approx -\varepsilon \boldsymbol{C}\Delta\boldsymbol{B}[\boldsymbol{CB} + \boldsymbol{C}\Delta\boldsymbol{B}]^{-1}[\mathrm{sgn}\,\boldsymbol{s}(k) - \mathrm{sgn}\,\boldsymbol{s}(k-1)] = 0 \tag{2.51}$$

也就是

$$\boldsymbol{\omega}(k) = \boldsymbol{\omega}(k-1) + \boldsymbol{o}(T) \quad \text{if} \quad \boldsymbol{s}(k-2) \notin \Omega(\varepsilon) \tag{2.52}$$

记

$$\boldsymbol{\psi}(k) = \frac{\boldsymbol{\omega}(k-1) + \boldsymbol{\omega}(k-2)}{2} + \frac{\boldsymbol{\omega}(k-1) - \boldsymbol{\omega}(k-2)}{2}\mathrm{sgn}\left(|\boldsymbol{s}(k-2)| - \frac{\varepsilon T}{1-qT}\right) \tag{2.53}$$

因为 $\boldsymbol{\psi}(k)$ 由以前时刻的常数值确定,由这个引理,可以推出下面定理

定理 2.4　如果构造控制律为

$$\boldsymbol{u}(k) = -(\boldsymbol{CB})^{-1}[\boldsymbol{CAx}(k) + \boldsymbol{\psi}(k) - (1-qT)\boldsymbol{s}(k) + \varepsilon T\mathrm{sgn}\,\boldsymbol{s}(k)] \tag{2.54}$$

那么从任意点出发的状态轨线,将在有限时间内到达滑动模态 $\{\boldsymbol{x}\,\|\,\boldsymbol{s}| < \varepsilon T\}$ 内。

证明　由(2.26),(2.31)和 $\boldsymbol{\omega}(k) = \boldsymbol{C\varphi}(k)$,易知

$$\boldsymbol{s}(k+1) = \boldsymbol{Cx}(k+1) = \boldsymbol{CAx}(k) + \boldsymbol{CBu}(k) + \boldsymbol{\omega}(k) \tag{2.55}$$

把式(2.54)代入式(2.55)得

$$\boldsymbol{s}(k+1) = (1-qT)\boldsymbol{s}(k) - \varepsilon T\mathrm{sgn}\,\boldsymbol{s}(k) - [\boldsymbol{\psi}(k) - \boldsymbol{\omega}(k)] \tag{2.56}$$

和

$$\frac{\boldsymbol{s}(k+1) - \boldsymbol{s}(k)}{T} = -q\boldsymbol{s}(k) - \varepsilon\mathrm{sgn}\,\boldsymbol{s}(k) - \frac{\boldsymbol{\psi}(k) - \boldsymbol{\omega}(k)}{T} \tag{2.57}$$

由 $\boldsymbol{\psi}(k)$ 的定义,易知

$$\boldsymbol{\psi}(k) = \begin{cases} \boldsymbol{\omega}(k-1), \text{if } \boldsymbol{s}(k-2) \notin \Omega(\varepsilon) \\ \boldsymbol{\omega}(k-2), \text{if } \boldsymbol{s}(k-2) \in \Omega(\varepsilon) \end{cases} \tag{2.58}$$

当 T 充分小时,由引理可知

$$\frac{\boldsymbol{\omega}(k-1) - \boldsymbol{\omega}(k)}{T} \approx 0, \text{if } \boldsymbol{s}(k-2) \notin \Omega(k)$$

$$\frac{\boldsymbol{\omega}(k-1)-\boldsymbol{\omega}(k)}{T}\approx 0,\text{if } \boldsymbol{s}(k-2)\in\Omega(k) \tag{2.59}$$

将式(2.58)代入式(2.59)得

$$\frac{\boldsymbol{\psi}(k)-\boldsymbol{\omega}(k)}{T}\approx 0,\text{if } \boldsymbol{s}(k-2)\notin\Omega(k)$$

$$\frac{\boldsymbol{\psi}(k)-\boldsymbol{\omega}(k)}{T}\approx 0,\text{if } \boldsymbol{s}(k-2)\in\Omega(k) \tag{2.60}$$

无论在区域 $\Omega(\varepsilon)$ 内或外，下式恒成立

$$\frac{\boldsymbol{\psi}(k)-\boldsymbol{\omega}(k)}{T}\approx 0 \tag{2.61}$$

将式(2.61)代入式(2.56)，使得下式成立

$$\boldsymbol{s}(k+1)\approx(1-qT)\boldsymbol{s}(k)-\varepsilon T\operatorname{sgn}\boldsymbol{s}(k) \tag{2.62}$$

因为到达条件(2.32)满足，所以从任意点出发的轨线在有限时间内到达拟滑动模态带 $\{x\mid \|s\|<\varepsilon T\}$。

下面是对于控制律的进一步讨论。

由定理2.3和定理2.4的证明可知，通过 $\Delta\varphi(k)$ 逼近可以得到结论，其中最关键的一步是从(2.41)推导出(2.42)，由(2.41)可知

$$\frac{\boldsymbol{\varphi}(k)-\boldsymbol{\varphi}(k-1)}{T}=-\varepsilon\Delta\boldsymbol{B}(\boldsymbol{CB}+\boldsymbol{C}\Delta\boldsymbol{B})^{-1}[\operatorname{sgn}\boldsymbol{s}(k)-\operatorname{sgn}\boldsymbol{s}(k-1)]+\boldsymbol{E}_1(k)+\boldsymbol{E}_2(k)$$

$$\boldsymbol{E}_1(k)=-\Delta\boldsymbol{B}(\boldsymbol{CB}+\boldsymbol{C}\Delta\boldsymbol{B})^{-1}q[\boldsymbol{s}(k)-\boldsymbol{s}(k-1)] \tag{2.63}$$

如果 $|\boldsymbol{s}(k)-\boldsymbol{s}(k-1)|$ 的设定受 KT 的限制(K 是适当的正常数)，当采样周期 T 充分小，那么 $\boldsymbol{E}_1(k)$ 是非常小的，对 $\boldsymbol{\varphi}(k)$ 的精确度的估计将得到提高，并且消减了不确定项对控制律的影响。因此，提出改进的到达条件为

$$\boldsymbol{s}(k+1)=(1-\bar{q}T)\boldsymbol{s}(k)-\varepsilon T\operatorname{sgn}\boldsymbol{s}(k) \tag{2.64}$$

其中

$$\bar{q}=\frac{2Kq}{q|\boldsymbol{s}(k)|+K+\|q\boldsymbol{s}(k)|-K|}$$

很容易验证 $\bar{q}=\dfrac{\bar{K}q}{\max\{q\|\boldsymbol{s}(k)\|,\bar{K}\}}$，因此

$$|s(k)-s(k-1)|\leqslant\bar{q}(k-1)T|s(k-1)|+\varepsilon T\leqslant(K+\varepsilon)T \tag{2.65}$$

2.3.3　仿真算例

考虑如下不确定离散时间系统

$$\boldsymbol{x}(k+1)=\begin{bmatrix}2.5+0.2\sin(k/100) & 2\\ -3 & 1+0.15\cos(k/50)\end{bmatrix}\boldsymbol{x}(k)+\begin{bmatrix}0\\ 2.3\end{bmatrix}\boldsymbol{u}(k)+\begin{bmatrix}0.1\cos(k/50)\\ 0\end{bmatrix}$$

令参数不确定项满足下式

$$\Delta\boldsymbol{A}=\begin{bmatrix}0.2\sin(k/50) & 0\\ 0 & 0.15\cos(k/70)\end{bmatrix}$$

$$\Delta\boldsymbol{B}=\begin{bmatrix}0\\ 0.3\end{bmatrix},\boldsymbol{d}=\begin{bmatrix}0.1\cos(k/50)\\ 0\end{bmatrix}$$

定义切换函数为 $\boldsymbol{s}(k)=\boldsymbol{x}_1(k)+\boldsymbol{x}_2(k)$

令 $qT=0.2,\varepsilon T=0.3$,利用本节的方法以及文献[49]的方法分别设计变结构控制器,仿真结果如图 2.3 ~ 图 2.6 所示

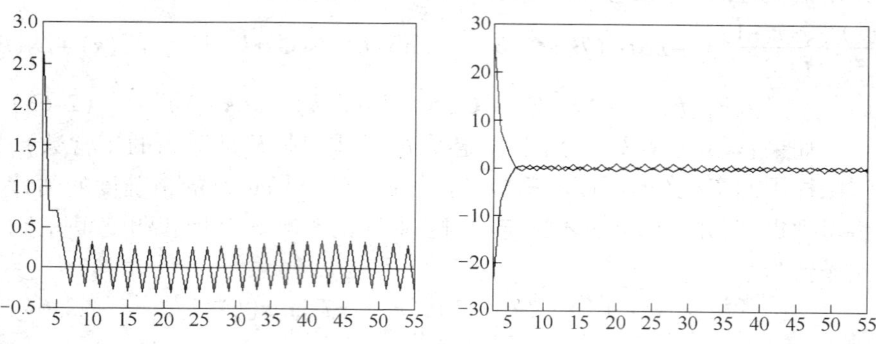

图 2.3　切换函数（本节设计方法）　　图 2.4　状态变量（本节设计方法）

从仿真图形可以看出,当系统轨线远离切换面 $s(k)=0$ 时,本节所提的方法和文献[49]的方法具有相同的效果,但是当趋近切换面 $s(k)=0$ 时,文献[49]的方法具有较大的抖动,切换函数可能发散。本节所提的方法不仅减小了振颤,而且系统的稳定性和平稳性与于双和的方法相比较好。

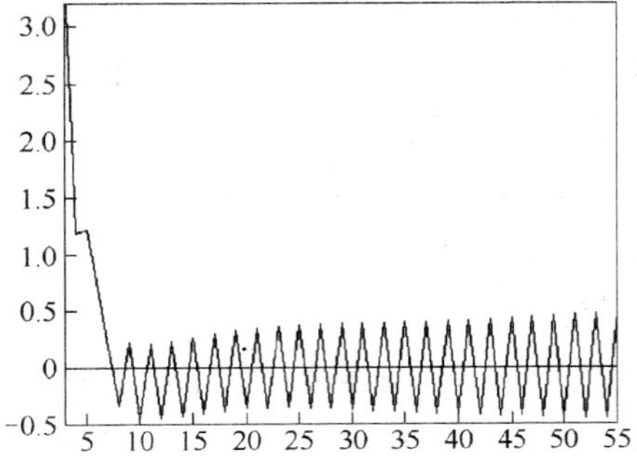

图 2.5 切换函数(文献[49]方法)

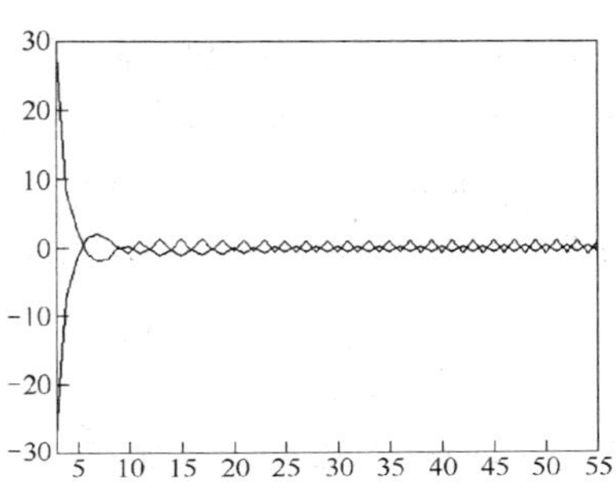

图 2.6 状态变量(文献[49]的方法)

2.4 基于幂次趋近律的离散时间系统的变结构控制

随着变结构系统理论的发展[1-47],离散系统的变结构控制也得到了广泛的研究。与连续系统不同,离散系统的基本特征是运动的状态 $\boldsymbol{x}(kT)$,$k=1,2,\cdots$ 是一个离散序列,也就是说从任意点出发的运动,经过有限步后,都精确到达切换面 $\{\boldsymbol{x}(kT)\mid \boldsymbol{s}(k)=0\}$,几乎是不可能的。因此,对离散时间系统而言,理想滑动模态实际上是不存在的,更实际的是准滑动模态[4,6]:即经过有限步后到达一个宽度为 2Δ,$\Delta>0$ 的切换带 $\{x(kT)\mid \|\boldsymbol{s}(k)\|<\Delta,\Delta>0\}$,并步步穿越切换面 $\{\boldsymbol{x}(kT)\mid \boldsymbol{s}(k)=0\}$ 的运动。也就是说,离散时间系统的滑动模态是一个步步穿越切换面 $\{\boldsymbol{x}(kT)\mid \boldsymbol{s}(k)=0\}$ 的抖动。抖振破坏了运动的平稳性,也限制了变结构控制的应用,抑制或削弱抖振,是离散时间系统变结构控制的重要研究课题。

2.4.1 离散时间系统滑动模态的趋近律

离散系统滑模控制和连续系统一样,除了要设计合适的切换函数,保证滑动模态有良好的稳定性外,还需要设计变结构控制律,使任意点出发的运动轨线都能够在有限时间进入准滑动模态带。目前最常使用(也最有效)的到达条件[6-7]是:

$$\boldsymbol{s}(k+1)=(1-qT)\boldsymbol{s}(k)-\varepsilon T\operatorname{sgn}\boldsymbol{s}(k) \tag{2.66}$$

其中 $q>0$,$1-q>0$,$\varepsilon>0$,T 为采样周期。

可以看出，切换面在 $s(k)\approx 0$ 附近，从而 $s(k+1)\approx -\varepsilon T \text{sgn}\, s(k)$ 是一个振幅为 εT 的等幅抖振。为了抑止抖振，文献[4]曾提出了如下方案：当系统轨线在准滑动模态带外时，采用切换控制

$$\boldsymbol{u} = -(\boldsymbol{CB})^{-1}[\boldsymbol{CAx}(k) - (1-qT)\boldsymbol{s}(k) + \varepsilon T \text{sgn}\, \boldsymbol{s}(k)]$$

当系统轨线在准滑动模态带内时，采用等效控制

$$\boldsymbol{u}_{\text{eq}} = (\boldsymbol{CB})^{-1}\boldsymbol{CAx}(k)$$

但是，这个方案有利也有弊，利是切换面附近用连续控制取代含切换控制，从而能有效抑止抖振；弊是它很有可能导致系统的整个运动都不接触切换面，如图 2.7 所示，这样就会失去滑动模态的优良性能（至少是部分失去）。这是因为滑动模态是发生在切换面上的运动，要使准滑动模态尽可能的保留理想滑动模态的良好动态特性，就必须和切换面尽可能的接触。这也是文献[4,6]对准滑动模态的定义，要求步步穿越切换面的原因。

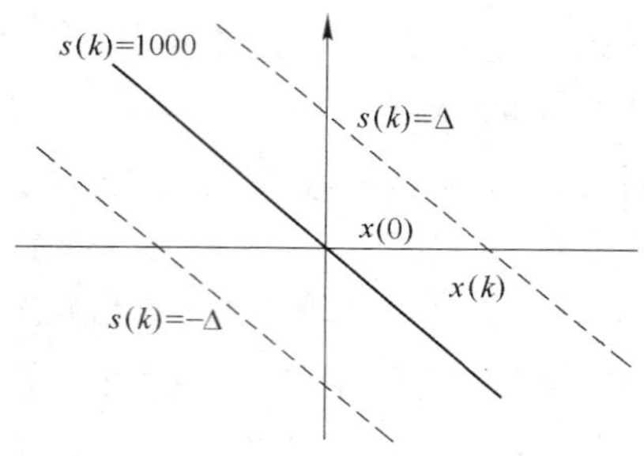

图 2.7　变结构系统滑模面状态运动轨线示意图

为克服这个缺点，构造如下幂次趋近律：

$$\boldsymbol{s}(k+1) - \boldsymbol{s}(k) = [\alpha - \beta \| \boldsymbol{s}(k) \|^{\lambda-1}] T\boldsymbol{s}(k) \tag{2.67}$$

其中，$0<\alpha<1, 0<\lambda<1, 0<\beta$；$T$ 为采样周期。它既能保持准滑动模态步步穿越切换面的基本要求，又能有效抑止或削弱抖振，明显提高控制效果。

假设 2.6　由于采样周期 T 一般要取得足够小，所以，不妨设 $(\alpha+\beta)T<1$。

定理 2.5　按趋近律(2.67)设计控制律，则准滑动模态带为

$$\{\boldsymbol{x}(k) \mid \|\boldsymbol{s}(k)\| < \Delta\},\Delta = \left(\frac{\beta T}{2-\alpha T}\right)^{\frac{1}{1-\lambda}} \tag{2.68}$$

特别地,当 $\lambda = \frac{1}{2}$ 时,准滑动模态带宽为:

$$\left\{\boldsymbol{x}(k) \mid \|\boldsymbol{s}(k)\| < \left(\frac{\beta T}{2-\alpha T}\right)^{2}\right\} \tag{2.69}$$

证明 由幂次趋近律(2.67)

$$\boldsymbol{s}(k+1) = (1-\alpha T-\beta T\|\boldsymbol{s}(k)\|^{\lambda-1})\boldsymbol{s}(k)$$

可得

$$\boldsymbol{s}^{\mathrm{T}}(k+1)\boldsymbol{s}(k+1) = (1-\alpha T-\beta T\|\boldsymbol{s}(k)\|^{\lambda-1})^{2}\boldsymbol{s}^{\mathrm{T}}(k)\boldsymbol{s}(k)$$

由此推得

$$\|\boldsymbol{s}(k+1)\| = \left|1-\alpha T-\beta T\|\boldsymbol{s}(k)\|^{\lambda-1}\right| \cdot \|\boldsymbol{s}(k)\| \tag{2.70}$$

$$\frac{\|\boldsymbol{s}(k+1)\| - \|\boldsymbol{s}(k)\|}{T} = \frac{\left(\left|1-\alpha T-\beta T\|\boldsymbol{s}(k)\|^{\lambda-1}\right| - 1\right)\|\boldsymbol{s}(k)\|}{T} \tag{2.71}$$

当 $1-\alpha T \geqslant \beta T\|\boldsymbol{s}(k)\|^{\lambda-1}$,即 $\|\boldsymbol{s}(k)\| \geqslant \left(\frac{\beta T}{1-\alpha T}\right)^{\frac{1}{1-\lambda}}$ 时,由(2.71)可得

$$\begin{aligned}\frac{\|\boldsymbol{s}(k+1)\| - \|\boldsymbol{s}(k)\|}{T} &= \frac{\left(\left|1-\alpha T-\beta T\|\boldsymbol{s}(k)\|^{\lambda-1}\right| - 1\right)\|\boldsymbol{s}(k)\|}{T} \\ &= -\alpha\|\boldsymbol{s}(k)\| - \beta\|\boldsymbol{s}(k)\|^{\lambda} < 0\end{aligned} \tag{2.72}$$

当 $1-\alpha T < \beta T\|\boldsymbol{s}(k)\|^{\lambda-1}$,即 $\|\boldsymbol{s}(k)\| < \left(\frac{\beta T}{1-\alpha T}\right)^{\frac{1}{1-\lambda}}$ 时

$$\frac{\|\boldsymbol{s}(k+1)\| - \|\boldsymbol{s}(k)\|}{T} = \frac{\left[\beta T\|\boldsymbol{s}(k)\|^{\lambda-1} - (2-\alpha T)\right]\|\boldsymbol{s}(k)\|}{T} \tag{2.73}$$

由式(2.73),$1-\alpha T < \beta T\|\boldsymbol{s}(k)\|^{\lambda-1} < (2-\alpha T)$,即

$$\left(\frac{\beta T}{2-\alpha T}\right)^{\frac{1}{1-\lambda}} < \|\boldsymbol{s}(k)\| < \left(\frac{\beta T}{1-\alpha T}\right)^{\frac{1}{1-\lambda}} \text{时}$$

$$\|\boldsymbol{s}(k+1)\| < \|\boldsymbol{s}(k)\| \tag{2.74}$$

由式(2.72)和式(2.74)知,当

$$\left(\frac{\beta T}{2-\alpha T}\right)^{\frac{1}{1-\lambda}} < \|\boldsymbol{s}(k)\| \text{时}, \|\boldsymbol{s}(k+1)\| < \|\boldsymbol{s}(k)\|$$

因此,系统的运动将最终进入如下的带形区域

$$\left\{ \boldsymbol{x}(k) \mid \| \boldsymbol{s}(k) \| < \Delta, \Delta = \left(\frac{\beta T}{2 - \alpha T} \right)^{\frac{1}{1-\lambda}} \right\} \tag{2.75}$$

带形区域(2.75)正是准滑动模态带。

特别地,当 $\lambda = \frac{1}{2}$ 时,准滑动模态带宽为: $\left\{ \boldsymbol{x}(k) \mid \| \boldsymbol{s}(k) \| < \left(\frac{\beta T}{2-\alpha T} \right)^2 \right\}$

文献[49]得到的准滑动模态带带宽为:

$$\Delta_1 = \frac{\beta T}{1 - \alpha T} \tag{2.76}$$

由式(2.75)和式(2.76)可以算出:

$$\begin{aligned} \frac{\Delta}{\Delta_1} &= \left(\frac{\beta T}{2 - \alpha T} \right)^{\frac{1}{1-\lambda}} \frac{1 - \alpha T}{\beta T} \\ &= (\beta T)^{\frac{\lambda}{1-\lambda}} \frac{1 - \alpha T}{(2 - \alpha T)^{1/(1-\lambda)}} \end{aligned}$$

而且 $\lim\limits_{T \to 0} \frac{\Delta}{\Delta_1} = 0$。

可见,本节得到的带宽比文献[6]得到的带宽要窄得多,而且采样周期 T 越短,这种优势越明显。

特别地,$\lambda = \frac{1}{2}$ 时

$$\begin{aligned} \frac{\Delta}{\Delta_1} &= \left(\frac{\beta T}{2 - \alpha T} \right)^2 \frac{1 - \alpha T}{\beta T} = \frac{\beta T(1 - \alpha T)}{(2 - \alpha T)^2} \\ &\leqslant \frac{\beta T(1 - \alpha T)}{(2 - 2\alpha T)^2} = \frac{\beta T}{4(1 - \alpha T)} \end{aligned}$$

推论 2.1　若第 k 时刻 $\| \boldsymbol{s}(k) \| = \left(\frac{\beta T}{1 - \alpha T} \right)^{1/(1-\lambda)}$,则第 $k+1$ 时刻到达理想滑动模态。

证明　将 $\| \boldsymbol{s}(k) \| = \left(\frac{\beta T}{1 - \alpha T} \right)^{1/(1-\lambda)}$ 代入式(2.70)得

$$\begin{aligned} \| \boldsymbol{s}(k+1) \| &= | 1 - \alpha T - \beta T \| \boldsymbol{s}(k) \|^{\lambda - 1} | \cdot \| \boldsymbol{s}(k) \| \\ &= \left| 1 - \alpha T - \beta T \left(\frac{\beta T}{1 - \alpha T} \right)^{(\lambda-1)/(1-\lambda)} \right| \cdot \| \boldsymbol{s}(k) \| \\ &= | 1 - \alpha T - (1 - \alpha T) | \cdot \| \boldsymbol{s}(k) \| = 0 \end{aligned}$$

从而 $\|s(k+2)\| = \left|1-\alpha T-\beta T\|s(k+1)\|^{\lambda-1}\right| \cdot \|s(k+1)\| = 0$ …… $\|s(k+i)\| = 0, i=1,2,\cdots$；即系统的运动，从第 $k+1$ 时刻起转入到达理想滑动模态。

推论 2.2 如果 $\|s(k)\| < \left(\dfrac{\beta T}{1-\alpha T}\right)^{1/(1-\lambda)}$，则从 $k+1$ 时刻起，系统的运动转入到准滑动模态。

证明 引入参数 $0<\eta<1$，只需证明，对任意

$$\|s(k)\| = \eta\left(\frac{\beta T}{1-\alpha T}\right)^{1/(1-\lambda)}, 0<\eta<1$$

都有

$$\|s(k+1)\| \leqslant \left(\frac{\beta T}{2-\alpha T}\right)^{1/(1-\lambda)}$$

将 $\|s(k)\| = \eta\left(\dfrac{\beta T}{1-\alpha T}\right)^{1/(1-\lambda)} \quad 0<\eta<1$，代入(2.70)，再利用求最大值的办法容易求得 $\|s(k+1)\| \leqslant \left(\dfrac{\beta T}{2-\alpha T}\right)^{1/(1-\lambda)}$

由于计算细节比较繁琐，具体推算略。

2.4.2 到达时间的计算

定理 2.6 到达准滑动模态的时间 K 可用下式近似计算

$$K = \frac{1}{\alpha(1-\lambda)}\ln\frac{\alpha\|s(0)\|^{1-\lambda}+\beta}{\beta}$$

证明 由式(2.72)和推论 2.2，如果取幂次趋近律(2.67)，则到达准滑动模态的运动满足

$$\frac{\|s(k+1)\| - \|s(k)\|}{T} = -\alpha\|s(k)\| - \beta\|s(k)\|^{\lambda}$$

由此得

$$\frac{\|s(k+1)\| - \|s(k)\|}{\alpha\|s(k)\| + \beta\|s(k)\|^{\lambda}} = -T$$

$$\sum_{k=0}^{n}\frac{\|s(k+1)\| - \|s(k)\|}{\alpha\|s(k)\| + \beta\|s(k)\|^{\lambda}} = \sum_{k=0}^{n} T \tag{2.77}$$

记 $\Delta\|s\| = \|s(k+1)\| - \|s(k)\|$，$\Delta t = T$，则上式可写为

$$\sum_{k=0}^{n}\frac{1}{\alpha\|s\| + \beta\|s\|^{\lambda}}\Delta\|s\| = -\sum_{k=0}^{n}\Delta t \tag{2.78}$$

这恰巧是一个积分和的形式,当采样周期足够小时,可近似看成一个定积分

$$\int_{\|s(0)\|}^{\|s(t)\|} \frac{\mathrm{d}\|s\|}{\alpha\|s\| + \beta\|s\|^{\lambda}} \mid = \int_0^t \mathrm{d}t \tag{2.79}$$

因为

$$\frac{\mathrm{d}\|s\|}{\alpha\|s\| + \beta\|s\|^{\lambda}} = \frac{\|s\|^{-\lambda}\mathrm{d}\|s\|}{\alpha\|s\|^{1-\lambda} + \beta} = \frac{1}{\alpha(1-\lambda)} \frac{\mathrm{d}\|s\|^{1-\lambda}}{\alpha\|s\|^{1-\lambda} + \beta} \tag{2.80}$$

将式(2.80)代入式(2.79),得

$$\int_0^{\bar{t}} \mathrm{d}t = -\frac{1}{\alpha(1-\lambda)} \int_{\|s(0)\|}^{\|s(T)\|} \frac{\mathrm{d}\|s\|^{1-\lambda}}{\alpha\|s\|^{1-\lambda} + \beta}$$

两边积分,令 $s(T)=0$,得 s 到达零的时间为

$$\bar{t} = \frac{1}{\alpha(1-\lambda)} \ln \frac{\alpha\|s(0)\|^{1-\lambda} + \beta}{\beta} \tag{2.81}$$

即式(2.81)是对幂次趋近律导出的式(2.77)作近似计算得到的,因此,式(2.81)可作为到达准滑动模态的时间近似公式,到达时间近似为:

$$K \approx \frac{1}{\alpha(1-\lambda)} \ln \frac{\alpha\|s(0)\|^{1-\lambda} + \beta}{\beta}$$

2.4.3 仿真实例

考虑离散时间系统

$$\boldsymbol{x}(k+1) = \begin{pmatrix} 0 & 1 & 0 \\ 1 & 0 & 1 \\ 1 & 2 & 3 \end{pmatrix} \boldsymbol{x}(k) + \begin{pmatrix} 0 & 0 \\ 1 & 0 \\ 1 & 1 \end{pmatrix} \boldsymbol{u}(k)$$

$$\boldsymbol{s}(k) = \begin{pmatrix} 0.5 & 1 & 0 \\ 1 & 0 & 1 \end{pmatrix} \boldsymbol{x}(k)$$

分别对按文献[6]取趋近律:$\boldsymbol{s}(k+1) = (1-2T)\boldsymbol{s}(k) - 5T\|\boldsymbol{s}(k)\|^{1/2}, T=0.05$。按文献[6],准滑动模态带内取等价控制方法和按本节所给的趋近律:

$$\boldsymbol{s}(k+1) = (1-2T)\boldsymbol{s}(k) - 5T\mathrm{sgn}\,\boldsymbol{s}(k), T=0.05$$

利用参考文献和本文的设计方法,分别仿真如图 2.8、图 2.9 和图 2.10 所示,所得仿真曲线说明本文设计方法是有效的。

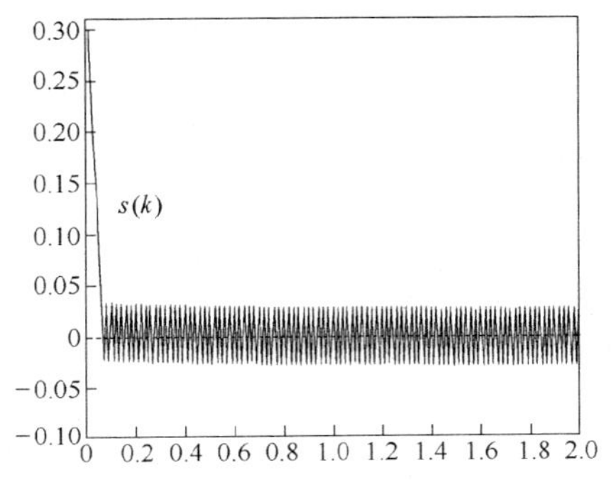

图2.8　按趋近律(2.66),$s(k)$的变化情况

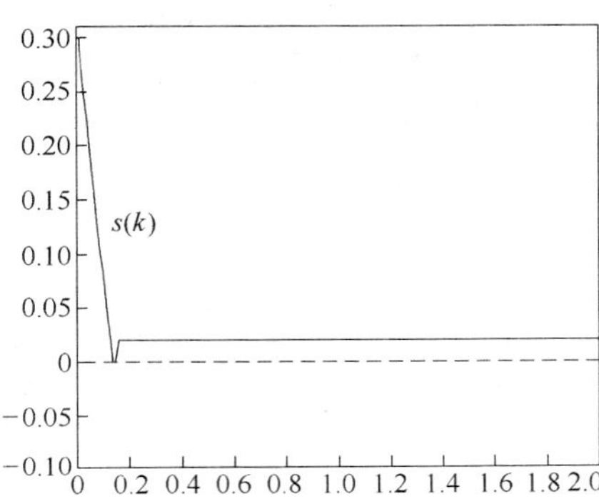

图2.9　按本节趋近律，$s(k)$的变化情况

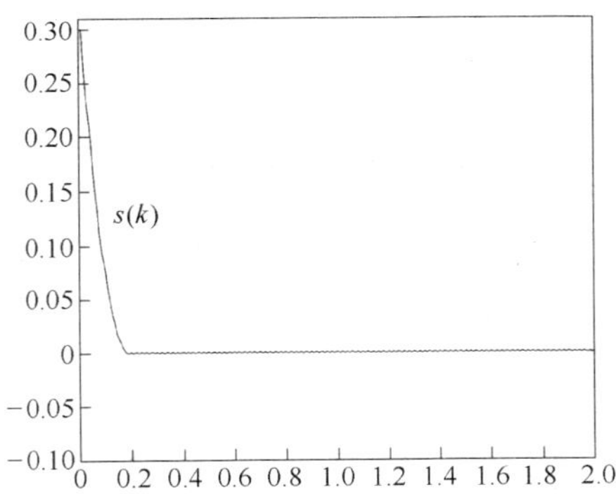

图2.10　准滑动模态带内采用等价控制情况$s(k)$的变化情况

2.5　结论

本章主要讨论了三个问题:缩短到达阶段问题、通过对不确定项的估计改进滑模控制律的问题以及基于幂次趋近律的离散时间系统的变结构控制问题。利用全程滑动模态的思想，通过对不确定离散系统构造切换函数，使得系统一开始便能到达滑模面，缩短了到达过程，充分利用了变结构系统只有在滑动模态才具有的鲁棒性的优势；并将切换函数和滑动模态带的构造与控制器的设计有机结合,充分发挥了系统自身的优势,可抑制不确定性和离散化后对系统产生的负面影响，保证系统的渐近稳

定性。基于采样周期区间和不确定项变化律的分析，提出了在不同的区间对不确定项采用不同逼近的方法。在不确定离散系统中，不确定补偿问题能够方便地求解，克服了由传统控制方法所产生的振颤和保守的缺点。针对一类离散时间系统，提出一种幂次趋近律变结构控制设计方法，使得系统的准滑动模态不仅能保持步步穿越切换面的基本属性，而且能大幅度削弱抖振，有效地改善控制品质，提高系统的鲁棒性。并且采样周期越短，该控制方法的效果越明显。

第3章 状态不完全可测时滞系统的研究

3.1 引言

在实践中,时滞现象是普遍存在的。例如,涡轮喷气机发动机系统、飞行器系统、微波振荡系统、化工过程和手工控制过程等,都存在时滞现象。系统中存在的时滞现象常常引起系统的不稳定,为此如何控制时滞系统,已有许多的研究成果[50,59-61]。对于状态不完全已知的时滞系统,考虑其状态估计问题以及利用估计的状态实现系统的镇定,是非常有意义的。

3.2 受扰时滞系统滑模观测器设计

对于一般的线性系统,传统的观测器构造方法是构造龙伯格观测器,即通过选择适当的观测器增益向量使得状态误差系统渐近稳定。但是,当系统中含有非线性项和处于时滞状态时,状态估计问题就变得十分困难,所以如何设计鲁棒观测器引起了人们的兴趣,并且已有了一些研究成果[51-52,62-63]。

文献[65]研究了不确定系统的变结构控制问题,文献[60]研究了时滞系统的镇定问题,其系统的状态是完全可测的。文献[71]考虑了一类不确定系统滑模观测器问题,但是所研究的系统是非时滞系统。文献[64]考虑了一类时滞系统的观测器问题,系统中不包含干扰项。基于以上存在的问题,本节考虑了一类不确定时滞系统滑模观测器的设计问题,并且研究的时滞项是时变的。

3.2.1 系统描述

考虑不确定时滞系统满足如下状态方程

$$\boldsymbol{x}(t)=\boldsymbol{A}\boldsymbol{x}(t)+\boldsymbol{A}_{\mathrm{d}}\boldsymbol{x}(t-h(t))+f(t,\boldsymbol{u}(t),\boldsymbol{x}(t))+\boldsymbol{B}\boldsymbol{u}(t)+\boldsymbol{\Gamma}\boldsymbol{\xi}(t) \tag{3.1}$$

$$y(t) = Cx(t) \tag{3.2}$$

式中，$x(t) \in \mathbb{R}^n$为系统的状态变量，$u(t) \in \mathbb{R}^m$为控制输入，$y(t) \in \mathbb{R}^m$是系统的输出，矩阵 $A \in \mathbb{R}^{n \times n}$，$A_d \in \mathbb{R}^{n \times n}$，$B \in \mathbb{R}^{n \times m}$，$C \in \mathbb{R}^{m \times n}$，$\Gamma \in \mathbb{R}^{n \times m}$分别为具有适当维数的常数矩阵，$\xi \in \mathbb{R}^m$是系统的外部干扰。

为了证明的需要，首先给出如下假设，

假设 3.1　系统的干扰项满足 $\|\xi\| \leqslant M$，其中 M 是已知正数。

假设 3.2　系统的非线性项满足全局李普希兹条件，即

$$\|f(t,u(t),x_1(t)) - f(t,u(t),x_2(t))\| \leqslant K\|x_1(t) - x_2(t)\|$$

式中，K 已知为常数。

假设 3.3　时滞项 $h(t)$ 是一连续有界的标量函数，满足条件 $0 \leqslant h(t) \leqslant \bar{h} < \infty$，$\dot{h} \leqslant \eta < 1$，其中 $\bar{h}$ 和 η 是已知有界常数。

假设 3.4　矩阵对(A,B)可控，(A,C) 是可观测的。

3.2.2　时滞系统连续观测器的构造

本节假设 $\Gamma=0$，那么对系统（3.1）和（3.2）构造传统的观测器满足如下形式

$$\dot{\hat{x}}(t) = A\hat{x}(t) + A_d\hat{x}(t-h(t)) + f(t,u(t),\hat{x}(t)) + Bu(t) + L(y(t) - C\hat{x}(t)) \tag{3.3}$$

$$\hat{y}(t) = C\hat{x}(t) \tag{3.4}$$

式中，$L \in \mathbb{R}^{n \times m}$为观测器增益矩阵。

定义 $e(t) = x(t) - \hat{x}(t)$为状态估计误差，由式(3.1)和式(3.3)得到如下误差系统的状态方程

$$\dot{e}(t) = (A - LC)e(t) + A_d e(t-h(t)) + f(t,u(t),x(t)) - f(t,u(t),\hat{x}(t)) \tag{3.5}$$

$$e_y(t) = Ce(t) \tag{3.6}$$

式中，$e_y(t) = y(t) - \hat{y}(t)$为输出误差。由假设3.4，构造增益矩阵 L 使得 $A - LC$ 是稳定的。

首先给出如下引理

引理 3.1[64]　假设 X 和 Y 为具有适当维数的常数矩阵，那么下面的不等式成立

$$X^{\mathrm{T}}Y+Y^{\mathrm{T}}X\leqslant\varepsilon X^{\mathrm{T}}X+\varepsilon^{-1}Y^{\mathrm{T}}Y \tag{3.7}$$

式中,ε 是正常数。

下面给出一个定理,使得所构造的观测器实现观测,即误差系统(3.5)渐近稳定。

定理 3.1 假设观测器增益 $\boldsymbol{L}$ 是已知的,如果存在常数 $\varepsilon_1>0,\varepsilon_2>0$ 和正定对阵矩阵 $\boldsymbol{P}>0$,使得下面的矩阵不等式成立

$$(\boldsymbol{A}-\boldsymbol{LC})^{\mathrm{T}}\boldsymbol{P}+\boldsymbol{P}(\boldsymbol{A}-\boldsymbol{LC})+\frac{\varepsilon_1^{-1}}{1-\eta}\boldsymbol{A}_{\mathrm{d}}^{\mathrm{T}}\boldsymbol{A}_{\mathrm{d}}+\boldsymbol{P}^{\mathrm{T}}(\varepsilon_1+\varepsilon_2^{-1})\boldsymbol{I}_n\boldsymbol{P}+\varepsilon_2\boldsymbol{K}^{\mathrm{T}}\boldsymbol{K}<0 \tag{3.8}$$

那么不确定时滞误差系统(3.5)是渐近稳定的。

证明 为了叙述的方便,给出如下定义

$$\boldsymbol{A}_{\mathrm{c}}=\boldsymbol{A}-\boldsymbol{LC} \tag{3.9}$$

$$\boldsymbol{\psi}(t)=f(t,\boldsymbol{u}(t),\boldsymbol{x}(t))-f(t,\boldsymbol{u}(t),\hat{\boldsymbol{x}}(t)) \tag{3.10}$$

那么系统(3.5)可写成如下形式

$$\dot{e}(t)=\boldsymbol{A}_{\mathrm{c}}\boldsymbol{e}(t)+\boldsymbol{A}_{\mathrm{d}}\boldsymbol{e}(t-h(t))+\boldsymbol{\psi}(t) \tag{3.11}$$

对系统(3.11)构造形如下式的李雅普诺夫函数

$$\boldsymbol{V}(t)=\boldsymbol{e}^{\mathrm{T}}\boldsymbol{Pe}+\int_{t-h(t)}^{t}\boldsymbol{e}^{\mathrm{T}}(s)\boldsymbol{Qe}(s)\,\mathrm{d}s \tag{3.12}$$

式中,$h(t)\in[-\bar{h},0]$,矩阵 $\boldsymbol{P}$ 是满足不等式(3.8)的正定矩阵,并且矩阵 $\boldsymbol{Q}\geqslant 0$ 满足下面定义

$$\boldsymbol{Q}=\frac{\varepsilon_1^{-1}}{1-\eta}\boldsymbol{A}_{\mathrm{d}}^{\mathrm{T}}\boldsymbol{A}_{\mathrm{d}} \tag{3.13}$$

对式(3.13)两边求导,并将式(3.11)代入,得

$$\begin{aligned}\dot{\boldsymbol{V}}(t)&=\dot{\boldsymbol{e}}^{\mathrm{T}}\boldsymbol{Pe}+\boldsymbol{e}^{\mathrm{T}}\boldsymbol{P}\dot{\boldsymbol{e}}+\dot{\boldsymbol{e}}^{\mathrm{T}}\boldsymbol{Qe}-(1-\dot{h})\times\boldsymbol{e}^{\mathrm{T}}(t-h)\boldsymbol{Qe}(t-h)\\&=(\boldsymbol{A}_{\mathrm{c}}\boldsymbol{e}+\boldsymbol{A}_{\mathrm{d}}\boldsymbol{e}(t-h)+\boldsymbol{\psi})^{\mathrm{T}}\boldsymbol{Pe}+\boldsymbol{e}^{\mathrm{T}}\boldsymbol{P}(\boldsymbol{A}_{\mathrm{c}}\boldsymbol{e}+\boldsymbol{A}_{\mathrm{d}}\boldsymbol{e}(t-h)\\&\quad+\psi)+\boldsymbol{e}^{\mathrm{T}}\boldsymbol{Qe}-(1-\dot{h})\boldsymbol{e}^{\mathrm{T}}(t-h)\boldsymbol{Qe}(t-h)\\&=\boldsymbol{e}^{\mathrm{T}}(\boldsymbol{A}_{\mathrm{c}}^{\mathrm{T}}P+\boldsymbol{PA}_{\mathrm{c}}+\boldsymbol{Q})\boldsymbol{e}+\boldsymbol{e}^{\mathrm{T}}(t-h)\times\boldsymbol{A}_{\mathrm{d}}^{\mathrm{T}}\boldsymbol{Pe}+\boldsymbol{e}^{\mathrm{T}}\boldsymbol{PA}_{\mathrm{d}}\boldsymbol{e}(t-h)\\&\quad-(1-\dot{h})\times\boldsymbol{e}^{\mathrm{T}}(t-h)\boldsymbol{Qe}(t-h)+\boldsymbol{\psi}^{\mathrm{T}}\boldsymbol{Pe}+\boldsymbol{e}^{\mathrm{T}}\boldsymbol{P\psi}\end{aligned} \tag{3.14}$$

由引理 3.1 和假设 3.2,得到

$$\boldsymbol{e}^{\mathrm{T}}(t-h)\boldsymbol{A}_{\mathrm{d}}^{\mathrm{T}}\boldsymbol{Pe}+\boldsymbol{e}^{\mathrm{T}}\boldsymbol{PA}_{\mathrm{d}}\boldsymbol{e}(t-h)\leqslant\varepsilon_1\boldsymbol{e}^{\mathrm{T}}\boldsymbol{P}^2\boldsymbol{e}+\frac{1}{\varepsilon_1}\boldsymbol{e}^{\mathrm{T}}(t-h)\boldsymbol{A}_{\mathrm{d}}^{\mathrm{T}}\boldsymbol{A}_{\mathrm{d}}\boldsymbol{e}(t-h) \tag{3.15}$$

和

$$\begin{aligned}\boldsymbol{\psi}^{\mathrm{T}}\boldsymbol{P}\boldsymbol{e}+e^{\mathrm{T}}\boldsymbol{P}\boldsymbol{\psi} &\leqslant \varepsilon_2\boldsymbol{\psi}^{\mathrm{T}}\psi+\varepsilon_2^{-1}\boldsymbol{e}^{\mathrm{T}}\boldsymbol{P}^2\boldsymbol{e}\\ &=\varepsilon_2\parallel f(t,\boldsymbol{u},\boldsymbol{x})-f(t,\boldsymbol{u},\hat{x})\parallel^2+\varepsilon_2^{-1}\boldsymbol{e}^{\mathrm{T}}\boldsymbol{P}^2\boldsymbol{e}\\ &\leqslant\varepsilon_2K^2\parallel x-\hat{x}\parallel^2+\varepsilon_2^{-1}\boldsymbol{e}^{\mathrm{T}}\boldsymbol{P}^2\boldsymbol{e}\\ &=\varepsilon_2\boldsymbol{e}^{\mathrm{T}}K^2\boldsymbol{e}+\varepsilon_2^{-1}\boldsymbol{e}^{\mathrm{T}}\boldsymbol{P}^2\boldsymbol{e}\\ &=\boldsymbol{e}^{\mathrm{T}}(\varepsilon_2K^{\mathrm{T}}K+\varepsilon_2^{-1}\boldsymbol{P}^2)\boldsymbol{e}\end{aligned}\tag{3.16}$$

把式(3.15)和式(3.16)代入式(3.14)得

$$\begin{aligned}\dot{\boldsymbol{V}}(t)\leqslant&\boldsymbol{e}^{\mathrm{T}}(\boldsymbol{A}_{\mathrm{c}}^{\mathrm{T}}\boldsymbol{P}+\boldsymbol{P}\boldsymbol{A}_{\mathrm{c}}+\boldsymbol{Q})\boldsymbol{e}+\varepsilon_1\boldsymbol{e}^{\mathrm{T}}\boldsymbol{P}^2\boldsymbol{e}+\frac{1}{\varepsilon_1}\boldsymbol{e}^{\mathrm{T}}(t-h)\boldsymbol{A}_{\mathrm{d}}^{\mathrm{T}}\boldsymbol{A}_{\mathrm{d}}\boldsymbol{e}(t-h)-(1-\eta)\\ &\times\boldsymbol{e}^{\mathrm{T}}(t-h)\boldsymbol{Q}\boldsymbol{e}(t-h)+\boldsymbol{e}^{\mathrm{T}}(\varepsilon_2\boldsymbol{L}^{\mathrm{T}}\boldsymbol{L}+\varepsilon_2^{-1}\boldsymbol{P}^2)\boldsymbol{e}\end{aligned}\tag{3.17}$$

由等式(3.13)，不等式(3.17)可以写为下式

$$\dot{\boldsymbol{V}}(t)\leqslant\boldsymbol{e}^{\mathrm{T}}\left(\boldsymbol{A}_{\mathrm{c}}^{\mathrm{T}}\boldsymbol{P}+\boldsymbol{P}\boldsymbol{A}_{\mathrm{c}}+\boldsymbol{Q}+\varepsilon_1\boldsymbol{P}^2+\frac{\varepsilon_1^{-1}}{1-\eta}\boldsymbol{A}_{\mathrm{d}}^{\mathrm{T}}\boldsymbol{A}_{\mathrm{d}}+\varepsilon_2\boldsymbol{L}^{\mathrm{T}}\boldsymbol{L}+\varepsilon_2^{-1}\boldsymbol{P}^2\right)\boldsymbol{e}\tag{3.18}$$

由条件(3.8)得到

$$\dot{\boldsymbol{V}}(t)<0\tag{3.19}$$

所以,误差系统(3.5)是渐近稳定的。

3.2.3　鲁棒滑模观测器设计

考虑 $\boldsymbol{\Gamma}\neq 0$ 的情况。在这种情况下,因为系统(3.1)中含有干扰项,所以观测器(3.3)失效。鉴于滑模观测器具有鲁棒性的优点,构造滑模观测器来估计原系统。

对系统(3.1),设计滑模观测器满足如下形式

$$\dot{\hat{\boldsymbol{x}}}(t)=\boldsymbol{A}\hat{\boldsymbol{x}}(t)+\boldsymbol{A}_{\mathrm{d}}\hat{\boldsymbol{x}}(t-h(t))+f(t,\boldsymbol{u}(t),\hat{\boldsymbol{x}}(t))+\boldsymbol{B}\boldsymbol{u}(t)+\boldsymbol{L}(\boldsymbol{y}(t)-\boldsymbol{C}\hat{\boldsymbol{x}}(t))+\boldsymbol{\Lambda}\boldsymbol{v}\tag{3.20}$$

$$\hat{\boldsymbol{y}}(t)=\boldsymbol{C}\hat{\boldsymbol{x}}(t)\tag{3.21}$$

其中,$\boldsymbol{v}\in\mathbb{R}^m$是不连续补偿控制,$\boldsymbol{\Lambda}\in\mathbb{R}^{n\times m}$是系数矩阵,矩阵 $\boldsymbol{C\Lambda}$ 是列满秩的,$(\boldsymbol{A},\boldsymbol{\Lambda})$可控。

由系统(3.1)和(3.20)得到如下误差系统

$$\dot{\boldsymbol{e}}=(\boldsymbol{A}-\boldsymbol{L}\boldsymbol{C})\boldsymbol{e}+\boldsymbol{A}_{\mathrm{d}}\boldsymbol{e}(t-h)+f(t,\boldsymbol{u},\boldsymbol{x})-f(t,\boldsymbol{u},\hat{\boldsymbol{x}})+\boldsymbol{\Gamma}\xi-\boldsymbol{\Lambda}\boldsymbol{v}$$

$$=\boldsymbol{A}_c\boldsymbol{e}+\boldsymbol{A}_d\boldsymbol{e}(t-h)+\boldsymbol{\psi}+\boldsymbol{\Gamma\xi}-\boldsymbol{\Lambda v} \tag{3.22}$$

$$\boldsymbol{e}_y=\boldsymbol{Ce} \tag{3.23}$$

式中，理想滑模(3.23)满足 $\boldsymbol{e}_y=0,\dot{\boldsymbol{e}}_y=0$。

将式(3.22)代入 $\dot{\boldsymbol{e}}_y=0$，得到等价控制

$$\boldsymbol{v}_{eq}=(\boldsymbol{C\Lambda})^{-1}\boldsymbol{C}(\boldsymbol{Ae}+\boldsymbol{A}_d\boldsymbol{e}(t-h)+\boldsymbol{\psi}+\boldsymbol{\Gamma\xi}) \tag{3.24}$$

由式(3.23)和式(3.24)得到误差系统理想滑模的状态方程

$$\begin{aligned}\dot{\boldsymbol{e}}=&(\boldsymbol{I}-\boldsymbol{\Lambda}(\boldsymbol{C\Lambda})^{-1}\boldsymbol{C})\boldsymbol{Ae}+(\boldsymbol{I}-\boldsymbol{\Lambda}(\boldsymbol{C\Lambda})^{-1}\boldsymbol{C})\times(\boldsymbol{\Gamma\xi}+f(t,\boldsymbol{u},\boldsymbol{x})-f(t,\boldsymbol{u},\hat{\boldsymbol{x}}))\\&+(\boldsymbol{I}-\boldsymbol{\Lambda}(\boldsymbol{C\Lambda})^{-1}\boldsymbol{C})\boldsymbol{A}_d\boldsymbol{e}(t-h)\end{aligned} \tag{3.25}$$

矩阵 $(\boldsymbol{I}-\boldsymbol{\Lambda}(\boldsymbol{C\Lambda})^{-1}\boldsymbol{C})\boldsymbol{A}$ 具有 m 零特征值和 $n-m$ 指定特征值，所以理想滑动模态是渐近稳定的。

由于证明的需要，我们再给出如下假设。

假设 3.5 假设存在 $m\times m$ 矩阵 $\boldsymbol{D}$ 使得

$$\boldsymbol{\Gamma}=\boldsymbol{\Lambda D} \tag{3.26}$$

这里给出定理 3.2，使得误差系统(3.22)是渐近稳定的。

定理 3.2 选择正定矩阵 $\boldsymbol{P}$ 满足定理 3.1，构造补偿控制器满足下式

$$\boldsymbol{v}=\boldsymbol{w}\frac{\boldsymbol{Ce}}{\|\boldsymbol{Ce}\|} \tag{3.27}$$

并且

$$\lambda_{\min}(\boldsymbol{w})\geqslant \boldsymbol{M}\|\boldsymbol{D}\|\frac{\lambda_{\max}(\boldsymbol{CP}^{-1}\boldsymbol{C}^{\mathrm{T}})}{\lambda_{\min}(\boldsymbol{CP}^{-1}\boldsymbol{C}^{\mathrm{T}})} \tag{3.28}$$

和

$$\boldsymbol{\Lambda}=\boldsymbol{P}^{-1}\boldsymbol{C}^{\mathrm{T}}\boldsymbol{w}^{-1} \tag{3.29}$$

式中，$\boldsymbol{w}$ 是 $m\times m$ 的。那么误差系统(3.22)是渐近稳定的。

证明 当 $\boldsymbol{Ce}\neq 0$ 时，定义

$$\begin{aligned}\Delta=&\boldsymbol{e}^{\mathrm{T}}(\boldsymbol{A}_c^{\mathrm{T}}\boldsymbol{P}+\boldsymbol{PA}_c+\boldsymbol{Q})\boldsymbol{e}+\boldsymbol{e}^{\mathrm{T}}(t-h)\boldsymbol{A}_d^{\mathrm{T}}\boldsymbol{Pe}+\boldsymbol{e}^{\mathrm{T}}\boldsymbol{PA}_d\boldsymbol{e}(t-h)\\&-(1-\dot{h})\boldsymbol{e}^{\mathrm{T}}(t-h)\boldsymbol{Qe}(t-h)+\boldsymbol{\psi}^{\mathrm{T}}\boldsymbol{Pe}+\boldsymbol{e}^{\mathrm{T}}\boldsymbol{P\psi}\end{aligned}$$

对 V 求导得

$$\begin{aligned}\dot{V}=&\dot{\boldsymbol{e}}^{\mathrm{T}}\boldsymbol{Pe}+\boldsymbol{e}^{\mathrm{T}}\boldsymbol{P}\dot{\boldsymbol{e}}+\boldsymbol{e}^{\mathrm{T}}\boldsymbol{Qe}-(1-\dot{h})\boldsymbol{e}^{\mathrm{T}}(t-h)\boldsymbol{Qe}(t-h)\\=&\boldsymbol{e}^{\mathrm{T}}(\boldsymbol{A}_c^{\mathrm{T}}\boldsymbol{P}+\boldsymbol{PA}_c+\boldsymbol{Q})\boldsymbol{e}+\boldsymbol{e}^{\mathrm{T}}(t-h)\boldsymbol{A}_d^{\mathrm{T}}\boldsymbol{Pe}\\&+\boldsymbol{e}^{\mathrm{T}}\boldsymbol{PA}_d\boldsymbol{e}(t-h)+\boldsymbol{\psi}^{\mathrm{T}}\boldsymbol{Pe}+\boldsymbol{e}^{\mathrm{T}}\boldsymbol{P\psi}+(\boldsymbol{\Gamma\xi}-\boldsymbol{\Lambda v})^{\mathrm{T}}\boldsymbol{Pe}\end{aligned}$$

$$+\boldsymbol{e}^{\mathrm{T}}\boldsymbol{P}(\boldsymbol{\Gamma}\boldsymbol{\xi}-\boldsymbol{\Lambda}\boldsymbol{v})-(1-\dot{h})\boldsymbol{e}^{\mathrm{T}}(t-h)\boldsymbol{Q}\boldsymbol{e}(t-h)$$

$$=\Delta+2\boldsymbol{e}^{\mathrm{T}}\boldsymbol{P}\boldsymbol{\Gamma}\xi-2\boldsymbol{e}^{\mathrm{T}}\boldsymbol{P}\boldsymbol{\Lambda}v \tag{3.30}$$

因为

$$\boldsymbol{\Gamma}=\boldsymbol{\Lambda}\boldsymbol{D},\boldsymbol{\Lambda}=\boldsymbol{P}^{-1}\boldsymbol{C}^{\mathrm{T}}\boldsymbol{w}^{-1}\quad \lambda_{\min}(w)\geqslant \boldsymbol{M}\,\|\boldsymbol{D}\|\frac{\lambda_{\max}(\boldsymbol{C}^{\mathrm{T}}\boldsymbol{P}^{-1}\boldsymbol{C}^{\mathrm{T}})}{\lambda_{\min}(\boldsymbol{C}^{\mathrm{T}}\boldsymbol{P}^{-1}\boldsymbol{C}^{\mathrm{T}})}\geqslant \boldsymbol{M}\,\|\boldsymbol{D}\|$$

所以

$$\begin{aligned}\dot{V}&=\Delta+2\boldsymbol{e}^{\mathrm{T}}\boldsymbol{C}^{\mathrm{T}}\boldsymbol{w}^{-1}\boldsymbol{D}\xi-2\boldsymbol{e}^{\mathrm{T}}\boldsymbol{C}^{\mathrm{T}}\frac{\boldsymbol{Ce}}{\|\boldsymbol{Ce}\|}\\&\leqslant\Delta+2\,\|\boldsymbol{e}^{\mathrm{T}}\boldsymbol{C}^{\mathrm{T}}\|\,(\,\|\boldsymbol{w}^{-1}\boldsymbol{D}\|\;\|\boldsymbol{M}\|\,-1)\\&<\Delta+2\,\|\boldsymbol{e}^{\mathrm{T}}\boldsymbol{C}^{\mathrm{T}}\|\,(\frac{1}{\lambda_{\min}(w)}\|\boldsymbol{D}\|\boldsymbol{M}-1)\\&<0\end{aligned} \tag{3.31}$$

当 $\boldsymbol{Ce}=0,\boldsymbol{v}=\boldsymbol{v}_{\mathrm{eq}}$时,我们可以得到下式

$$\begin{aligned}\dot{\boldsymbol{V}}&=\Delta+2\boldsymbol{e}^{\mathrm{T}}\boldsymbol{C}^{\mathrm{T}}\boldsymbol{w}^{-1}\boldsymbol{D}\boldsymbol{\xi}-2\boldsymbol{e}^{\mathrm{T}}\boldsymbol{C}^{\mathrm{T}}\boldsymbol{w}^{-1}\boldsymbol{v}_{\mathrm{eq}}\\&=\Delta\\&<0\end{aligned} \tag{3.32}$$

所以,构造的滑模观测器实现了未知状态的估计。

3.2.4　仿真算例

为了阐明本节所提方法的有效性和可行性,下面给出仿真实例。

构造不确定时滞系统满足条件

$$\boldsymbol{A}=\begin{bmatrix}-1&1\\-2&-3\end{bmatrix},\boldsymbol{A}_{\mathrm{d}}=\begin{bmatrix}0&-0.1\\0.5&1\end{bmatrix},\boldsymbol{b}=\begin{bmatrix}1\\0\end{bmatrix},$$

$$\boldsymbol{c}=[1\quad 0],h(t)=0.1\cos(6t),\xi(t)=2\sin(t)$$

假设非线性项满足李普希兹条件,其中李普希兹常数为 $K=0.2$,构造观测器增益矩阵满足

$$\boldsymbol{L}=\begin{bmatrix}5\\18\end{bmatrix}$$

因为 $\boldsymbol{v}=\boldsymbol{w}\dfrac{\boldsymbol{Ce}}{\|\boldsymbol{Ce}\|},\boldsymbol{\Lambda}=\boldsymbol{P}^{-1}\boldsymbol{C}^{\mathrm{T}}\boldsymbol{w}^{-1}$,矩阵 $\boldsymbol{P}$ 可通过 Matlab 的 LMI 工具箱求解不等式[66](3.8)得到。仿真结果如图 3.1 和图 3.2 所示。由

图 3.1 可知，误差 e_1 渐近趋近于零；在图 3.2 中，误差 e_2 也是渐近稳定的。仿真结果说明本节所设计的观测器是可行的。

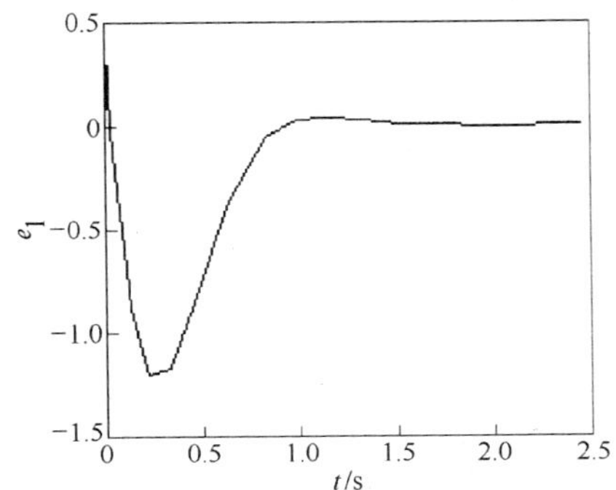

图 3.1 误差 e_1 的运动轨线

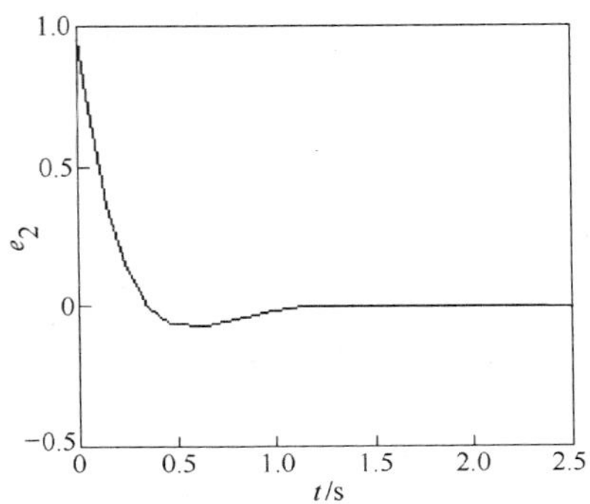

图 3.2 误差 e_2 的运动轨线

3.3 状态不完全可测时滞系统的镇定问题

状态已知的线性时滞系统的渐近稳定性问题已得到了广泛的研究，但是大部分考虑的都是渐近稳定性条件，没有给出稳定裕度，因此实际应用受到限制。基于以上的研究成果，本节考虑了当系统状态不完全已知时，时滞系统指数稳定性条件存在问题。由于本节得到的稳定性条件、稳定裕度是通过线性矩阵不等式给出的，它可以借助 Matlab 的 LMI 工具箱求解，因此稳定裕度、控制器参数和观测器参数都可以具体求出。

考虑时滞系统

$$\begin{aligned} \dot{\boldsymbol{x}}(t) &= \boldsymbol{A}\boldsymbol{x}(t) + \boldsymbol{H}\boldsymbol{x}(t-h) + \boldsymbol{B}\boldsymbol{u}(t) \\ \boldsymbol{x}(t) &= \boldsymbol{\varphi}(t), t \in [0,h] \\ \boldsymbol{y}(t) &= \boldsymbol{C}_1\boldsymbol{x}(t) + \boldsymbol{C}_2\boldsymbol{x}(t-h) \end{aligned} \tag{3.33}$$

式中，$\boldsymbol{x} \in \mathbb{R}^n$ 是状态向量，不完全可测；$\boldsymbol{u} \in \mathbb{R}^m$ 是输入向量，$\boldsymbol{y} \in \mathbb{R}^q$ 是输出向量；$h(t) \leqslant \tau$ 是有界的时滞；$\boldsymbol{A},\boldsymbol{H},\boldsymbol{B},\boldsymbol{C}_i, i=1,2$ 是适当维数的常数矩阵；$\boldsymbol{\varphi}(t)$ 是连续初值向量函数。

本节的目的是，在状态 $\boldsymbol{x}$ 不完全可测情况下，设计控制器使时滞系统 (3.33) 指数稳定。

3.3.1 观测器设计和系统变换

因为状态不完全可测,为解决状态反馈问题,构造状态观测器如下

$$\dot{\hat{\boldsymbol{x}}}(t)=\boldsymbol{A}\hat{\boldsymbol{x}}(t)+\boldsymbol{H}\hat{\boldsymbol{x}}(t-h)+\boldsymbol{B}\boldsymbol{u}(t)+\boldsymbol{L}(\boldsymbol{y}-\hat{\boldsymbol{y}}) \tag{3.34}$$

记 $\boldsymbol{e}(t)=\boldsymbol{x}(t)-\hat{x}(t)$,则观测误差方程为

$$\dot{\boldsymbol{e}}(t)=(\boldsymbol{A}-\boldsymbol{L}\boldsymbol{C}_1)\boldsymbol{e}(t)+(\boldsymbol{H}-\boldsymbol{L}\boldsymbol{C}_2)\boldsymbol{e}(t-h) \tag{3.35}$$

取 $\boldsymbol{u}=-\boldsymbol{K}\hat{\boldsymbol{x}}$ 则

$$\dot{\boldsymbol{x}}(t)=(\boldsymbol{A}-\boldsymbol{B}\boldsymbol{K})\boldsymbol{x}(t)+\boldsymbol{H}\boldsymbol{x}(t-h)+\boldsymbol{B}\boldsymbol{K}\boldsymbol{e}(t)$$

$$\begin{aligned}\boldsymbol{x}(t-h)&=\boldsymbol{x}(t)-\int_{-h}^{0}\dot{\boldsymbol{x}}(t+\theta)\mathrm{d}\theta\\&=\boldsymbol{x}(t)-\int_{-h}^{0}[(\boldsymbol{A}-\boldsymbol{B}\boldsymbol{K})\boldsymbol{x}(t+\theta)+\boldsymbol{H}\boldsymbol{x}(t+\theta-h)+\boldsymbol{B}\boldsymbol{K}\boldsymbol{e}(t+\theta)]\mathrm{d}\theta\end{aligned} \tag{3.36}$$

记 $\boldsymbol{A}_{\mathrm{K}}=\boldsymbol{A}-\boldsymbol{B}\boldsymbol{K}$, $\boldsymbol{A}_{\mathrm{L}}=\boldsymbol{A}-\boldsymbol{L}\boldsymbol{C}_1$, $\boldsymbol{H}_{\mathrm{L}}=\boldsymbol{H}-\boldsymbol{L}\boldsymbol{C}_2$,并将式(3.36)代入式(3.35),得

$$\dot{\boldsymbol{x}}(t)=(\boldsymbol{A}_{\mathrm{K}}+\boldsymbol{H})\boldsymbol{x}(t)-\boldsymbol{H}\int_{-h}^{0}[\boldsymbol{A}_{\mathrm{K}}\boldsymbol{x}(t+\theta)+\boldsymbol{H}\boldsymbol{x}(t+\theta-h)+\boldsymbol{B}\boldsymbol{K}\boldsymbol{e}(t+\theta)]\mathrm{d}\theta+\boldsymbol{B}\boldsymbol{K}\boldsymbol{e}(t) \tag{3.37}$$

同样可得

$$\dot{\boldsymbol{e}}(t)=(\boldsymbol{A}_{\mathrm{L}}+\boldsymbol{H}_{\mathrm{L}})\boldsymbol{e}(t)-\boldsymbol{H}_{\mathrm{L}}\int_{-h}^{0}[\boldsymbol{A}_{\mathrm{L}}\boldsymbol{e}(t+\theta)+\boldsymbol{H}_{\mathrm{L}}\boldsymbol{e}(t+\theta-h)]\mathrm{d}\theta \tag{3.38}$$

3.3.2 稳定性分析

为了证明定理的结论,先考虑下面两个引理:

引理 3.2[66] 设 $\boldsymbol{a}\in\mathbb{R}^n,\boldsymbol{b}\in\mathbb{R}^n,\varepsilon>0$,则有

$$\boldsymbol{a}^{\mathrm{T}}\boldsymbol{b}+\boldsymbol{b}^{\mathrm{T}}a\leqslant\boldsymbol{a}^{\mathrm{T}}\boldsymbol{Q}^{-1}\boldsymbol{a}+\boldsymbol{b}^{\mathrm{T}}\boldsymbol{Q}\boldsymbol{b}$$

其中,$\boldsymbol{Q}$ 为任意正定阵。

引理 3.3[66] 对给定的对称矩阵

$$\boldsymbol{Q}=\begin{pmatrix}\boldsymbol{Q}_{11}&\boldsymbol{Q}_{12}\\\boldsymbol{Q}_{12}^{\mathrm{T}}&\boldsymbol{Q}_{22}\end{pmatrix}$$

以下三个条件等价:

(1) $\boldsymbol{Q}<0$

(2) $\boldsymbol{Q}_{11}<0,\boldsymbol{Q}_{22}-\boldsymbol{Q}_{12}^{\mathrm{T}}\boldsymbol{Q}_{11}^{-1}\boldsymbol{Q}_{12}<0$

(3) $\boldsymbol{Q}_{22}<0,\boldsymbol{Q}_{11}-\boldsymbol{Q}_{12}\boldsymbol{Q}_{22}^{-1}\boldsymbol{Q}_{12}^{\mathrm{T}}<0$

定理 3.3 若下面矩阵不等式组成立:

$$\boldsymbol{P}_1(\boldsymbol{A}_{\mathrm{K}}+\boldsymbol{H})+(\boldsymbol{A}_{\mathrm{K}}+\boldsymbol{H})^{\mathrm{T}}\boldsymbol{P}_1+h\boldsymbol{P}_1\boldsymbol{H}(\boldsymbol{Q}_1^{-1}+\boldsymbol{R}_1^{-1})\boldsymbol{H}^{\mathrm{T}}\boldsymbol{P}_1 + h\boldsymbol{A}_{\mathrm{K}}^{\mathrm{T}}\boldsymbol{Q}_1\boldsymbol{A}_{\mathrm{K}}+h\boldsymbol{H}^{\mathrm{T}}R_1\boldsymbol{H}+\alpha_1\boldsymbol{P}_1^2<0 \tag{3.39a}$$

$$\boldsymbol{P}_2(\boldsymbol{A}_{\mathrm{L}}+\boldsymbol{H}_{\mathrm{L}})+(\boldsymbol{A}_{\mathrm{L}}+\boldsymbol{H}_{\mathrm{L}})\boldsymbol{P}_2+h\boldsymbol{P}_2\boldsymbol{H}_{\mathrm{L}}(\boldsymbol{Q}_2^{-1}+\boldsymbol{R}_2^{-1})\boldsymbol{H}_{\mathrm{L}}^{\mathrm{T}}\boldsymbol{P}_2 + h\boldsymbol{A}_{\mathrm{L}}^{\mathrm{T}}\boldsymbol{Q}_2\boldsymbol{A}_{\mathrm{L}}+h\boldsymbol{H}_{\mathrm{L}}^{\mathrm{T}}\boldsymbol{R}_2\boldsymbol{H}_{\mathrm{L}}+\alpha_2\boldsymbol{I}\leqslant 0 \tag{3.39b}$$

则时滞系统(3.38)渐近稳定。

证明 取 Lyapunov 函数

$$V_{\mathrm{e}}(t)=V_{\mathrm{e}}^1+V_{\mathrm{e}}^2+V_{\mathrm{e}}^3$$

$$V_{\mathrm{e}}^1(t)=\boldsymbol{e}^{\mathrm{T}}(t)\boldsymbol{P}_2\boldsymbol{e}(t)$$

$$V_{\mathrm{e}}^2(t)=\int_{-h}^{0}\left[\int_{t+\theta}^{t}\boldsymbol{e}^{\mathrm{T}}(s)\boldsymbol{A}_{\mathrm{L}}^{\mathrm{T}}\boldsymbol{Q}_2\boldsymbol{A}_{\mathrm{L}}\boldsymbol{e}(s)\,\mathrm{d}s\right]\mathrm{d}\theta$$

$$V_{\mathrm{e}}^3(t)=\int_{-h}^{0}\left[\int_{t+\theta-h}^{t}\boldsymbol{e}^{\mathrm{T}}(s)\boldsymbol{H}_{\mathrm{L}}^{\mathrm{T}}\boldsymbol{R}_2\boldsymbol{H}_{\mathrm{L}}\boldsymbol{e}(s)\,\mathrm{d}s\right]\mathrm{d}\theta$$

式中,$\boldsymbol{P}_2,\boldsymbol{Q}_2,\boldsymbol{R}_2$和后面的 $\boldsymbol{P}_1,\boldsymbol{Q}_1,\boldsymbol{R}_1$ 均为对称正定阵。

沿系统(3.38)对 $V_{\mathrm{e}}^i,i=1,2,3$ 求导,得

$$\dot{e}(t)=(\boldsymbol{A}_{\mathrm{L}}+\boldsymbol{H}_{\mathrm{L}})\boldsymbol{e}(t)-\boldsymbol{H}_{\mathrm{L}}\int_{-h}^{0}[\boldsymbol{A}_{\mathrm{L}}\boldsymbol{e}(t+\theta)+\boldsymbol{H}_{\mathrm{L}}\boldsymbol{e}(t+\theta-h)]\mathrm{d}\theta$$

$$\begin{aligned}
\dot{V}_{\mathrm{e}}^1(t)\leqslant{}&\boldsymbol{e}^{\mathrm{T}}(t)[\boldsymbol{P}_2(\boldsymbol{A}_{\mathrm{L}}+\boldsymbol{H}_{\mathrm{L}})+(\boldsymbol{A}_{\mathrm{L}}+\boldsymbol{H}_{\mathrm{L}})^{\mathrm{T}}\boldsymbol{P}_2]\boldsymbol{e}(t)\\
&-2\boldsymbol{e}^{\mathrm{T}}(t)\boldsymbol{P}_2\boldsymbol{H}_{\mathrm{L}}\int_{-h}^{0}[\boldsymbol{A}_{\mathrm{L}}\boldsymbol{e}(t+\theta)+\boldsymbol{H}_{\mathrm{L}}\boldsymbol{e}(t+\theta-h)]\mathrm{d}\theta\\
\leqslant{}&\boldsymbol{e}^{\mathrm{T}}(t)[\boldsymbol{P}_2(\boldsymbol{A}_{\mathrm{L}}+\boldsymbol{H}_{\mathrm{L}})+(\boldsymbol{A}_{\mathrm{L}}+\boldsymbol{H}_{\mathrm{L}})^{\mathrm{T}}\boldsymbol{P}_2]\boldsymbol{e}(t)\\
&+h\boldsymbol{e}^{\mathrm{T}}(t)\boldsymbol{P}_2\boldsymbol{H}_{\mathrm{L}}\boldsymbol{Q}^{-1}\boldsymbol{H}_{\mathrm{L}}^{\mathrm{T}}\boldsymbol{P}_2\boldsymbol{e}(t)+\int_{-h}^{0}\boldsymbol{e}^{\mathrm{T}}(t+\theta)\boldsymbol{A}_{\mathrm{L}}^{\mathrm{T}}\boldsymbol{Q}\boldsymbol{A}_{\mathrm{L}}\boldsymbol{e}(t+\theta)\mathrm{d}\theta\\
&+h\boldsymbol{e}^{\mathrm{T}}(t)\boldsymbol{P}_2\boldsymbol{H}_{\mathrm{L}}\boldsymbol{R}^{-1}\boldsymbol{H}_{\mathrm{L}}^{\mathrm{T}}\boldsymbol{P}_2\boldsymbol{e}(t)+\int_{-h}^{0}\boldsymbol{e}^{\mathrm{T}}(t+\theta-h)\boldsymbol{H}_{\mathrm{L}}^{\mathrm{T}}\boldsymbol{R}\boldsymbol{H}_{\mathrm{L}}\boldsymbol{e}(t+\theta-h)\mathrm{d}\theta\\
={}&\boldsymbol{e}^{\mathrm{T}}(t)[\boldsymbol{P}_2(\boldsymbol{A}_{\mathrm{L}}+\boldsymbol{H}_{\mathrm{L}})+(\boldsymbol{A}_{\mathrm{L}}+\boldsymbol{H}_{\mathrm{L}})^{\mathrm{T}}\boldsymbol{P}_2+h\boldsymbol{P}_2\boldsymbol{H}_{\mathrm{L}}(\boldsymbol{Q}_2^{-1}+\boldsymbol{R}_2^{-1})\boldsymbol{H}_{\mathrm{L}}^{\mathrm{T}}\boldsymbol{P}_2]\boldsymbol{e}(t)
\end{aligned}$$

$$+\int_{-h}^{0}\boldsymbol{e}^{\mathrm{T}}(t+\theta)\boldsymbol{A}_{\mathrm{L}}^{\mathrm{T}}\boldsymbol{Q}_2A_{\mathrm{L}}e(t+\theta)\mathrm{d}\theta+\int_{-h}^{0}\boldsymbol{e}^{\mathrm{T}}(t+\theta-h)\boldsymbol{H}_{\mathrm{L}}^{\mathrm{T}}\boldsymbol{R}_2\boldsymbol{H}_{\mathrm{L}}\boldsymbol{e}(t+\theta-h)\mathrm{d}\theta \tag{3.40}$$

$$\dot{V}_{\mathrm{e}}^{2}(t)=h\boldsymbol{e}^{\mathrm{T}}(t)\boldsymbol{A}_{\mathrm{L}}^{\mathrm{T}}\boldsymbol{Q}_2\boldsymbol{A}_{\mathrm{L}}\boldsymbol{e}(t)-\int_{-h}^{0}\boldsymbol{e}^{\mathrm{T}}(t+\theta)\boldsymbol{A}_{\mathrm{L}}^{\mathrm{T}}\boldsymbol{Q}_2\boldsymbol{A}_{\mathrm{L}}\boldsymbol{e}(t+\theta)\mathrm{d}\theta \tag{3.41}$$

$$\dot{V}_{\mathrm{e}}^{3}(t)=h\boldsymbol{e}^{\mathrm{T}}(t)\boldsymbol{H}_{\mathrm{L}}^{\mathrm{T}}\boldsymbol{R}_2\boldsymbol{H}_{\mathrm{L}}\boldsymbol{e}(t)-\int_{-h}^{0}\boldsymbol{e}^{\mathrm{T}}(t+\theta-h)\boldsymbol{H}_{\mathrm{L}}^{\mathrm{T}}\boldsymbol{R}_2\boldsymbol{H}_{\mathrm{L}}\boldsymbol{e}(t+\theta-h)\mathrm{d}\theta \tag{3.42}$$

$$\begin{aligned}\dot{V}_{\mathrm{e}}(t)&=\dot{V}_{\mathrm{e}}^{1}(t)+\dot{V}_{\mathrm{e}}^{2}(t)+\dot{V}_{\mathrm{e}}^{3}(t)\\&\leqslant\boldsymbol{e}^{\mathrm{T}}(t)[\boldsymbol{P}_2(\boldsymbol{A}_{\mathrm{L}}+\boldsymbol{H}_{\mathrm{L}})+(\boldsymbol{A}_{\mathrm{L}}+\boldsymbol{H}_{\mathrm{L}})^{\mathrm{T}}\boldsymbol{P}_2+h\boldsymbol{P}_2\boldsymbol{H}_{\mathrm{L}}(\boldsymbol{Q}_2^{-1}+\boldsymbol{R}_2^{-1})\boldsymbol{H}_{\mathrm{L}}^{\mathrm{T}}\boldsymbol{P}_2\\&\quad+h\boldsymbol{A}_{\mathrm{L}}^{\mathrm{T}}\boldsymbol{Q}_2\boldsymbol{A}_{\mathrm{L}}+h\boldsymbol{H}_{\mathrm{L}}^{\mathrm{T}}\boldsymbol{R}_2\boldsymbol{H}_{\mathrm{L}}]\boldsymbol{e}(t)\end{aligned} \tag{3.43}$$

将定理条件(3.39a)代入式(3.43),得

$$\dot{V}_{\mathrm{e}}\leqslant-\alpha\boldsymbol{e}^{\mathrm{T}}(t)\boldsymbol{e}(t)=-\alpha\|\boldsymbol{e}(t)\|^2$$

$\boldsymbol{e}(t)$渐近稳定。再取 Lyapunov 函数

$$V_x(t)=V_x^1(t)+V_x^2(t)+V_x^3(t)$$

$$V_x^1(t)=\boldsymbol{x}^{\mathrm{T}}(t)\boldsymbol{P}_1\boldsymbol{x}(t)$$

$$V_x^2(t)=\int_{-h}^{0}\left[\int_{t+\theta}^{t}\boldsymbol{x}^{\mathrm{T}}(s)\boldsymbol{A}_{\mathrm{K}}^{\mathrm{T}}\boldsymbol{Q}_1^{-1}\boldsymbol{A}_{\mathrm{K}}\boldsymbol{x}(s)\mathrm{d}s\right]\mathrm{d}\theta$$

$$V_x^3(t)=\int_{-h}^{0}\left[\int_{t+\theta-h}^{t}\boldsymbol{x}^{\mathrm{T}}(s)\boldsymbol{H}^{\mathrm{T}}\boldsymbol{R}_1^{-1}\boldsymbol{H}\boldsymbol{x}(s)\mathrm{d}s\right]\mathrm{d}\theta$$

和 $\dot{V}_{\mathrm{e}}$ 一样地推导,得

$$\begin{aligned}\dot{V}_x^1&\leqslant\boldsymbol{x}^{\mathrm{T}}(t)[\boldsymbol{P}_1(\boldsymbol{A}_{\mathrm{K}}+\boldsymbol{H})+(\boldsymbol{A}_{\mathrm{K}}+\boldsymbol{H})^{\mathrm{T}}\boldsymbol{P}_1+h\boldsymbol{P}_1\boldsymbol{H}(\boldsymbol{Q}_1^{-1}+\boldsymbol{R}_1^{-1})\boldsymbol{H}^{\mathrm{T}}\boldsymbol{P}_1]\boldsymbol{x}(t)\\&+\int_{-h}^{0}\boldsymbol{x}^{\mathrm{T}}(t+\theta)\boldsymbol{A}_{\mathrm{K}}^{\mathrm{T}}\boldsymbol{Q}_1\boldsymbol{A}_{\mathrm{K}}\boldsymbol{x}(t+\theta)\mathrm{d}\theta+\int_{-h}^{0}\boldsymbol{x}^{\mathrm{T}}(t+\theta-h)\boldsymbol{H}^{\mathrm{T}}\boldsymbol{R}_1\boldsymbol{H}\boldsymbol{x}(t+\theta-h)\mathrm{d}\theta\\&+2\boldsymbol{x}^{\mathrm{T}}(t)\boldsymbol{P}_1\boldsymbol{HBK}\int_{-h}^{0}\boldsymbol{e}(t+\theta)\mathrm{d}\theta+2\boldsymbol{x}^{\mathrm{T}}(t)\boldsymbol{P}_1\boldsymbol{BKe}(t)\end{aligned} \tag{3.44}$$

$$\dot{V}_x^2(t)=h\boldsymbol{x}^{\mathrm{T}}(t)\boldsymbol{A}_{\mathrm{K}}^{\mathrm{T}}\boldsymbol{Q}_1\boldsymbol{A}_{\mathrm{K}}\boldsymbol{x}(t)-\int_{-h}^{0}\boldsymbol{x}^{\mathrm{T}}(t+\theta)\boldsymbol{A}_{\mathrm{K}}^{\mathrm{T}}\boldsymbol{Q}_1\boldsymbol{A}_{x}\boldsymbol{x}(t+\theta)\mathrm{d}\theta \tag{3.45}$$

$$\dot{V}_x^3(t)=h\boldsymbol{x}^{\mathrm{T}}(t)\boldsymbol{H}^{\mathrm{T}}\boldsymbol{R}_1\boldsymbol{H}\boldsymbol{x}(t)-\int_{-h}^{0}x^{\mathrm{T}}(t+\theta-h)\boldsymbol{H}^{\mathrm{T}}\boldsymbol{R}_1\boldsymbol{H}\boldsymbol{x}(t+\theta-h)\mathrm{d}\theta \tag{3.46}$$

$$\dot{V}_x(t) \leqslant \boldsymbol{x}^{\mathrm{T}}(t)[\boldsymbol{P}_1(\boldsymbol{A}_{\mathrm{K}}+\boldsymbol{H})+(\boldsymbol{A}_{\mathrm{K}}+\boldsymbol{H})^{\mathrm{T}}\boldsymbol{P}_1+h\boldsymbol{P}_1\boldsymbol{H}(\boldsymbol{Q}_1^{-1}+\boldsymbol{R}_1^{-1})\boldsymbol{H}^{\mathrm{T}}\boldsymbol{P}_1$$
$$+h\boldsymbol{A}_{\mathrm{K}}^{\mathrm{T}}\boldsymbol{Q}_1\boldsymbol{A}_{\mathrm{K}}+h\boldsymbol{H}^{\mathrm{T}}\boldsymbol{R}_1\boldsymbol{H}]\boldsymbol{x}(t)+2x^{\mathrm{T}}\boldsymbol{P}_1\boldsymbol{BKe}(t)+2x^{\mathrm{T}}(t)\boldsymbol{P}_1\boldsymbol{HBK}\int_{-h}^{0}\boldsymbol{e}(t+\theta)\mathrm{d}\theta \tag{3.47}$$

将定理条件(3.39b)代入式(3.47),得

$$\dot{V}_x(t)\leqslant-\alpha\boldsymbol{x}^{\mathrm{T}}(t)\boldsymbol{P}_1^2x(t)+2\boldsymbol{x}^{\mathrm{T}}(t)\boldsymbol{P}_1\boldsymbol{HBK}\int_{-\mathrm{h}}^{0}\boldsymbol{e}(t+\theta)\mathrm{d}\theta+2\boldsymbol{x}^{\mathrm{T}}\boldsymbol{P}_1\boldsymbol{BKe}(t)$$

$$\dot{V}_x(t)\leqslant-\alpha\boldsymbol{x}^{\mathrm{T}}(t)\boldsymbol{P}_1^2x(t)+2\boldsymbol{x}^{\mathrm{T}}(t)\boldsymbol{P}_1\boldsymbol{HBK}\int_{-h}^{0}\boldsymbol{e}(t+\theta)\mathrm{d}\theta+2\boldsymbol{x}^{\mathrm{T}}\boldsymbol{P}_1\boldsymbol{BKe}(t)$$

$$\leqslant-\alpha\lambda_{\mathrm{m}}\|\boldsymbol{x}(t)\|^2+2\|\boldsymbol{x}(t)\|(h\|\boldsymbol{P}_1\boldsymbol{HBK}\|+\|\boldsymbol{P}_1\boldsymbol{BK}\|\cdot)\|\bar{\boldsymbol{e}}(t)\|$$

其中,$\|\bar{\boldsymbol{e}}(t)\|=\max\limits_{-h\leqslant\theta\leqslant0}\|\boldsymbol{e}(t+\theta)\|$,$\lambda_{\mathrm{m}}$ 表示 $\boldsymbol{P}_1^2$ 的最小特征值。

若 $\alpha\lambda_{\mathrm{m}}\|\boldsymbol{x}(t)\|^2>2\|\boldsymbol{x}(t)\|(h\|\boldsymbol{P}_1\boldsymbol{HBK}\|+\|\boldsymbol{P}_1\boldsymbol{BK}\|)\|\bar{\boldsymbol{e}}(t)\|$,则 $\dot{V}_x<0$ 否则

$$\|\boldsymbol{x}(t)\|\leqslant2(h\|\boldsymbol{P}_1\boldsymbol{HBK}\|+\|\boldsymbol{P}_1\boldsymbol{BK}\|)\|\bar{\boldsymbol{e}}(t)\|$$

因此,$\boldsymbol{x}(t)$也渐近稳定。

定理 3.4 若线性矩阵不等式

$$\begin{pmatrix} (\boldsymbol{A}+\boldsymbol{H})\boldsymbol{U}+\boldsymbol{U}(\boldsymbol{A}+\boldsymbol{H})^{\mathrm{T}}-\boldsymbol{BY} & & \\ -(\boldsymbol{BY})^{\mathrm{T}}+2h\boldsymbol{HUH}^{\mathrm{T}}+\alpha_1 I & \sqrt{h}(\boldsymbol{AU}-\boldsymbol{BY}) & \sqrt{h}\boldsymbol{HU} \\ \sqrt{h}(\boldsymbol{AU}-\boldsymbol{BY})^{\mathrm{T}} & -\boldsymbol{U} & 0 \\ \sqrt{h}(\boldsymbol{HU})^{\mathrm{T}} & 0 & -\boldsymbol{U} \end{pmatrix}<0 \tag{3.48}$$

$$\begin{pmatrix} \boldsymbol{P}_2(\boldsymbol{A}+\boldsymbol{H})-\boldsymbol{Z}(\boldsymbol{C}_1+\boldsymbol{C}_2) & & & \\ +(\boldsymbol{A}+\boldsymbol{H})^{\mathrm{T}}\boldsymbol{P}_2+\alpha_2\boldsymbol{I} & \sqrt{2h}(\boldsymbol{P}_2\boldsymbol{H}-\boldsymbol{ZC}_2) & \sqrt{h}(\boldsymbol{P}_2\boldsymbol{A}-\boldsymbol{ZC}_1) & \sqrt{h}(\boldsymbol{P}_2\boldsymbol{H}-\boldsymbol{ZC}_2) \\ -(\boldsymbol{C}_1+\boldsymbol{C}_2)^{\mathrm{T}}\boldsymbol{Z}^{\mathrm{T}} & & & \\ \sqrt{2h}(\boldsymbol{P}_2\boldsymbol{H}-\boldsymbol{ZC}_2)^{\mathrm{T}} & -\boldsymbol{P}_2 & 0 & 0 \\ \sqrt{h}(\boldsymbol{P}_2\boldsymbol{A}-\boldsymbol{ZC}_1)^{\mathrm{T}} & 0 & -\boldsymbol{P}_2 & 0 \\ \sqrt{h}(\boldsymbol{P}_2\boldsymbol{H}-\boldsymbol{ZC}_2)^{\mathrm{T}} & 0 & 0 & -\boldsymbol{P}_2 \end{pmatrix}\leqslant0 \tag{3.49}$$

成立,则时滞系统(3.33)渐近稳定。控制律为 $\boldsymbol{u}=\boldsymbol{YU}^{-1}\boldsymbol{x}(t)$,观测器增

益为 $L=P_2^{-1}Z$。

证明　由引理3.3,(3.48)式等价于

$$(A+H)U-BY+U(A+H)^{\mathrm{T}}-(BY)^{\mathrm{T}}+2hHUH^{\mathrm{T}}$$
$$+h(AU-BY)^{\mathrm{T}}U^{-1}(AU-BY)+h(HU)^{\mathrm{T}}U^{-1}HU+\alpha_1 I<0$$

两边分别乘 $U^{-1}=P_1$,并令 $Y=KU$ 得

$$P_1(A+H-BK)+(A+H-BK)^{\mathrm{T}}P_1+2hP_1HP_1^{-1}H^{\mathrm{T}}P_1$$
$$+h(A-BK)^{\mathrm{T}}P_1(A-BK)+hH^{\mathrm{T}}P_1H+\alpha_1 P^2<0$$

这正是定理3.3条件(3.39a)$Q_1=R_1=P_1$ 的情况。

由引理3.3,式(3.49)等价于

$$P_2(A+H)-Z(C_1+C_2)+(A+H)^{\mathrm{T}}P_2-(C_1+C_2)^{\mathrm{T}}Z$$
$$+2h(P_2H-ZC_2)P_2^{-1}(\mathrm{P}_2H-LC_2)^{\mathrm{T}}+h(PA-ZC_1)^{\mathrm{T}}P_2^{-1}(P_2A-ZC_1)$$
$$+h(P_2H-ZC_2)^{\mathrm{T}}P_2^{-1}(P_2H-ZC_2)+\alpha_2 I\leqslant 0$$

令 $Z=P_2L$ 得

$$P_2(A_{\mathrm{L}}+H_{\mathrm{L}})+(A_{\mathrm{L}}+H_{\mathrm{L}})^{\mathrm{T}}P_2+2hP_2H_{\mathrm{L}}P_2^{-1}H_{\mathrm{L}}^{\mathrm{T}}P_2$$
$$hA_{\mathrm{L}}^{\mathrm{T}}P_2A_{\mathrm{L}}+hH_{\mathrm{L}}^{\mathrm{T}}P_2H_{\mathrm{L}}+\alpha I\leqslant 0$$

这正是定理3.3的条件(3.39b)。由定理3.3,系统渐近稳定。

3.3.3　控制律和观测增益的实际实现问题

由(3.37)和(3.38)知,系统(3.33)可表示为下面形式:

$$\dot{x}(t)=(A+H-BK)x(t)-hW_1(x,e,t) \tag{3.50}$$

$$\dot{e}(t)=[A+H-L(C_1+C_2)]e(t)-hW_2(e,t,h) \tag{3.51}$$

如果$(A+H,B)$可控,$(A+H,C_1+C_2)$可观,则系统

$$\dot{x}(t)=(A+H-BK)x(t)$$
$$\dot{e}(t)=[A+H-L(C_1+C_2)]e(t)$$

是可以任意极点配置的。所以,至少说在 h 较小时,存在 P,K,L 满足线性矩阵不等式(3.39a)和(3.39b),从而反馈阵和观测器增益阵 K,L 是可以利用 LMI 工具箱求解而实际得到的。

3.3.4　数例仿真

考虑如下非线性时滞系统

$$\dot{\boldsymbol{x}}(t)=\begin{bmatrix}0 & 1\\ -1 & -2\end{bmatrix}\boldsymbol{x}(t)+\begin{bmatrix}0 & 0\\ 0.2 & 0.1\end{bmatrix}\boldsymbol{x}(t-h)+\begin{bmatrix}0\\ 1\end{bmatrix}\boldsymbol{u}(t)$$

$$\boldsymbol{y}(t)=\begin{bmatrix}0 & 1\end{bmatrix}\boldsymbol{x}(t)+\begin{bmatrix}0 & 1\end{bmatrix}\boldsymbol{x}(t-h)$$

取初始状态值

$$\boldsymbol{x}_0(t)=\begin{bmatrix}0\\ 1\end{bmatrix}$$

和时滞 $h(t)=0.8$。

利用 Matlab 的 LMI 工具箱，求解矩阵 $\boldsymbol{U},\boldsymbol{P}_2,\boldsymbol{L}$ 如下所示

$$\boldsymbol{U}=\begin{bmatrix}26.1169 & -4.7203\\ -4.7203 & 13.7882\end{bmatrix}$$

$$\boldsymbol{P}_2=\begin{bmatrix}25.1645 & 4.3269\\ 4.3269 & 17.7632\end{bmatrix}$$

$$\boldsymbol{L}=\begin{bmatrix}0.1252\\ -0.5177\end{bmatrix}$$

利用所设计的方法构造控制器，得到闭环系统的状态轨线和误差系统状态轨线的仿真曲线如图 3.3 和图 3.4 所示。

由图 3.3 和图 3.4 的仿真结果可知，利用所设计的包含观测状态的控制器，使得原系统状态和观测误差系统的状态轨线都是渐近稳定的。

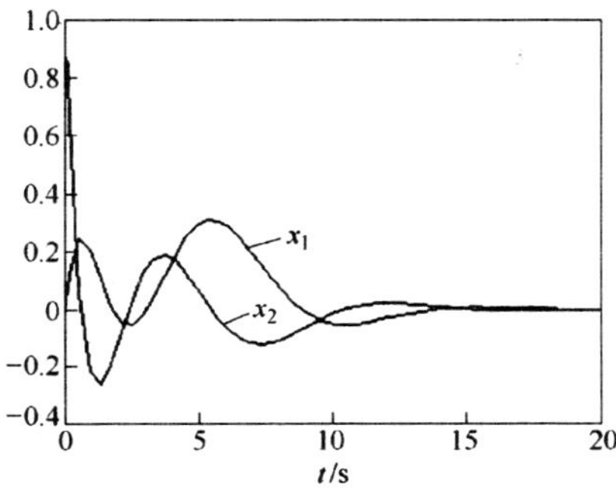

图 3.3 闭环系统的状态轨线

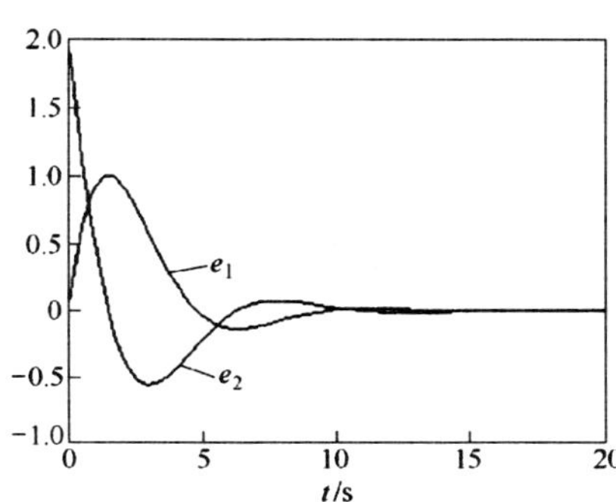

图 3.4 闭环误差系统的状态轨线

3.4　结论

本章主要考虑了受扰时滞系统滑模观测器设计问题和状态不完全可测时滞系统的镇定问题。

3.2 节针对一类不确定时滞系统,考虑了其滑模观测器的设计问题。当系统中包含非线性不确定项和未知干扰项时,传统的观测器很难观测系统的原状态。为了解决这些问题,在传统的观测器中添加了前馈补偿项,使得误差系统渐近稳定。仿真的结果说明,所设计方法是可行的。将来的工作还可以对离散不确定时滞系统的鲁棒观测器问题进行研究。

3.3 节利用矩阵不等式和系统变换研究了状态不可测时滞系统的渐近稳定性控制问题,给出的定理既解决了时滞系统的稳定性判定问题,也解决了控制律和观测器增益的求解问题。由于 Lyapunov 函数 $\boldsymbol{P}_1$,$\boldsymbol{P}_2$,反馈 $\boldsymbol{K}$,观测器增益 $\boldsymbol{L}$ 和调节不等式的参数 α_1,α_2 是解线性矩阵不等式得出的,不是事先估计选定的,这就减少了结论的保守性。

第4章 非线性离散系统的模糊鲁棒镇定

4.1 引言

近年来,利用模糊控制方法解决复杂系统中的非线性和不确定性问题得到了研究与应用[44,53]。传统的模糊控制器是由 if – then 模糊语言变量构成的,因此其稳定性和鲁棒性等性能还难以在理论上给以充分的证明。Takagi – Sugeno(T – S)模型中,模糊规则的后件部分给出了确切的数学描述,为模糊控制的理论分析提供了方便,所以基于 T – S 模型的模糊控制受到广泛的重视。

随着计算机技术的发展,对于离散系统的研究也受到重视[54 – 56]。基于 T – S 模型的模糊控制也被推广到非线性离散系统中,但是所得到的研究成果还非常有限。文献[56]利用线性矩阵不等式(LMI)技术,研究了线性系统的鲁棒镇定问题。文献[57,69,72]采用模糊控制方法研究了非线性离散系统的镇定问题,但是其 T – S 模型的后件部分是一个线性标称系统,不含有不确定项。文献[70]研究了包括非线性连续和离散时滞系统的分析和综合控制问题,其 T – S 模型中只含有一个时滞项。文献[67]讨论了基于 T – S 模糊模型的连续系统鲁棒跟踪控制问题,在 T – S 模型的后件部分引入了参数不确定项,所以 T – S 模型能够更精确地逼近原系统。

目前还没有看到含有后件参数不确定项的 T – S 模型应用到离散系统中。本章以此为出发点,针对包含参数不确定项的非线性离散系统,研究了其模糊鲁棒镇定控制问题。为了更精确地逼近原系统,本章在 T – S 模型中添加了参数不确定项,并且通过构造线性矩阵不等式,把对系统的镇定问题转化为求解线性矩阵不等式的问题。最后通过对著名的 truck – trailer 算例[67]进行仿真,说明了本章所讨论方法的可行性。

4.2 问题描述

T – S 模糊模型的 if – then 模糊规则后件部分有确切的数学表达式,

这里采用文献[57]的 T – S 模糊模型。对非线性离散系统，第 i 条模糊规则对应的表达形式如下所示：

$$\begin{aligned} R^i: & \text{if } z_1(k) \text{ is } F_1^i, z_2(k) \text{ is } F_2^i, \cdots, z_n(k) \text{ is } F_n^i, \\ & \text{then } \boldsymbol{x}(k+1) = (\boldsymbol{A}_i + \Delta\boldsymbol{A}_i)\boldsymbol{x}(k) + (\boldsymbol{B}_i + \Delta\boldsymbol{B}_i)\boldsymbol{u}(k) \\ & \boldsymbol{y}(k) = \boldsymbol{C}_i\boldsymbol{x}(k) \\ & i = 1, \cdots, q \end{aligned} \tag{4.1}$$

其中，集合 F_j^i 是模糊子集($j=1,\cdots,n$)，$\boldsymbol{z}(k)=[z_1(k),\cdots,z_n(k)]^{\mathrm{T}}$ 是前提变量，$\boldsymbol{x}(k)=[x_1(k),x_2(k),\cdots,x_n(k)]^{\mathrm{T}}\in\mathbb{R}^n$是系统的状态向量，$\boldsymbol{A}_i\in\mathbb{R}^{n\times n}$是系统矩阵，$\boldsymbol{B}_i\in\mathbb{R}^{n\times m}$和 $\boldsymbol{C}_i\in\mathbb{R}^{l\times n}$分别是系统的输入和输出矩阵。$\Delta\boldsymbol{A}_i$ 和 $\Delta\boldsymbol{B}_i$ 是具有适当维数的参数不确定项，q 是 T – S 模糊规则数。

这里，应用标准的模糊推理方法，也就是通过对系统(4.1)进行单点模糊化，乘积推理以及加权平均解模糊方法得到系统的全局模糊状态方程：

$$\boldsymbol{x}(k+1) = \sum_{i=1}^{q} h_i(\boldsymbol{z}(k))[\boldsymbol{A}_i\boldsymbol{x}(k) + \boldsymbol{B}_i\boldsymbol{u}(k)] + \sum_{i=1}^{q} h_i(\boldsymbol{z}(k))[\Delta\boldsymbol{A}_i\boldsymbol{x}(k) + \Delta\boldsymbol{B}_i\boldsymbol{u}(k)]$$

$$\boldsymbol{y}(k) = \sum_{i=1}^{q} h_i(\boldsymbol{z}(k))\boldsymbol{C}_i\boldsymbol{x}(k) \tag{4.2}$$

式中，$w_i(\boldsymbol{z}(k)) = \prod_{j=1}^{n} \boldsymbol{F}_j^i(\boldsymbol{z}_j(k))$，$h_i(\boldsymbol{z}(k)) = \dfrac{w_i(\boldsymbol{z}(k))}{\sum_{i=1}^{q} w_i(\boldsymbol{z}(k))}$，$i=1,\cdots,q$；$\boldsymbol{F}_j^i$ 是模糊子集，h_i 是 F_j^i 对应的隶属函数。所以，系统(4.2) 显然满足下面性质：

$$w_i(k) \geqslant 0, \sum_{i=1}^{q} w_i(k) > 0, i = 1,2,\cdots,q$$

并且很显然

$$h_i(z(k)) \geqslant 0, \sum_{i=1}^{q} h_i(z(k)) = 1, i = 1,\cdots,q$$

本章的主要目的是设计 T – S 模型模糊控制器，使得系统(4.2)能够镇定。

为了证明的需要，首先给出如下假设。

假设 4.1　系统(4.1)中的参数不确定项是范数有界的，并且满足下面等式：

$$[\Delta\boldsymbol{A}_i, \Delta\boldsymbol{B}_i] = \boldsymbol{D}_i\boldsymbol{F}_i(k)[\boldsymbol{E}_{i1}\boldsymbol{E}_{i2}]$$

其中，$\boldsymbol{D}_i$，$\boldsymbol{E}_{i1}$，$\boldsymbol{E}_{i2}$是具有适当维数的矩阵，$\boldsymbol{F}_i(k)$是一未知矩阵函数，其元素是勒贝格可测的，且 $\boldsymbol{F}_i^{\mathrm{T}}(k)\boldsymbol{F}_i(k)\leqslant\boldsymbol{I}$，$\boldsymbol{I}$ 是合适维数的单位阵。

4.3 模糊状态反馈控制律的设计

根据模糊控制的平行补偿原理，构造满足下面模糊规则的控制器：

$$\begin{aligned}&\mathrm{R}^i:\text{if } z_1(k) \text{ is } \boldsymbol{F}_1^i, z_2(k) \text{ is } \boldsymbol{F}_2^i, \cdots, z_n(k) \text{ is } \boldsymbol{F}_n^i,\\ &\qquad \text{then } \boldsymbol{u}(k)=\boldsymbol{K}_i\boldsymbol{x}(k), \qquad i=1,\cdots,q\end{aligned} \tag{4.3}$$

式中，$\boldsymbol{K}_i\in\mathbb{R}^{m\times n}$就是所要设计的状态反馈增益矩阵。

全局模糊控制器

$$\boldsymbol{u}(k) = \sum_{i=1}^{q} h_i(\boldsymbol{z}(k))\boldsymbol{K}_i\boldsymbol{x}(k) \tag{4.4}$$

将式(4.4)代入式(4.2)构成闭环系统，其状态方程为

$$\boldsymbol{x}(k+1) = \sum_{i=1}^{q}\sum_{j=1}^{q} h_i(\boldsymbol{z}(k))h_j(\boldsymbol{z}(k))((\boldsymbol{A}_i+\Delta\boldsymbol{A}_i)\boldsymbol{x}(k)+(\boldsymbol{B}_i+\Delta\boldsymbol{B}_i)\boldsymbol{K}_j\boldsymbol{x}(k)) \tag{4.5}$$

为了以后证明的需要，给出下面两个引理，

引理 4.1[53] 设 $\boldsymbol{A}$ 是任一方阵，则存在对称正定矩阵 $\boldsymbol{P}>0$，且 $\boldsymbol{X}=\boldsymbol{P}^{-1}$ 使得 $\boldsymbol{A}^{\mathrm{T}}\boldsymbol{P}\boldsymbol{A}-\boldsymbol{P}<0$ 成立，当且仅当矩阵不等式$\begin{bmatrix}-\boldsymbol{X} & \boldsymbol{A}\boldsymbol{X}\\ \boldsymbol{X}\boldsymbol{A}^{\mathrm{T}} & -\boldsymbol{X}\end{bmatrix}<0$ 成立。

引理 4.2[53] 给定具有适当维数的矩阵 $\boldsymbol{Y}$，$\boldsymbol{H}$，$\boldsymbol{F}$ 和 $\boldsymbol{E}$，其中 $\boldsymbol{Y}$ 是对称的，则对所有满足 $\boldsymbol{F}^{\mathrm{T}}\boldsymbol{F}\leqslant\boldsymbol{I}$ 的矩阵 $\boldsymbol{F}$，有 $\boldsymbol{Y}+\boldsymbol{H}\boldsymbol{F}\boldsymbol{E}+\boldsymbol{E}^{\mathrm{T}}\boldsymbol{F}^{\mathrm{T}}\boldsymbol{H}^{\mathrm{T}}<0$ 成立，当且仅当存在一个常数 $\varepsilon>0$，使得 $\boldsymbol{Y}+\varepsilon\boldsymbol{H}\boldsymbol{H}^{\mathrm{T}}+\varepsilon^{-1}\boldsymbol{E}^{\mathrm{T}}\boldsymbol{E}<0$。

下面给出定理，使得在本节设计的控制器(4.4)的控制作用下，闭环系统(4.5)是渐近稳定的。

定理 4.1 如果存在一个正定矩阵 $\boldsymbol{X}>0$ 和一组矩阵 $\boldsymbol{K}_i(i=1,2,\cdots,q)$，使得下面的矩阵不等式有解，那么系统(4.2)就能实现鲁棒镇定。

$$\begin{bmatrix}\varepsilon\boldsymbol{D}_i\boldsymbol{D}_i^{\mathrm{T}}-\boldsymbol{X} & \boldsymbol{A}_i\boldsymbol{X}+\boldsymbol{B}_i\boldsymbol{K}_j\boldsymbol{X} & 0\\ \boldsymbol{X}\boldsymbol{A}_i^{\mathrm{T}}+\boldsymbol{X}\boldsymbol{K}_j^{\mathrm{T}}\boldsymbol{B}_i^{\mathrm{T}} & -\boldsymbol{X} & \boldsymbol{X}\boldsymbol{E}_{i1}^{\mathrm{T}}+\boldsymbol{X}\boldsymbol{K}_j^{\mathrm{T}}\boldsymbol{E}_{i2}\\ 0 & \boldsymbol{E}_{i1}\boldsymbol{X}+\boldsymbol{E}_{i2}\boldsymbol{K}_j\boldsymbol{X} & -\varepsilon\boldsymbol{I}\end{bmatrix}<0 \tag{4.6}$$

证明 选择正定矩阵 $\boldsymbol{P}=\boldsymbol{X}^{-1}$ 构造下面的李雅普诺夫函数为

$$V(k)=\boldsymbol{x}^{\mathrm{T}}\boldsymbol{P}\boldsymbol{x} \tag{4.7}$$

对式(4.7)做差分，得：

$$\Delta V(k) = V(k+1) - V(k) = x^{T}(k+1)Px(k+1) - x^{T}(k)Px(k) \tag{4.8}$$

将式(4.5)代入式(4.8),得

$$\begin{aligned}\Delta V(k) &= [\sum_{i=1}^{q}\sum_{j=1}^{q} h_i h_j (A_i + \Delta A_i)x(k) + (B_i + \Delta B_i)K_j x(k)]^{T} \\ &\quad \times P[\sum_{i=1}^{q}\sum_{j=1}^{q} h_i h_j (A_i + \Delta A_i)x(t) + (B_i + \Delta B_i)K_j x(k)] - x^{T}(k)Px(k) \\ &= \sum_{i=1}^{q}\sum_{j=1}^{q} h_i h_j x^{T}(k)(A_i + B_i K_j + \Delta A_i + \Delta B_i K_j)^{T} P(A_i + B_i K_j + \Delta A_i \\ &\quad + \Delta B_i K_j)x(k) - x^{T}(k)Px(k)\end{aligned} \tag{4.9}$$

所以,系统(4.2)能镇定当且仅当存在一组矩阵 K_i 和一个对称矩阵 $P>0$ 使下式成立:

$$(A_i + B_i K_j + \Delta A_i + \Delta B_i K_j)^{T} P(A_i + B_i K_j + \Delta A_i + \Delta B_i K_j) - P < 0 \tag{4.10}$$

但是定理(4.1)只给出了稳定性的证明,并没有给出正定阵 P 和反馈增益阵 K_i 的具体构造方法。下面将用 LMI 技术,求解出定理4.1中不等式所含的未知参数 P 和 K_i。

因为由假设4.1可知$[\Delta A_i, \Delta B_i] = D_i F_i(k)[E_{i1}, E_{i2}]$,所以不等式(4.10)等价于如下形式,

$$[A_i + B_i K_j + D_i F_i(k)(E_{i1} + E_{i2}K_j)]^{T} P[A_i + B_i K_j + D_i F_i(k)(E_{i1} + E_{i2}K_j)] - P < 0 \tag{4.11}$$

由引理4.1,不等式(4.14)对应的线性矩阵不等式为:

$$\begin{bmatrix} -X & [A_i + B_i K_j + D_i F_i(k)(E_{i1} + E_{i2}K_j)]X \\ X[A_i + B_i K_j + D_i F_i(k)(E_{i1} + E_{i2}K_j)]^{T} & -X \end{bmatrix} < 0 \tag{4.12}$$

下面定义

$$Y = \begin{bmatrix} -X & (A_i + B_i K_j)X \\ X(A_i + B_i K_j)^{T} & -X \end{bmatrix}$$

那么式(4.12)等价于

$$Y + \begin{bmatrix} D_i \\ 0 \end{bmatrix} F_i [0 \quad (E_{i1} + E_{i2}K_j)X] + \begin{bmatrix} 0 \\ X(E_{i1} + E_{i2}K_j)^{T} \end{bmatrix} F_i^{T} [D_i^{T} \quad 0] < 0 \tag{4.13}$$

由引理4.2,可知式(4.13)成立,当且仅当下面不等式成立,

$$\boldsymbol{Y}+\varepsilon\begin{bmatrix}\boldsymbol{D}_i\\0\end{bmatrix}\begin{bmatrix}\boldsymbol{D}_i^{\mathrm{T}} & 0\end{bmatrix}+\varepsilon^{-1}\begin{bmatrix}0\\\boldsymbol{X}(\boldsymbol{E}_{i1}+\boldsymbol{E}_{i2}\boldsymbol{K}_j)^{\mathrm{T}}\end{bmatrix}\begin{bmatrix}0(\boldsymbol{E}_{i1}+\boldsymbol{E}_{i2}\boldsymbol{K}_j)\boldsymbol{X}\end{bmatrix}<0 \tag{4.14}$$

由式(4.14)可得到下面矩阵不等式

$$\begin{bmatrix}\varepsilon\boldsymbol{D}_i\boldsymbol{D}_i^{\mathrm{T}}-\boldsymbol{X} & (\boldsymbol{A}_i+\boldsymbol{B}_i\boldsymbol{K}_j)\boldsymbol{X}\\ \boldsymbol{X}(\boldsymbol{A}_i+\boldsymbol{B}_i\boldsymbol{K}_j)^{\mathrm{T}} & \varepsilon^{-1}\boldsymbol{X}(\boldsymbol{E}_{i1}+\boldsymbol{E}_{i2}\boldsymbol{K}_j)^{\mathrm{T}}(\boldsymbol{E}_{i1}+E_{i2}\boldsymbol{K}_j)\boldsymbol{X}-\boldsymbol{X}\end{bmatrix}<0 \tag{4.15}$$

将式(4.15)变形得

$$\begin{bmatrix}\varepsilon\boldsymbol{D}_i\boldsymbol{D}_i^{\mathrm{T}}-\boldsymbol{X} & (\boldsymbol{A}_i+\boldsymbol{B}_i\boldsymbol{K}_j)\boldsymbol{X} & 0\\ \boldsymbol{X}(\boldsymbol{A}_i+\boldsymbol{B}_i\boldsymbol{K}_j)^{\mathrm{T}} & -\boldsymbol{X} & \boldsymbol{X}(\boldsymbol{E}_{i1}+\boldsymbol{E}_{i2}\boldsymbol{K}_j)^{\mathrm{T}}\\ 0 & (\boldsymbol{E}_{i1}+\boldsymbol{E}_{i2}\boldsymbol{K}_j)\boldsymbol{X} & -\varepsilon\boldsymbol{I}\end{bmatrix}<0 \tag{4.16}$$

令 $\boldsymbol{Y}_j=\boldsymbol{K}_j\boldsymbol{X}$,利用 Matlab 中的 LMI 软件包,可解出矩阵不等式中的未知参数 $\boldsymbol{X}$ 和 $\boldsymbol{K}_i$,从而可构造出确定的控制器。

4.4 仿真算例

为了验证方法的有效性,利用本章所提方法对 truck - trailer 模型[68]进行仿真。考虑如下模型:

$$\boldsymbol{x}_1(k+1)=(1-v\frac{\bar{k}}{L})\boldsymbol{x}_1(k)+v\frac{\bar{k}}{l}\boldsymbol{u}(k)+\boldsymbol{a}(k)\boldsymbol{x}_1(k)$$

$$\boldsymbol{x}_2(k+1)=\boldsymbol{x}_2(k)+\boldsymbol{v}\frac{\bar{k}}{L}\boldsymbol{x}_1(k)+\boldsymbol{a}(k)\boldsymbol{x}_2(k)$$

$$\boldsymbol{x}_3(k+1)=\boldsymbol{x}_3(k)+\boldsymbol{v}\bar{k}\sin(x_2(k)+v\frac{\bar{k}}{2L}\boldsymbol{x}_1(k))+\boldsymbol{a}(k)\boldsymbol{x}_3(k)$$

式中,$a(k)=0.2\sin(k)$是系统的参数不确定项。

采用文献[68]中的模糊规则来描述该模型:

$$\mathrm{R}^1:\text{ if } \boldsymbol{z}(k)=\boldsymbol{x}_2(k)+v\frac{\bar{k}}{2L}\boldsymbol{x}_1(k)\text{ is about }0,$$

$$\text{then } \boldsymbol{x}(k+1)=(\boldsymbol{A}_1+\Delta\boldsymbol{A}_1)\boldsymbol{x}(k)+(\boldsymbol{B}_1+\Delta\boldsymbol{B}_1)\boldsymbol{u}(k);$$

$$\mathrm{R}^2:\text{if } \boldsymbol{z}(k)=\boldsymbol{x}_2(k)+v\frac{\bar{k}}{2L}\boldsymbol{x}_1(k)\text{ is about }\pi\text{ or }-\pi,$$

$$\text{then } \boldsymbol{x}(k+1)=(\boldsymbol{A}_2+\Delta\boldsymbol{A}_2)\boldsymbol{x}(k)+(\boldsymbol{B}_2+\Delta\boldsymbol{B}_2)\boldsymbol{u}(k)$$

其中

$$
\boldsymbol{A}_1=\begin{bmatrix}1-\frac{v\bar{k}}{L} & 0 & 0\\ \frac{v\bar{k}}{L} & 1 & 0\\ \frac{v^2\bar{k}^2}{2L} & v\bar{k} & 1\end{bmatrix},\boldsymbol{B}_1=\begin{bmatrix}\frac{v\bar{k}}{l}\\ 0\\ 0\end{bmatrix},\Delta\boldsymbol{A}_1=\begin{bmatrix}0.2\sin(k) & 0 & 0\\ 0 & 0.2\sin(k) & 0\\ 0 & 0 & 0.2\sin(k)\end{bmatrix}
$$

$$
\boldsymbol{A}_2=\begin{bmatrix}1-\frac{v\bar{k}}{L} & 0 & 0\\ \frac{v\bar{k}}{L} & 1 & 0\\ \frac{dv^2\bar{k}^2}{2L} & dv\bar{k} & 1\end{bmatrix},\boldsymbol{B}_2=\begin{bmatrix}\frac{v\bar{k}}{l}\\ 0\\ 0\end{bmatrix},\Delta\boldsymbol{A}_2=\begin{bmatrix}0.2\sin(k) & 0 & 0\\ 0 & 0.2\sin(k) & 0\\ 0 & 0 & 0.2\sin(k)\end{bmatrix}
$$

其中的参数取值 $l=2.8, L=5.5, v=-1.0, \bar{k}=2.0$。

采用下面的隶属函数

$$
h_1(z(k))=\left(1-\frac{1}{1+\exp\{-3[z(k)-\frac{\pi}{2}]\}}\right)\times\frac{1}{1+\exp\{-3[z(k)+\frac{\pi}{2}]\}},
$$

$$
h_2(z(k))=1-h_1(z(k)),z(k)=x_2(k)+v\frac{\bar{k}}{2L}x_1(k)
$$

其中 $\Delta\boldsymbol{A}_1,\Delta\boldsymbol{A}_2$ 是系统的参数不确定项。

对例子的仿真结果如图 4.1 ~ 图 4.3 所示。

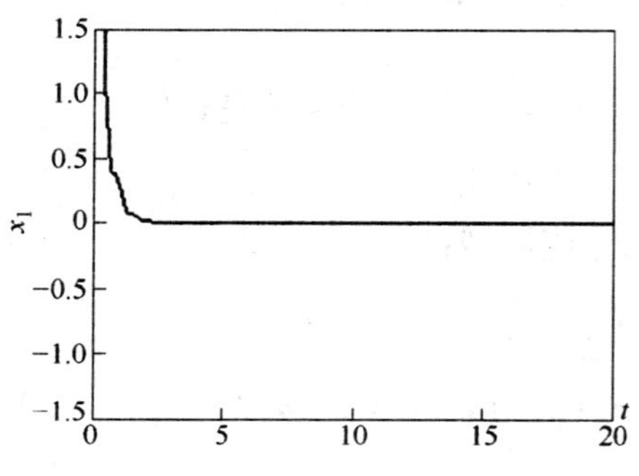

图 4.1 状态分量 x_1 的运动轨线

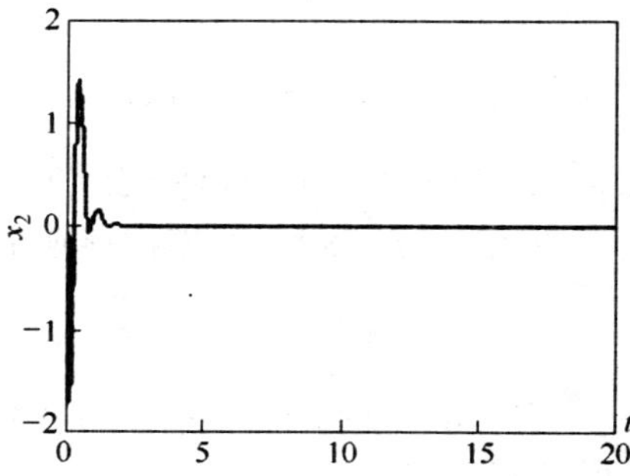

图 4.2 状态分量 x_2 的运动轨线

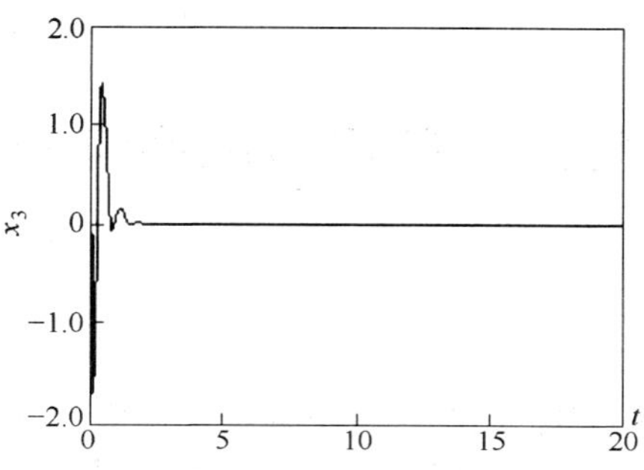

图 4.3　状态分量 x_3 的运动轨线

从图 4.1 ~ 图 4.3 中可以看出，在所设计的控制律的作用下，闭环系统能够很快地实现鲁棒镇定，说明对于复杂的非线性离散系统，本章的方法是可行的。

4.5　结论

本章研究了一类非线性离散系统的鲁棒镇定问题。利用含有参数不确定项的 T－S 模糊模型来精确逼近一类非线性离散系统，基于李雅普诺夫稳定性理论，推导出使得系统存在二次稳定的控制律设计的充分必要条件，并把该条件转化为求解线性矩阵不等式（LMI）的问题。最后通过对 truck－trailer 例子进行仿真，说明所研究的方法是可行的。

第5章 时滞不确定离散系统的鲁棒镇定

5.1 引言

时滞是工程领域中普遍存在的一种物理现象，在许多复杂系统中，它往往是导致系统不稳定和性能差的主要原因。因此已有许多成果涉及如何处理时滞问题[66,70]。随着计算机技术的发展，对于离散系统的研究也得到了广泛的注意[56,73-75]。

5.2 离散时滞系统的变结构控制

20 世纪 80 年代以来，随着计算机技术的飞速发展，离散系统的变结构控制的研究受到极大重视，Furuta[46]提出了基于等效控制的离散滑模变结构控制，Gao[6]提出了基于趋近律的离散滑模变结构控制，近年来国内外学者对离散系统滑模变结构控制的研究不断深入，提出了各种各样的设计思想和消除或削弱抖振的方法[5,18,19,46]。然而，离散系统变结构控制的抖振，特别是多输入离散系统的抖振问题，仍然没有得到很好的解决，即使无时滞的标称系统，也只能保证系统状态轨迹稳定于原点邻域的某个抖振。比如趋近律方法[5,7]，当系统状态进入准滑动模态后，$\boldsymbol{s}(k+1)\approx-\varepsilon T\operatorname{sgn}\boldsymbol{s}(k)$，这意味着以后的运动必然是对切换面的等速来回穿越，不可避免的产生抖振；设立边界层方法[20]在边界层内用饱和型函数代替符号函数，使误差收敛趋近切换面；变速趋近律方法和滑动扇区[6]等方法，用改变到达切换面的速度削弱抖振，也都无法保证准确到达理想滑动模态，消除抖振，而且这些方法大都只对单输入系统有效。近年来，国外一些学者提出了一些新型的滑动模态到达条件，但控制方法复杂，而且稳态误差较大。总之，抖振现象仍然是离散系统滑模控制的主要缺陷。

本节针对具有控制时滞的多输入离散系统，提出了一种新的变结构控制律设计方法和控制律算法，以 $\boldsymbol{s}(k)$ 的范数 $\|\boldsymbol{s}(k)\|$ 作尺度，设立边界层 $s_\delta=\{\boldsymbol{x}(k);\ \|\boldsymbol{s}(k)\|\leq\delta\}$，使系统状态 $\boldsymbol{x}(k)$ 在边界层 s_δ 外时，$\|\boldsymbol{s}(k)\|$ 指数递减，且不发生对切换面的穿越，快速进入边界层 s_δ；一旦

状态 $\boldsymbol{x}(k)$ 进入边界层 s_δ 内,就自动切换成一步到达切换面并保持在切换面上的运动,有效地消除了抖振现象。另外,控制过程中不需要检测切换时刻,控制力自动切换,实现容易。

5.2.1 系统的描述和化简

考虑多输入离散时滞系统

$$\boldsymbol{x}(k+1)=\boldsymbol{G}\boldsymbol{x}(k)+\boldsymbol{H}\boldsymbol{u}(k-d) \tag{5.1}$$

式中,$\boldsymbol{x}(k)\in\mathbb{R}^n$,$\boldsymbol{u}(k)\in\mathbb{R}^m$,$G\in\mathbb{R}^{n\times n}$非奇异,$\boldsymbol{H}\in\mathbb{R}^{n\times m}$,$\mathrm{rank}(\boldsymbol{H})=m$,$d$ 为时滞,$(\boldsymbol{G},\boldsymbol{H})$完全能控。

为了避开时滞项对系统分析带来的不便,将 $\boldsymbol{H}\boldsymbol{u}(k-d)$作分解:

$$\begin{aligned}\boldsymbol{H}\boldsymbol{u}(k-d)&=\boldsymbol{H}\boldsymbol{u}(k-d)-\boldsymbol{G}^{-1}\boldsymbol{H}\boldsymbol{u}(k-d+1)\\&\quad+\boldsymbol{G}^{-1}\boldsymbol{H}\boldsymbol{u}(k-d+1)-\cdots-\boldsymbol{G}^{-d+1}\boldsymbol{H}\boldsymbol{u}(k-1)\\&\quad+\boldsymbol{G}^{-d+1}\boldsymbol{H}\boldsymbol{u}(k-1)-\boldsymbol{G}^{-d}\boldsymbol{H}\boldsymbol{u}(k)+\boldsymbol{G}^{-d}\boldsymbol{H}\boldsymbol{u}(k)\\&=\boldsymbol{G}^{-d}\boldsymbol{H}\boldsymbol{u}(k)+\sum_{i=0}^{d-1}\boldsymbol{G}^{-i}\boldsymbol{H}\boldsymbol{u}(k-d+i)\\&\quad-\sum_{i=0}^{d-1}\boldsymbol{G}^{-i-1}\boldsymbol{H}\boldsymbol{u}(k+1-d+i)\end{aligned} \tag{5.2}$$

将式(5.2)代入式(5.1)并移项整理,得:

$$\begin{aligned}&\boldsymbol{x}(k+1)+\sum_{i=0}^{d-1}\boldsymbol{G}^{-i-1}\boldsymbol{H}\boldsymbol{u}(k+1-d+i)\\&=\boldsymbol{G}\boldsymbol{x}(k)+\boldsymbol{G}^{-d}\boldsymbol{H}\boldsymbol{u}(k)+\sum_{i=0}^{d-1}G^{-i}\boldsymbol{H}\boldsymbol{u}(k-d+i)\\&=\boldsymbol{G}\Big[\boldsymbol{x}(k)+\sum_{i=0}^{d-1}\boldsymbol{G}^{-i-1}\boldsymbol{H}\boldsymbol{u}(k-d+i)\Big]+\boldsymbol{G}^{-d}\boldsymbol{H}\boldsymbol{u}(\mathrm{k})\end{aligned} \tag{5.3}$$

将式(5.3)的两端左乘 $\boldsymbol{G}^d$,得:

$$\begin{aligned}&\boldsymbol{G}^d\boldsymbol{x}(k+1)+\sum_{i=0}^{d-1}\boldsymbol{G}^{d-i-1}\boldsymbol{H}\boldsymbol{u}(k+1-d+i)\\&=\boldsymbol{G}\Big[\boldsymbol{G}^d\boldsymbol{x}(k)+\sum_{i=0}^{d-1}\boldsymbol{G}^{d-i-1}\boldsymbol{H}\boldsymbol{u}(k-d+i)\Big]+\boldsymbol{H}\boldsymbol{u}(k)\end{aligned} \tag{5.4}$$

取新状态变量为

$$\bar{\boldsymbol{x}}(k)=\boldsymbol{G}^d\boldsymbol{x}(k)+\sum_{i=0}^{d-1}\boldsymbol{G}^{d-i-1}\boldsymbol{H}\boldsymbol{u}(k-d+i) \tag{5.5}$$

将式(5.5)代入式(5.4),则系统(5.1)可化成如下无时滞系统形式:

$$\bar{\boldsymbol{x}}(k+1)=\boldsymbol{G}\bar{\boldsymbol{x}}(k)+\boldsymbol{H}\boldsymbol{u}(k) \tag{5.6}$$

因 $\boldsymbol{H}$ 列满秩,从而存在可逆阵 $\boldsymbol{T}\in\mathbb{R}^{n\times n}$,使得 $\boldsymbol{TH}=\begin{Bmatrix}0\\ \bar{B}\end{Bmatrix}$,$\bar{\boldsymbol{B}}$为 $m\times m$ 可逆阵。

作变换 $z(k)=\boldsymbol{T}\bar{\boldsymbol{x}}(k)$,则系统(5.6)又可化为如下正则型形式:

$$\begin{aligned}z_1(k+1)&=\boldsymbol{A}_{11}z_1(k)+\boldsymbol{A}_{12}z_2(k)\\ z_2(k+1)&=\boldsymbol{A}_{21}z_1(k)+\boldsymbol{A}_{22}z_2(k)+\bar{\boldsymbol{B}}\boldsymbol{u}(k)\end{aligned} \tag{5.7}$$

其中,$z_1\in\mathbb{R}^{n-m}$,$z_2\in\mathbb{R}^{m}$,$\boldsymbol{A}=\boldsymbol{TGT}^{-1}$

5.2.2　变结构控制律的设计

由$(\boldsymbol{G},\boldsymbol{H})$完全可控,从而$(\boldsymbol{A}_{11},\boldsymbol{A}_{12})$完全可控,利用极点配置,可取 $\boldsymbol{C}_1\in\mathbb{R}^{(n-m)\times m}$,使得 $\boldsymbol{A}_{11}-\boldsymbol{A}_{12}\boldsymbol{C}_1$ 稳定(即特征根位于单位圆内)。由此可取切换函数:

$$\boldsymbol{s}(k)=\boldsymbol{C}_1z(k)+z_2(k),\boldsymbol{C}_1\in\mathbb{R}^{m\times(n-m)} \tag{5.8}$$

由式(5.7)和式(5.8),相应的滑动模态方程为

$$z_1^*(k+1)=(\boldsymbol{A}_{11}-\boldsymbol{A}_{12})z_1{}^*(k) \tag{5.9}$$

定义切换面边界层

$$S_\delta=\{z(k);\|\boldsymbol{s}(k)\|\leqslant\delta\} \tag{5.10}$$

定理 5.1　如果取控制律为

$$\boldsymbol{u}(k)=-\bar{B}^{-1}\left[\boldsymbol{CA}z(k)-\alpha\boldsymbol{s}(k)\frac{\operatorname{sgn}(\|\boldsymbol{s}(k)\|-\delta)+1}{2}\right] \tag{5.11}$$

式中,$0<\alpha<1$,则系统(5.7)从任意点出发的运动 $z(k)$,将在有限时间到达切换面 $\boldsymbol{s}(k)=0$。

证明　若 k 时刻,系统(5.7)的状态 $z(k)$ 在边界层(5.10)以外,则

$$\|\boldsymbol{s}(k)\|-\delta>0,\frac{\operatorname{sgn}(\|\boldsymbol{s}(k)\|-\delta)+1}{2}=1$$

$$\begin{aligned}\boldsymbol{u}(k)&=-\bar{\boldsymbol{B}}^{-1}\left[\boldsymbol{CA}z(k)-\alpha\boldsymbol{s}(k)\frac{\operatorname{sgn}(\|\boldsymbol{s}(k)\|-\delta)+1}{2}\right]\\&=-\bar{\boldsymbol{B}}^{-1}[\boldsymbol{CA}z(k)-\alpha\boldsymbol{s}(k)]\end{aligned}$$

$$\boldsymbol{s}(k+1)=\boldsymbol{C}z(k+1)=\boldsymbol{CA}z(k)+\bar{\boldsymbol{B}}\boldsymbol{u}(k)$$

$$= \boldsymbol{CAz}(k) - \boldsymbol{CAz}(k) + \alpha\boldsymbol{s}(k) = \alpha\boldsymbol{s}(k)$$

$$\|\boldsymbol{s}(k+1)\| = \alpha\|\boldsymbol{s}(k)\| < \|\boldsymbol{s}(k)\| \tag{5.12}$$

边界层外系统轨迹单调趋近于切换面。

若 k 时刻,系统轨迹进入边界层(5.10)内,则

$$\|\boldsymbol{s}(k)\| - \delta < 0 \Rightarrow \mathrm{sgn}(\|\boldsymbol{s}(k)\| - \delta) = -1$$

$$\frac{\mathrm{sgn}(\|\boldsymbol{s}(k)\| - \delta) + 1}{2} = 0 \Rightarrow \boldsymbol{u}(k) = -\overline{\boldsymbol{B}}^{-1}\boldsymbol{CAz}(k)$$

$$\boldsymbol{s}(k+1) = \boldsymbol{CAz}(k) + \overline{\boldsymbol{B}}\boldsymbol{u}(\boldsymbol{k})$$

$$= \boldsymbol{CAz}(k) - \boldsymbol{CAz}(k) = 0 \tag{5.13}$$

即此时系统轨迹能够一步到达切换面。

若 k 时刻系统轨迹到达切换面,和式(5.13)一样,有

$$\boldsymbol{s}(k+1) \tag{5.14}$$

即状态轨线一旦到达切换面,就将保持在切换面上。由(5.12)~(5.14)知,从状态空间任意点出发的运动,总在有限时间到达理想切换面,并沿切换面渐近趋于原点 $z=0$,整个运动过程不发生对切换面的穿越,从而也就有效消除了抖振。

因为系统的运动总在有限进入边界层(5.10),即存在$\bar{k}$: $k>\bar{k}$时,$\frac{\mathrm{sgn}(|\boldsymbol{s}(k)| - \delta) + 1)}{2} = 0$,从而

$$\lim_{k\to\infty}\boldsymbol{u}(k) = -\lim_{k\to\infty}\overline{\boldsymbol{B}}^{-1}\boldsymbol{CAz}(k) = 0$$

再由 $\boldsymbol{z}(k) = \boldsymbol{T}\bar{\boldsymbol{x}}(k)$ 和式(5.5)

$$\lim_{k\to\infty}\bar{\boldsymbol{x}}(k) = \lim_{k\to\infty}\boldsymbol{T}^{-1}z(k) = 0$$

$$\lim_{k\to\infty}\boldsymbol{x}(k) = \lim_{k\to\infty}\left[\boldsymbol{G}^{-d}\bar{\boldsymbol{x}}(k) - \sum_{i=0}^{d-1}\boldsymbol{G}^{d-i-1}\boldsymbol{Hu}(k-d+i)\right] = 0$$

因此,系统(5.1)渐近稳定。

定理 5.2 按式(5.11)选取控制律,则系统到达滑动模态的时间 $\bar{t}_1$ 由下式确定:

$$\bar{t}_1 \leqslant \left[(\lg\alpha)^{-1}\lg\frac{\delta}{\|\boldsymbol{s}(0)\|}\right]\boldsymbol{T} \tag{5.15}$$

这里[*]表示 * 的整数部分,T 为采样周期。

证明 设 $\boldsymbol{z}(0)$ 位于边界层外,N 时刻 $\boldsymbol{z}(N)$ 进入边界层 $S_\delta = \{\boldsymbol{z}(k);\ \|\boldsymbol{s}(k)\| \leqslant \delta\}$,由定理 5.1 中式(5.12)推导得

$$\| \boldsymbol{s}(k+1) \| = \alpha \| \boldsymbol{s}(k) \|, \| \boldsymbol{s}(k) \| \geqslant \delta \tag{5.16}$$

$$\| \boldsymbol{s}(N) \| = \alpha \| \boldsymbol{s}(N-1) \| = \cdots = \alpha^N \| \boldsymbol{s}(0) \|$$

$$\| \boldsymbol{s}(N) \| < \delta, \alpha^N \frac{\| \boldsymbol{s}(N) \|}{\| \boldsymbol{s}(0) \|} \leqslant \frac{\delta}{\| \boldsymbol{s}(0) \|}$$

求解上式得

$$N = (\lg\alpha)^{-1} \lg \frac{\| \boldsymbol{s}(N) \|}{\| \boldsymbol{s}(0) \|} \leqslant (\lg\alpha)^{-1} \lg \frac{\delta}{\| \boldsymbol{s}(0) \|}$$

从而到达边界层的时间为(5.15)。

与趋近律方法快速性的比较

在趋近律方法中,为了减小抖振,$\varepsilon > 0$ 的选取,必须充分小,因此在准滑动模态带外

$$\| \boldsymbol{s}(k+1) \| \approx (1 - qT) \| \boldsymbol{s}(k) \|$$

由此可算出,进入准滑动模态带的时间为:

$$\bar{t}_{\mathrm{q}} \approx (\lg(1 - qT))^{-1} [\lg(\varepsilon / \| \boldsymbol{s}(0) \|)] T \tag{5.17}$$

形式上与本节的到达时间

$$\bar{t} = ([(\lg\alpha)^{-1} \lg(\delta / \| \boldsymbol{s}(0) \|)] + 1) T$$

大体相当。但需要注意的是:1)趋近律方法状态进入准滑动模态带后,将来回穿越切换面形成抖振;2)为了减小抖振,式(5.17)中的 ε 应充分小,从而 $| \lg(\varepsilon / \| \boldsymbol{s}(0) \|) |$ 很大($\lim\limits_{\varepsilon \to 0} |\ln\varepsilon| = \infty$);而本文方法不出现抖振,而且式(5.15)中的 δ 不需要很小,从而

$$| \lg(\delta / \| \boldsymbol{s}(0) \|) | \ll | \lg(\varepsilon / \| \boldsymbol{s}(0) \|) |$$

$\bar{t}_1 \ll \bar{t}_{\mathrm{q}}$。因此这种方法在平稳性和快速性方面都优于趋近律方法。

5.2.3 仿真算例

考虑两输入离散时滞系统

$$\boldsymbol{x}(k+1) = \boldsymbol{G}\boldsymbol{x}(k) + \boldsymbol{H}\boldsymbol{u}(k-d) \tag{5.18}$$

$$\boldsymbol{G} = \begin{pmatrix} 1.5625 & 1.033 & 1.8438 \\ 1.0625 & 3.2813 & 1.5938 \\ 0.4375 & 2.4688 & 3.6563 \end{pmatrix},$$

$$\boldsymbol{H} = \begin{pmatrix} 3 & 5 \\ 3 & 4 \\ 5 & 6 \end{pmatrix}, d = 1$$

按本节的方法取新状态

$$\bar{\boldsymbol{x}}(k) = \boldsymbol{G}\boldsymbol{x}(k) + \boldsymbol{H}\boldsymbol{u}(k-1)$$

系统(5.18)化成

$$\bar{\boldsymbol{x}}(k+1) = \boldsymbol{G}\bar{\boldsymbol{x}}(k) + \boldsymbol{H}\boldsymbol{u}(k)$$

作变换 $\bar{\boldsymbol{x}}(k) = \boldsymbol{T}\boldsymbol{z}(k), \boldsymbol{T} = \begin{pmatrix} 1 & 2 & 1 \\ 3 & 1 & 2 \\ 1 & 1 & 4 \end{pmatrix}$,系统进一步化成

$$\boldsymbol{z}(k+1) = \boldsymbol{A}\boldsymbol{z}(k) + \bar{\boldsymbol{B}}\boldsymbol{u}(k)$$

$$= \begin{pmatrix} 2.5 & 1 & 1 \\ 1 & 2 & 3 \\ 2 & 1 & 4 \end{pmatrix}\boldsymbol{z}(k) + \begin{pmatrix} 0 & 0 \\ 1 & 2 \\ 1 & 1 \end{pmatrix}\boldsymbol{u}(k) \tag{5.19}$$

取切换函数为

$$\boldsymbol{s}(k) = \begin{pmatrix} 1 \\ 1 \end{pmatrix} z_1(k) + \begin{pmatrix} 1 & 0 \\ 0 & 1 \end{pmatrix} z_2(k)$$

边界层宽度 $\delta = 1$;$\alpha = 0.6$。

$$\boldsymbol{u}(k) = -\bar{\boldsymbol{B}}^{-1}\left[\boldsymbol{CA}\boldsymbol{z}(k) - \alpha\boldsymbol{s}(k)\frac{\operatorname{sgn}(\|\boldsymbol{s}(k)\| - \delta) + 1}{2}\right]$$

仿真结果如下图所示(采样周期:$T = 0.01\text{s}$)

图 5.1 和图 5.2,分别是本书所述方法状态 $\boldsymbol{z}(k)$ 和控制 $\boldsymbol{u}(k)$ 的仿真图像,没有抖振出现;图 5.3 是同样条件下,按趋近律方法:

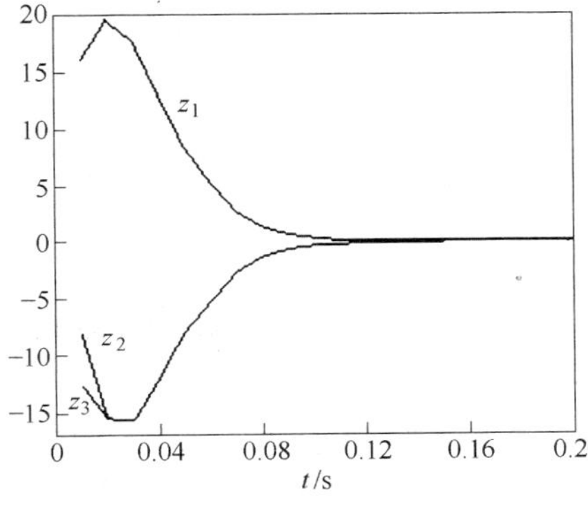

图 5.1 $z_1(k), z_2(k), z_3(k)$ 的运动轨线

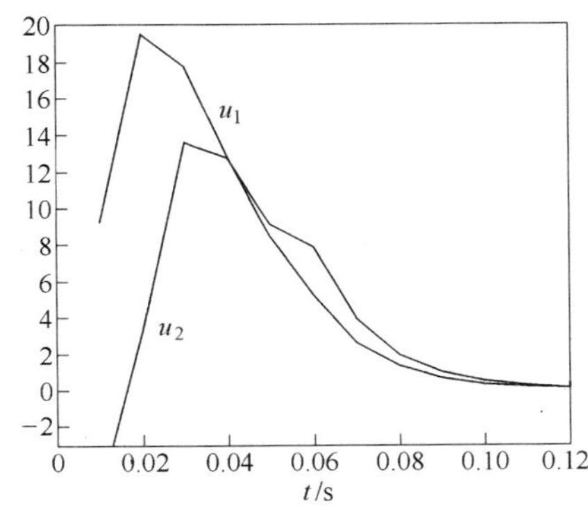

图 5.2 $\boldsymbol{u}_1(k), \boldsymbol{u}_2(k)$ 的变化

$$s(k+1)=\alpha s(k)-\delta T\mathrm{sgn}\ s(k)$$ 的状态 $z(k)$

的仿真，状态有明显的抖振。

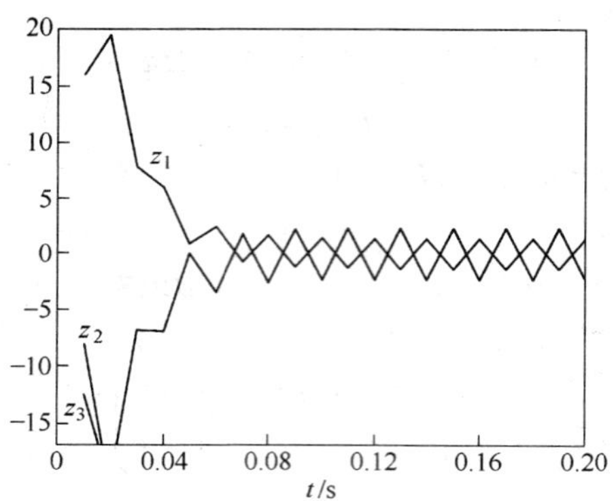

图 5.3　趋近律方法 $z_1(k)$，$z_2(k)$，$z_3(k)$ 的运动

5.3　非匹配不确定时滞离散系统的滑模控制

近年来，滑模控制得到了充分的研究[1-9]。因为对于含有参数不确定项和外部干扰的线性以及非线性系统，滑模控制具有很强的鲁棒性和不变性，所以连续时间系统的滑模控制已经被广泛地应用到各个控制领域。随着计算机技术的高速发展和工业自动化的需要，离散系统的滑模控制也受到重视[4,6]，但是与连续系统相比，其成果还是非常有限的。

本节针对一类时滞离散系统，考虑了系统含有非匹配不确定项时，其满足滑模到达条件的滑模控制器设计问题，克服传统滑模控制要求不确定项满足匹配条件的缺点。

5.3.1　系统描述

考虑一类含有非匹配参数不确定项的时滞离散系统，系统满足如下的差分方程

$$\boldsymbol{x}(k+1)=(\boldsymbol{A}+\Delta\boldsymbol{A}(k))x(k)+(\boldsymbol{A}_{\mathrm{d}}+\Delta\boldsymbol{A}_{\mathrm{d}}(k))\times x(k-\tau)+\boldsymbol{Bu}(k) \tag{5.20}$$

其中 $\boldsymbol{x}(k)\in\mathbb{R}^n$ 是状态向量，$\boldsymbol{u}\in\mathbb{R}^m$ 是系统的控制输入，矩阵 $\boldsymbol{A}\in\mathbb{R}^{n\times n}$，$\boldsymbol{A}_{\mathrm{d}}\in\mathbb{R}^{n\times n}$，$\boldsymbol{B}\in\mathbb{R}^{n\times m}$ 是已知的常数矩阵，τ 是已知的常数，假设

$(\boldsymbol{A}+\boldsymbol{A}_{\mathrm{d}},\boldsymbol{B})$是可控的，且矩阵$\boldsymbol{B}$是列满秩的，矩阵$\Delta\boldsymbol{A}(k)$和$\Delta\boldsymbol{A}_{\mathrm{d}}(k)$是系统的时变参数不确定项。对于系统(5.20)，存在非奇异的变换矩阵T，使得系统满足如下标准型：

$$\begin{aligned}\boldsymbol{z}(k+1) &= \begin{bmatrix}\boldsymbol{z}_1(k+1)\\ \boldsymbol{z}_2(k+1)\end{bmatrix} = \boldsymbol{T}\boldsymbol{x}(k+1)\\ &= \begin{bmatrix}\boldsymbol{A}_{11} & \boldsymbol{A}_{12}\\ \boldsymbol{A}_{21} & \boldsymbol{A}_{22}\end{bmatrix}\begin{bmatrix}\boldsymbol{z}_1(k)\\ \boldsymbol{z}_2(k)\end{bmatrix} + \begin{bmatrix}\Delta\boldsymbol{A}_1(k)\\ \Delta\boldsymbol{A}_2(k)\end{bmatrix}\boldsymbol{z}(k)\\ &\quad + \begin{bmatrix}\boldsymbol{A}_{\mathrm{d}11} & \boldsymbol{A}_{\mathrm{d}12}\\ \boldsymbol{A}_{\mathrm{d}21} & \boldsymbol{A}_{\mathrm{d}22}\end{bmatrix}\begin{bmatrix}\boldsymbol{z}_1(k-\tau)\\ \boldsymbol{z}_2(k-\tau)\end{bmatrix}\\ &\quad + \begin{bmatrix}\Delta\boldsymbol{A}_{\mathrm{d}1}(k)\\ \Delta\boldsymbol{A}_{\mathrm{d}2}(k)\end{bmatrix}\boldsymbol{z}(k-\tau) + \begin{bmatrix}0\\ \boldsymbol{B}_2\end{bmatrix}\boldsymbol{u}(k)\end{aligned} \tag{5.21}$$

式中，$\boldsymbol{z}_1(k),\boldsymbol{z}_1(k-\tau)\in\mathbb{R}^{n-m}$，$\boldsymbol{z}_2(k),\boldsymbol{z}_2(k-\tau)\in\mathbb{R}^{m}$，$\Delta\boldsymbol{A}_1(k),\Delta\boldsymbol{A}_{\mathrm{d}1}(k)\in\mathbb{R}^{(n-m)\times m}$，$\Delta\boldsymbol{A}_2(k),\Delta\boldsymbol{A}_{\mathrm{d}2}(k)\in\mathbb{R}^{m\times m}$，不确定项$[\Delta\boldsymbol{A}_2(k),\Delta\boldsymbol{A}_{\mathrm{d}2}(k)]=\boldsymbol{B}_2[\xi(k)\quad \xi_{\mathrm{d}}(k)]$满足传统的匹配条件，假设非匹配的时变不确定项$\Delta\boldsymbol{A}_1(k),\Delta\boldsymbol{A}_{\mathrm{d}1}(k)$满足如下条件

$$[\Delta\boldsymbol{A}_1(k)\quad \Delta\boldsymbol{A}_{\mathrm{d}1}(k)] = [\boldsymbol{D}\quad \boldsymbol{D}_{\mathrm{d}}]\times\begin{bmatrix}\boldsymbol{F}(k) & 0\\ 0 & \boldsymbol{F}(k)\end{bmatrix}\times\begin{bmatrix}\boldsymbol{E} & 0\\ 0 & \boldsymbol{E}_{\mathrm{d}}\end{bmatrix} \tag{5.22}$$

式中，常数矩阵$\boldsymbol{D},\boldsymbol{D}_{\mathrm{d}},\boldsymbol{E},\boldsymbol{E}_{\mathrm{d}}$具有适当的维数，不确定矩阵$\boldsymbol{F}(k)\in\mathbb{R}^{m\times m}$满足

$$\boldsymbol{F}^{\mathrm{T}}(k)\boldsymbol{F}(k)\leqslant\boldsymbol{I}$$

式中，$\boldsymbol{I}$是对应维数的单位矩阵，而且矩阵$\boldsymbol{E},\boldsymbol{E}_{\mathrm{d}}$，满足条件

$$\mathrm{rank}[\boldsymbol{E}]=\max\{\mathrm{rank}[\Delta\boldsymbol{A}(k)]\}$$
$$\mathrm{rank}[\boldsymbol{E}_{\mathrm{d}}]=\max\{\mathrm{rank}[\Delta\boldsymbol{A}_{\mathrm{d}}(k)]\}$$

假定矩阵$\boldsymbol{D},\boldsymbol{D}_{\mathrm{d}},\boldsymbol{F}(k)$不包括零行向量和零列向量。

构造滑模面满足下面的等式

$$\boldsymbol{s}=\boldsymbol{C}\boldsymbol{z}(k)=[\boldsymbol{C}_1\quad \boldsymbol{C}_2]\boldsymbol{z}(k) \tag{5.23}$$

假设$\boldsymbol{C}_2\boldsymbol{B}_2$是可逆矩阵。为了证明需要，我们给出下面两个定义。

定义 5.1[7]　对于不确定项$\Delta\boldsymbol{A}_1(k)=\boldsymbol{D}\boldsymbol{F}(k)\boldsymbol{E}$，$\Delta\boldsymbol{A}_{\mathrm{d}}(k)=\boldsymbol{D}_{\mathrm{d}}\boldsymbol{F}(k)\boldsymbol{E}_{\mathrm{d}}$和滑模函数$\boldsymbol{s}=\boldsymbol{C}\boldsymbol{z}(k)$，给出如下的滑模函数匹配条件

$$\mathrm{rank}[\boldsymbol{C}^{\mathrm{T}}]=\mathrm{rank}[\boldsymbol{C}^{\mathrm{T}}\quad \boldsymbol{E}^{\mathrm{T}}]=\mathrm{rank}[\boldsymbol{C}^{\mathrm{T}}\quad \boldsymbol{E}_{\mathrm{d}}^{\mathrm{T}}] \tag{5.24}$$

即

$$\boldsymbol{E} = \boldsymbol{E}_{\mathrm{a}}\boldsymbol{C}, \boldsymbol{E}_{\mathrm{d}} = \boldsymbol{E}_{\mathrm{da}}\boldsymbol{C} \tag{5.25}$$

定义 5.2[7]　对于满足(5.21)式的滑模控制系统和滑模函数 $\boldsymbol{s} = \boldsymbol{C}\boldsymbol{z}(k)$，如果非匹配的不确定项 $\Delta\boldsymbol{A}(k) = \boldsymbol{D}\boldsymbol{F}(k)\boldsymbol{E}, \Delta\boldsymbol{A}_{\mathrm{d}}(k) = \boldsymbol{D}_{\mathrm{d}}\boldsymbol{F}(k)\boldsymbol{E}_{\mathrm{d}}$ 满足滑模系数匹配条件，那么滑模控制系统被称为滑模系数匹配的控制系统。

5.3.2　设计滑模控制器

对于含有参数不确定项的时滞离散系统，当系统满足条件 $\boldsymbol{s}^{\mathrm{T}}\Delta\boldsymbol{s}(k) < 0, \boldsymbol{s} \neq 0$，时，系统轨线到达滑动模态。离散系统的到达条件如图 5.4 所示。

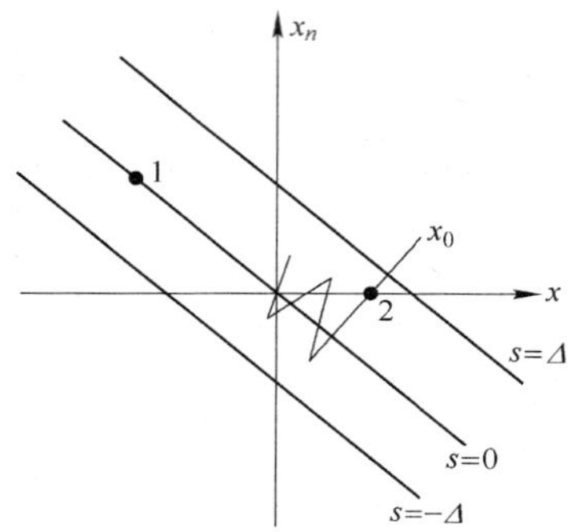

图 5.4　离散系统到达条件原理图

引理 5.1[50]　对于任意 $\boldsymbol{x}, \boldsymbol{y} \in \mathbb{R}^n$，如果 $\boldsymbol{F}^{\mathrm{T}}(k)\boldsymbol{F}(k) \leqslant \boldsymbol{I}$，那么 $2\boldsymbol{x}^{\mathrm{T}}\boldsymbol{F}(k)\boldsymbol{y} \leqslant \boldsymbol{x}^{\mathrm{T}}\boldsymbol{x} + \boldsymbol{y}^{\mathrm{T}}\boldsymbol{y}$。

由引理 5.1，离散系统的滑模条件可以写成如下形式

$$\begin{aligned}
\boldsymbol{s}^{\mathrm{T}}\Delta\boldsymbol{s}(k) &= \boldsymbol{s}^{\mathrm{T}}(\boldsymbol{C}\boldsymbol{z}(k+1) - \boldsymbol{C}\boldsymbol{z}(k)) \\
&\leqslant \boldsymbol{s}^{\mathrm{T}}[\boldsymbol{C}_1(\boldsymbol{A}_{11}\boldsymbol{z}_1 + \boldsymbol{A}_{12}\boldsymbol{z}_2 + \boldsymbol{A}_{\mathrm{d}11}\boldsymbol{z}(k-\tau) + \boldsymbol{A}_{\mathrm{d}12}\boldsymbol{z}(k-\tau)) \\
&\quad + \boldsymbol{C}_2(\boldsymbol{A}_{21}\boldsymbol{z}_1 + \boldsymbol{A}_{22}\boldsymbol{z}_2 + \boldsymbol{A}_{\mathrm{d}21}\boldsymbol{z}_1(k-\tau) + \boldsymbol{A}_{\mathrm{d}22}\boldsymbol{z}(k-\tau))] \\
&\quad + \frac{1}{2}(\boldsymbol{s}^{\mathrm{T}}\boldsymbol{C}_1\boldsymbol{D}\boldsymbol{D}^{\mathrm{T}}\boldsymbol{C}_1^{\mathrm{T}} + \boldsymbol{s}^{\mathrm{T}}\boldsymbol{E}_{\mathrm{a}}{}^{\mathrm{T}}\boldsymbol{E}_{\mathrm{a}}\boldsymbol{s} + \boldsymbol{s}^{\mathrm{T}}\boldsymbol{C}_1\boldsymbol{D}_{\mathrm{d}}\boldsymbol{D}_{\mathrm{d}}{}^{\mathrm{T}}\boldsymbol{C}_1^{\mathrm{T}}\boldsymbol{s} + \\
&\quad \boldsymbol{s}^{\mathrm{T}}\boldsymbol{E}_{\mathrm{da}}^{\mathrm{T}}\boldsymbol{E}_{\mathrm{da}}\boldsymbol{s}) + \boldsymbol{s}^{\mathrm{T}}\boldsymbol{C}_2\boldsymbol{B}_2\xi(k)\boldsymbol{z} + \boldsymbol{s}^{\mathrm{T}}\boldsymbol{C}_2\boldsymbol{B}_2\xi_{\mathrm{d}}(k)\boldsymbol{z}(k-\tau) + \boldsymbol{s}^{\mathrm{T}}\boldsymbol{C}_2\boldsymbol{B}_2\boldsymbol{u}(k)
\end{aligned} \tag{5.26}$$

因为 $\Delta\boldsymbol{A}_2(k)$ 满足传统的匹配条件，我们假设 $\|\xi(k)z(k)\| \leqslant \rho_1$，$\|\xi_{\mathrm{d}}$

$(k)z(k-\tau)\| \leqslant \rho_2$，其中 ρ_1,ρ_2 是常数标量。

为了证明的需要，我们给出如下假设

$$\begin{cases} \boldsymbol{s}^{\mathrm{T}}\boldsymbol{C}_2\boldsymbol{B}_2\xi(k)z(k)+\boldsymbol{s}^{\mathrm{T}}\boldsymbol{C}_2\boldsymbol{B}_2\xi_{\mathrm{d}}(k)z(k-\tau)\leqslant \rho\dfrac{\boldsymbol{s}^{\mathrm{T}}\boldsymbol{C}_2\boldsymbol{B}_2\boldsymbol{B}_2{}^{\mathrm{T}}\boldsymbol{C}_2^{\mathrm{T}}\boldsymbol{s}}{\|\boldsymbol{B}_2^{\mathrm{T}}\boldsymbol{C}_2^{\mathrm{T}}\|\ \|s\|}, s\neq 0 \\ \boldsymbol{s}^{\mathrm{T}}\boldsymbol{C}_2\boldsymbol{B}_2\xi(k)z(k)+\boldsymbol{s}^{\mathrm{T}}\boldsymbol{C}_2\boldsymbol{B}_2\xi_{\mathrm{d}}z(k-\tau), \boldsymbol{s}=0 \end{cases}$$

因此，当 $\boldsymbol{s}\neq 0$ 时，有

$$\begin{aligned} \boldsymbol{s}^{\mathrm{T}}\Delta\boldsymbol{s}(k)\leqslant \boldsymbol{s}^{\mathrm{T}}[&\boldsymbol{C}_1(\boldsymbol{A}_{11}z_1+\boldsymbol{A}_{12}z_2+\boldsymbol{A}_{\mathrm{d}11}z_1(k-\tau)\\ &+\boldsymbol{A}_{\mathrm{d}12}z_2(k-\tau))+\boldsymbol{C}_2(\boldsymbol{A}_{21}z_1+\boldsymbol{A}_{22}z_2\\ &+\boldsymbol{A}_{\mathrm{d}21}z_1(k-\tau)+\boldsymbol{A}_{\mathrm{d}22}z_2(k-\tau))]+\boldsymbol{s}^{\mathrm{T}}\boldsymbol{P}\boldsymbol{s}\\ &+\frac{\boldsymbol{s}^{\mathrm{T}}\boldsymbol{Q}\boldsymbol{s}}{\|s\|}+\boldsymbol{s}^{\mathrm{T}}\boldsymbol{C}_2\boldsymbol{B}_2\boldsymbol{u}(k) \end{aligned} \tag{5.27}$$

其中 $\boldsymbol{P}=\dfrac{1}{2}(\boldsymbol{C}_1\boldsymbol{D}\boldsymbol{D}^{\mathrm{T}}\boldsymbol{C}_1{}^{\mathrm{T}}+\boldsymbol{E}_{\mathrm{a}}{}^{\mathrm{T}}\boldsymbol{E}_{\mathrm{a}}+\boldsymbol{C}_1\boldsymbol{D}_{\mathrm{d}}\boldsymbol{D}_{\mathrm{d}}{}^{\mathrm{T}}\boldsymbol{C}_1{}^{\mathrm{T}}+\boldsymbol{E}_{\mathrm{da}}{}^{\mathrm{T}}\boldsymbol{E}_{\mathrm{da}})$，

$$\boldsymbol{Q}=\rho\frac{\boldsymbol{C}_2\boldsymbol{B}_2\boldsymbol{B}_2{}^{\mathrm{T}}\boldsymbol{C}_2{}^{\mathrm{T}}}{\|\boldsymbol{B}_2{}^{\mathrm{T}}\boldsymbol{C}_2{}^{\mathrm{T}}\|}$$

因为 $\boldsymbol{P}$ 和 $\boldsymbol{Q}$ 是 Hermitian 和正半定的，所以我们可以给出假设 $\boldsymbol{P}<\gamma\boldsymbol{I}$ 和 $\boldsymbol{Q}<\varepsilon\boldsymbol{I}$，其中 $\boldsymbol{I}$ 是具有适当维数的单位矩阵。因此，在下面定理 5.3 中，只需知道矩阵 $\boldsymbol{P}$ 和 $\boldsymbol{Q}$ 的上界，就能够构造出满足到达条件的滑模控制器。

定理 5.3 对于系统(5.21)，如果我们构造如下变结构控制器

$$\begin{aligned} \boldsymbol{u}(k)=-(\boldsymbol{C}_2\boldsymbol{B}_2)^{-1}[&\boldsymbol{C}_1(\boldsymbol{A}_{11}z_1+\boldsymbol{A}_{12}z_2+\boldsymbol{A}_{\mathrm{d}11}z_1(k-\tau)+\\ &\boldsymbol{A}_{\mathrm{d}12}z_2(k-\tau))+\boldsymbol{C}_2(\boldsymbol{A}_{21}z_1+\boldsymbol{A}_{22}z_2\\ &+\boldsymbol{A}_{\mathrm{d}21}z_1(k-\tau)+\boldsymbol{A}_{\mathrm{d}22}z_2(k-\tau))]-(\boldsymbol{C}_2\boldsymbol{B}_2)^{-1}(\gamma s)\\ &-(\boldsymbol{C}_2\boldsymbol{B}_2)^{-1}\left(\frac{\varepsilon s}{\|\boldsymbol{s}\|}\right)-(\boldsymbol{C}_2\boldsymbol{B}_2)^{-1}(k_1\operatorname{sgn}\boldsymbol{s}+k_2\boldsymbol{s}) \end{aligned} \tag{5.28}$$

满足到达条件 $\boldsymbol{s}^{\mathrm{T}}\Delta\boldsymbol{s}(k)<\boldsymbol{s}^{\mathrm{T}}(k_1\operatorname{sgn}\boldsymbol{s}-k_2\boldsymbol{s})<0,(k_1,k_2\in\mathbb{R},k_1,k_2>0)$，那么线性不确定系统能够到达滑动模态。本节所设计控制器工作原理图如图 5.5 所示。

由定理 5.3 可以知道，为了设计滑模控制器，非匹配不确定项 $\Delta\boldsymbol{A}_1$，$\Delta\boldsymbol{A}_{\mathrm{d}1}$ 和匹配的不确定项 $\Delta\boldsymbol{A}_2,\Delta\boldsymbol{A}_{\mathrm{d}2}$ 的上界必须是已知的。减弱设计传统滑模控制器中不确定项需要满足匹配条件的保守性。

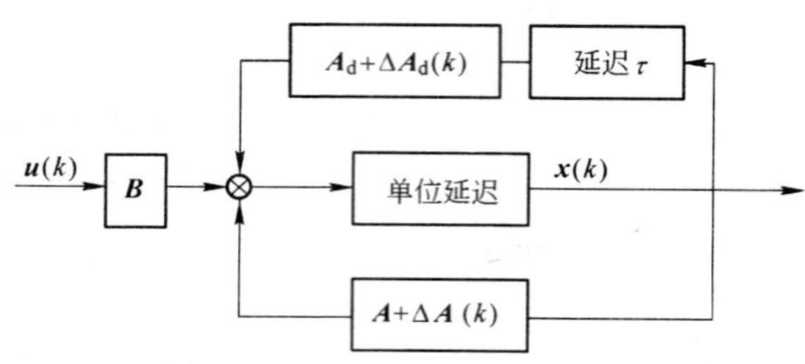

图 5.5　控制器工作原理

5.4　时滞不确定离散系统的模糊控制

近年来，模糊控制成为解决不确定非线性复杂系统的有力工具。传统的模糊控制是由一些 if – then 语言变量构成，因此控制算法简单并且易于实现。但是传统模糊控制方法的缺点是缺乏系统的设计方法，特别是很难分析和证明其稳定性和鲁棒性。为了解决这些问题，日本学者提出了 T – S[44] 模型控制方法，即模糊规则的后件部分是一组线性状态方程，这样使得模糊控制的理论证明易于实现。

文献[56]利用 LMI 技术讨论了非线性系统的鲁棒镇定问题。在文献[57,69 – 70]中，利用模糊控制考虑了非线性系统的稳定性问题，但是其 T – S 模型的后件部分是线性的标称系统，不包含不确定项。文献[70]研究了包括连续和离散时滞系统的分析与综合问题，在 T – S 模型的后件部分考虑了时滞的情况，但没有考虑系统不确定的情况。对于一类不确定非线性系统，文献[67]考虑了模糊系统的鲁棒跟踪控制问题，其 T – S 的模型的后件部分引入了参数不确定项，使得 T – S 模型能够更精确的描述原系统，但是该方法并未应用到离散时间时滞系统。在文献[76]中，考虑了一类含有参数不确定项的非线性离散系统的镇定问题，但是没考虑系统包含时滞项的情况。

基于以上的研究成果，本节讨论非线性时滞离散系统的鲁棒镇定问题。为了更精确的逼近原系统，在 T – S 模型的后件部分引入了参数不确定项和时滞项，并且系统的稳定性证明可以转化为一组线性矩阵不等式(LMI)的求解问题。最后通过仿真研究，验证了所提方法的可行性和有效性。

5.4.1 问题描述

由于 T – S 模糊模型的后件部分具有精确的数学描述，所以得到广泛的应用。考虑非线性时滞离散系统满足如下形式的模糊模型

Plant Rule i：

if $z_1(k)$ is F_1^i and... and $z_n(k)$ is F_n^i

then $\boldsymbol{x}(k+1) = (\boldsymbol{A}_i + \Delta\boldsymbol{A}_i)\boldsymbol{x}(k) + \boldsymbol{A}_{1i}\boldsymbol{x}(k-\tau) + (\boldsymbol{B}_i + \Delta\boldsymbol{B}_i)\boldsymbol{u}(k)$

$$\boldsymbol{y}(k) = \boldsymbol{C}_i\boldsymbol{x}(k), i = 1,\cdots,q \tag{5.29}$$

其中，$\boldsymbol{x}(k) = \boldsymbol{\psi}(k)$ 是初始状态，对于所有 $k = -\tau,\cdots,-1,0$，$\boldsymbol{z}(k) = [z_1(k)\cdots z_n(k)]^{\mathrm{T}}$ 是前提变量，$\boldsymbol{x}(k) = [x_1(k),\cdots,x_n(k)]^{\mathrm{T}}$ 为状态向量，F_j^i，$(j=1,\cdots,n)$ 是模糊集，$\tau > 0$ 是时滞常数，$\boldsymbol{A}_i \in \mathbb{R}^{n\times n}$ 是系统矩阵，$\boldsymbol{B}_i \in \mathbb{R}^{n\times m}$ 和 $\boldsymbol{C}_i \in \mathbb{R}^{l\times n}$ 分别是输入和输出矩阵，$\Delta\boldsymbol{A}_i$ 和 $\Delta\boldsymbol{B}_i$ 是具有适当维数的参数不确定项矩阵，q 是 T – S 模糊模型的模糊规则数。

对系统(5.29)，用标准的模糊推理方法，即单点模糊化方法、乘积模糊推理、加权平均解模糊方法，得到模糊系统最终的状态方程

$$\begin{aligned}\boldsymbol{x}(k+1) &= \sum_{i=1}^{q} h_i(\boldsymbol{z}(k))[\boldsymbol{A}_i\boldsymbol{x}(k) + \Delta\boldsymbol{A}_i\boldsymbol{x}(k) + \\ &\quad \boldsymbol{A}_{1i}\boldsymbol{x}(k-\tau) + \boldsymbol{B}_i\boldsymbol{u}(k) + \Delta\boldsymbol{B}_i\boldsymbol{u}(k)] \\ \boldsymbol{y}(k) &= \sum_{i=1}^{q} h_i(\boldsymbol{z}(k))\boldsymbol{C}_i\boldsymbol{x}(k)\end{aligned} \tag{5.30}$$

其中

$$\boldsymbol{w}_i(\boldsymbol{z}(k)) = \prod_{j=1}^{n} F_j^i(\boldsymbol{z}_j(k)), h_i(\boldsymbol{z}(k)) = \frac{\boldsymbol{w}_i(\boldsymbol{z}(k))}{\sum_{i=1}^{q}\boldsymbol{w}_i(\boldsymbol{z}(k))}$$

F_j^i 是模糊集，h_i 是属于模糊集 F_j^i 的隶属函数。系统(5.30)具有如下性质：

$$\boldsymbol{w}_i(k) \geqslant 0, \sum_{i=1}^{q}\boldsymbol{w}_i(k) > 0, \quad i = 1,2,\cdots,q$$

显然

$$h_i(\boldsymbol{z}(k)) \geqslant 0, \sum_{i=1}^{q} h_i(\boldsymbol{z}(k)) = 1, \quad i = 1,\cdots q$$

我们的主要目的是基于 T – S 模糊模型，构造模糊控制器，使得系统

(5.30)镇定。

为了证明需要,首先给出假设5.1。

假设5.1　系统(5.29)的参数不确定项是范数有界的,并且满足下面等式:

$$[\Delta\boldsymbol{A}_i,\Delta\boldsymbol{B}_i]=\boldsymbol{D}_i\boldsymbol{F}_i(k)[\boldsymbol{E}_{i1},\boldsymbol{E}_{i2}]\quad \boldsymbol{F}_i^{\mathrm{T}}(k)\boldsymbol{F}_i(k)\leqslant\boldsymbol{I}$$

其中,$\boldsymbol{D}_i,\boldsymbol{E}_{i1},\boldsymbol{E}_{i2}$是具有适当维数的已知常数矩阵,$\boldsymbol{F}_i(k)$满足勒贝格可测的未知函数矩阵,$\boldsymbol{I}$是具有适当维数的单位矩阵。

5.4.2　主要结论

基于模糊控制的平行补偿原理(*PDC*),系统(5.30)控制律满足如下形式

Regulator Rule i:

if $z_1(k)$ is F_1^i and... and$z_n(k)$ is F_n^i

$$\text{then } \boldsymbol{u}(k)=\boldsymbol{K}_i\boldsymbol{x}(k),i=1,\cdots q \tag{5.31}$$

式中,$\boldsymbol{K}_i\in\mathbb{R}^{m\times n}$是需要设计的控制增益矩阵。

那么全局的模糊控制律可以写为如下形式

$$\boldsymbol{u}(k)=\sum_{i=1}^{q}h_i(z(k))\boldsymbol{K}_i\boldsymbol{x}(k) \tag{5.32}$$

将式(5.32)带入式(5.30),得到闭环系统的状态方程:

$$\begin{aligned}\boldsymbol{x}(k+1)=&\sum_{i=1}^{q}\sum_{j=1}^{q}h_i(z(k))h_j(z(k))((\boldsymbol{A}_i+\Delta\boldsymbol{A}_i)\boldsymbol{x}(k)+\\&\boldsymbol{A}_{1i}\boldsymbol{x}(k-\tau)+(\boldsymbol{B}_i+\Delta\boldsymbol{B}_i)\boldsymbol{K}_j\boldsymbol{x}(k))\end{aligned} \tag{5.33}$$

为了证明的需要,给出如下引理

引理5.2[60]　给定具有适当维数的矩阵$\boldsymbol{H},\boldsymbol{F}$和$\boldsymbol{E}$,并且$\boldsymbol{F}^{\mathrm{T}}\boldsymbol{F}\leqslant\boldsymbol{I}$和$\boldsymbol{P}>0$,如果对于任意的$\varepsilon>0$,使得$\boldsymbol{P}^{-1}-\varepsilon\boldsymbol{H}\boldsymbol{H}^{\mathrm{T}}>0$,那么

$$(\boldsymbol{A}+\boldsymbol{H}\boldsymbol{F}\boldsymbol{E})^{\mathrm{T}}\boldsymbol{P}(\boldsymbol{A}+\boldsymbol{H}\boldsymbol{F}\boldsymbol{E})\leqslant\boldsymbol{A}^{\mathrm{T}}(\boldsymbol{P}^{-1}-\varepsilon\boldsymbol{H}\boldsymbol{H}^{\mathrm{T}})^{-1}\boldsymbol{A}+\varepsilon^{-1}\boldsymbol{E}^{\mathrm{T}}\boldsymbol{E}$$

本节的主要结果可以归纳为如下定理

定理5.4　如果存在对称正定矩阵$\boldsymbol{X}>0$和矩阵组$\boldsymbol{K}_i(i=1,2,\cdots q)$,使得下面的矩阵不等式成立,那么可以设计基于T-S模型的状态控制器(5.32),使得系统(5.33)是渐近稳定的。

$$\begin{bmatrix} -X & * & * & * & * \\ 0 & -H & * & * & * \\ A_iX+B_iM_i & A_{1i}H & -X+\varepsilon_iD_iD_i^{\mathrm{T}} & * & * \\ E_{i1}X+E_{i2}M_i & 0 & 0 & -\varepsilon_iI & * \\ X & 0 & 0 & 0 & -H \end{bmatrix}<0 \quad (5.34)$$

和

$$\begin{bmatrix} -X & * & * & * & * & * \\ 0 & -H & * & * & * & * \\ \frac{A_iX+B_iM_j+A_jX+B_jM_i}{2} & \frac{A_{1i}+A_{1j}}{2}H & -X+\varepsilon_{ij}(D_iD_i^{\mathrm{T}}+D_jD_j^{\mathrm{T}}) & * & * & * \\ \frac{E_{i1}X+E_{i2}M_j}{2} & 0 & 0 & -\varepsilon_{ij}I & * & * \\ \frac{E_{j1}X+E_{j2}M_i}{2} & 0 & 0 & 0 & -\varepsilon_{ji}I & * \\ X & 0 & 0 & 0 & 0 & -H \end{bmatrix}<0 \quad (5.35)$$

证明 构造李雅普诺夫函数满足下式

$$V(k)=x^{\mathrm{T}}Px+\sum_{\alpha=k-\tau}^{k-1}x^{\mathrm{T}}(\alpha)Sx(\alpha) \quad (5.36)$$

其中

$$X=P^{-1},H=S^{-1},\bar{x}=\begin{bmatrix} x(k) \\ x(k-\tau) \end{bmatrix},$$

$$G=\begin{bmatrix} -P+S & 0 \\ 0 & -S \end{bmatrix},\bar{A}_{ij}=A_i+\Delta A_i+(B_i+\Delta B_i)K_j,M_j=K_jX$$

对式(5.36)两边取差分,得

$$\begin{aligned}\Delta V(k)&=V(k+1)-V(k)\\&=x^{\mathrm{T}}(k+1)Px(k+1)-x^{\mathrm{T}}(k)Px(k)\end{aligned} \quad (5.37)$$

将式(5.33)代入式(5.37),得

$$\begin{aligned}\Delta V(k) = \sum_{i=1}^{q}\sum_{j=1}^{q}\sum_{k=1}^{q}\sum_{l=1}^{q}h_ih_jh_kh_l\{x^{\mathrm{T}}(k)[\bar{A}_{ij}^{\mathrm{T}}P\bar{A}_{kl}-\\ P-S]x(k)+x^{\mathrm{T}}(k)\bar{A}_{ij}^{\mathrm{T}}P\bar{A}_{lk}^{\mathrm{T}}x(k-\tau)\\ +x^{\mathrm{T}}(k-\tau)\bar{A}_{li}^{\mathrm{T}}P\bar{A}_{kl}x(k)+x^{\mathrm{T}}(k-\tau)\end{aligned}$$

$$\bar{A}_{li}^{\mathrm{T}}P\bar{A}_{lk}x(k-\tau)-x^{\mathrm{T}}(k-\tau)Hx(k-\tau)\}$$

$$=\sum_{i=1}^{q}\sum_{j=1}^{q}\sum_{k=1}^{q}\sum_{l=1}^{q}h_ih_jh_kh_l\bar{x}^{\mathrm{T}}(k)([\bar{A}_{ij}\quad A_{ij}]^{\mathrm{T}}P[\bar{A}_{kl}\quad A_{lk}]+G)\bar{x}(k)$$

$$=\frac{1}{4}\sum_{i=1}^{q}\sum_{j=1}^{q}\sum_{k=1}^{q}\sum_{l=1}^{q}h_ih_jh_kh_l\bar{x}^{\mathrm{T}}\{[\bar{A}_{ij}+\bar{A}_{ji}\quad A_{li}+A_{lj}]^{\mathrm{T}}P[\bar{A}_{kl}+\bar{A}_{lk}\quad A_{lk}+A_{ll}]+4G\}\bar{x}$$

$$\leqslant\frac{1}{4}\sum_{i=1}^{q}\sum_{j=1}^{q}\sum_{k=1}^{q}\sum_{l=1}^{q}h_ih_jh_kh_l\bar{x}^{\mathrm{T}}\{[\bar{A}_{ij}+\bar{A}_{ji}\quad A_{li}+A_{lj}]^{\mathrm{T}}P[\bar{A}_{ij}+\bar{A}_{ji}\quad A_{li}+A_{lj}]+4G\}\bar{x}$$

$$=\sum_{i=1}^{q}h_i^2\bar{x}^{T}(k)([\bar{A}_{ii}\quad A_{li}]^{\mathrm{T}}P[\bar{A}_{ii}\quad A_{li}]+G\bar{x}(k))$$

$$+2\sum_{i=1}^{q}\sum_{j=1}^{q}h_ih_j\bar{x}^{\mathrm{T}}(k)\left(\left[\frac{\bar{A}_{ij}+\bar{A}_{ji}}{2}\quad\frac{A_{li}+A_{lj}}{2}\right]^{\mathrm{T}}P\left[\frac{\bar{A}_{ij}+\bar{A}_{ji}}{2}\quad\frac{\bar{A}_{ij}+\bar{A}_{ji}}{2}\right]+G\bar{x}(k)\right)\tag{5.38}$$

所以，系统(5.30)能够被镇定当且仅当存在正定对称矩阵 $P>0$ 和矩阵组 K_i 使得下面不等式成立

$$[\bar{A}_{ii}\quad A_{li}]^{\mathrm{T}}P[\bar{A}_{ii}\quad A_{li}]+G<0\tag{5.39}$$

$$\left[\frac{\bar{A}_{ij}+\bar{A}_{ji}}{2}\quad\frac{A_{li}+A_{lj}}{2}\right]^{\mathrm{T}}P\left[\frac{\bar{A}_{ij}+\bar{A}_{ji}}{2}\quad\frac{\bar{A}_{ij}+\bar{A}_{ji}}{2}\right]+G\leqslant 0,i<j\tag{5.40}$$

定理 5.4 给出了保证模糊系统(5.30)稳定的充分条件，但是并没有给出求解公共李雅普诺夫矩阵 P 和增益反馈矩阵 K_i 的方法，而易知(5.39)和(5.40)可以转化为一组线性矩阵不等式，所以参数 P 和 K_i 可以通过求解线性矩阵不等式来确定。

由假设 5.1，可知$[\Delta A_i,\Delta B_i]=D_iF_i(k)[E_{i1},E_{i2}]$，所以(5.39)式等价于

$$([A_i+B_iK_i\quad A_{1i}]+D_iF_i[E_{i1}+E_{i2}K_i\quad 0])^{\mathrm{T}}P([A_i+B_iK_i\quad A_{1i}]+D_iF_i[E_{i1}+E_{i2}K_i\quad 0])+G<0\tag{5.41}$$

由引理 5.1，式(5.41)成立，当存在一些正常数使下式成立，

$$P^{-1}-\varepsilon_iD_iD_i^{\mathrm{T}}>0$$

和

$$G+[A_i+B_iK_i \quad A_{1i}]^{\mathrm{T}}(P^{-1}-\varepsilon_iD_iD_i^{\mathrm{T}})[A_i+B_iK_i \quad A_{1i}] \\ +\varepsilon_i^{-1}[E_{1i}+E_{2i}K_i \quad 0]^{\mathrm{T}}[E_{1i}+E_{2i}K_i \quad 0]<0 \tag{5.42}$$

由 Schur 补引理，矩阵不等式(5.42)可以写为

$$\begin{bmatrix} -P+S & 0 & (A_i+B_iK_i)^{\mathrm{T}} & (E_{1i}+E_{2i}K_i)^{\mathrm{T}} \\ 0 & -S & A_{1i}^{\mathrm{T}} & 0 \\ (A_i+B_iK_i) & A_{1i} & -P^{-1}-\varepsilon_iD_iD_i^{\mathrm{T}} & 0 \\ E_{1i}+E_{2i}K_i & 0 & 0 & -\varepsilon_iI \end{bmatrix}<0 \tag{5.43}$$

用对角阵$[X \quad H \quad I \quad I]$分别左乘和右乘式(5.43)，由 Schur 补引理，式(5.43)等价于

$$\begin{bmatrix} -X & * & * & * & * \\ 0 & -H & * & * & * \\ A_iX+B_iM_i & A_{1i}H & -X+\varepsilon_iD_iD_i^{\mathrm{T}} & * & * \\ E_{i1}X+E_{i2}M_i & 0 & 0 & -\varepsilon_iI & * \\ X & 0 & 0 & 0 & -H \end{bmatrix}<0$$

同理可知矩阵不等式(5.40)能够被转化为

$$\begin{bmatrix} -X & * & * & * & * & * \\ 0 & -H & * & * & * & * \\ \dfrac{A_iX+B_iM_j+A_jX+B_jM_i}{2} & \dfrac{A_{1i}+A_{1j}}{2}H & -X+\varepsilon_{ij}(D_iD_i^{\mathrm{T}}+D_jD_j^{\mathrm{T}}) & * & * & * \\ \dfrac{E_{i1}X+E_{i2}M_j}{2} & 0 & 0 & -\varepsilon_{ij}I & * & * \\ \dfrac{E_{j1}X+E_{j2}M_i}{2} & 0 & 0 & 0 & -\varepsilon_{ji}I & * \\ X & 0 & 0 & 0 & 0 & -H \end{bmatrix}<0$$

利用 Matlab 的 LMI 工具箱，参数矩阵 X 和 K_i 能够方便地求解，因而所设计的控制器也可以被确定。

5.4.3 仿真算例

通过实例仿真，阐明本节设计方法的有效性。考虑经典的 truck - trailer[68] 实例，满足下式：

$$x_1(k+1)=(1-v\frac{\bar{k}}{L})x_1(k)+v\frac{\bar{k}}{l}u(k)$$

$$x_2(k+1)=x_2(k)+v\frac{\bar{k}}{L}x_1(k)$$

$$x_3(k+1)=x_3(k)+v\bar{k}\sin(x_2(k)+v\frac{\bar{k}}{2L}x_1(k))$$

为了更精确的逼近本节所研究的时滞系统，假设状态 $x_1(k)$ 是受时滞影响，那么含有时滞和参数不确定项的 truck – trailer 的模型可以表示为

$$x_1(k+1)=a(1-v\frac{\bar{k}}{L})x_1(k)+(1-a)(1-v\frac{\bar{k}}{L})x_1(k-\tau)+$$

$$v\frac{\bar{k}}{l}u(k)+a(k)x_1(k)$$

$$x_2(k+1)=x_2(k)+av\frac{\bar{k}}{L}x_1(k)+(1-a)v$$

$$\frac{\bar{k}}{L}x_1(k-\tau)+a(k)x_2(k)$$

$$x_3(k+1)=x_3(k)+v\bar{k}\sin(x_2(k)+av\frac{\bar{k}}{2L}x_1(k)+$$

$$(1-a)v\frac{\bar{k}}{2L}x_1(k-\tau))+a(k)x_3(k)$$

其中模型对应的图形如图 5.6 所示。

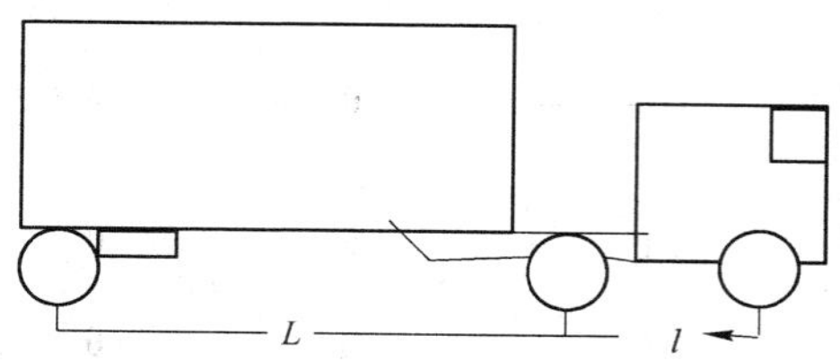

图 5.6　truck – trailer 示意图

图中，l 是小车的长度，L 是拖斗的长度，$\bar{k}$式采样时间，v 是小车倒退的速度，$a(k)=0.2\sin(k)$是系统的参数不确定项。采用如下模糊规则

$$R^1: \text{if } z(k)=\boldsymbol{x}_2(k)+av\frac{\bar{k}}{2L}\boldsymbol{x}_1(k)+(1-a)v\frac{\bar{k}}{2L}\boldsymbol{x}_1(k-\tau) \text{ is about } 0$$

then $\boldsymbol{x}(k+1)=(\boldsymbol{A}_1+\Delta\boldsymbol{A}_1)x(k)+\boldsymbol{A}_{11}\boldsymbol{x}(k-\tau)+(\boldsymbol{B}_1+\Delta\boldsymbol{B}_1)\boldsymbol{u}(k)$

R^2: if $\boldsymbol{z}(k)=\boldsymbol{x}_2(k)+av\dfrac{\bar{k}}{2L}\boldsymbol{x}_1(k)+(1-a)v\dfrac{\bar{k}}{2L}\boldsymbol{x}_1(k-\tau)$ is aboutπ or $-\pi$,

then $\boldsymbol{x}(k+1)=(\boldsymbol{A}_2+\Delta\boldsymbol{A}_2)\boldsymbol{x}(k)+\boldsymbol{A}_{12}\boldsymbol{x}(k-\tau)+(\boldsymbol{B}_2+\Delta\boldsymbol{B}_2)\boldsymbol{u}(k)$

其中

$$\boldsymbol{A}_1=\begin{bmatrix}1-\dfrac{v\bar{k}}{L} & 0 & 0\\ \dfrac{v\bar{k}}{L} & 1 & 0\\ \dfrac{v^2\bar{k}^2}{2L} & v\bar{k} & 1\end{bmatrix},\boldsymbol{B}_1=\begin{bmatrix}\dfrac{v\bar{k}}{l}\\ 0\\ 0\end{bmatrix},$$

$$\Delta\boldsymbol{A}_1=\begin{bmatrix}0.2\sin(k) & 0 & 0\\ 0 & 0.2\sin(k) & 0\\ 0 & 0 & 0.2\sin(k)\end{bmatrix}$$

$$\boldsymbol{A}_2=\begin{bmatrix}1-\dfrac{v\bar{k}}{L} & 0 & 0\\ \dfrac{v\bar{k}}{L} & 1 & 0\\ \dfrac{dv^2\bar{k}^2}{2L} & dv\bar{k} & 1\end{bmatrix},\boldsymbol{B}_2=\begin{bmatrix}\dfrac{v\bar{k}}{l}\\ 0\\ 0\end{bmatrix},$$

$$\Delta\boldsymbol{A}_2=\begin{bmatrix}0.2\sin(k) & 0 & 0\\ 0 & 0.2\sin(k) & 0\\ 0 & 0 & 0.2\sin(k)\end{bmatrix}$$

和

$$l=2.8,L=5.5,v=-1.0,\bar{k}=2.0,a=0.7$$

由平行补偿原理,可得到对应系统的模糊控制律:

R^1: if $\boldsymbol{z}(k)=\boldsymbol{x}_2(k)+av\dfrac{\bar{k}}{2L}\boldsymbol{x}_1(k)+(1-a)v\dfrac{\bar{k}}{2L}\boldsymbol{x}_1(k-\tau)$ is about 0

then $\boldsymbol{u}(k)=K_1\boldsymbol{x}(k)$

R^2: if $\boldsymbol{z}(k)=\boldsymbol{x}_2(k)+av\dfrac{\bar{k}}{2L}\boldsymbol{x}_1(k)+(1-a)v\dfrac{\bar{k}}{2L}\boldsymbol{x}_1(k-\tau)$ is about πor $-\pi$

then $\boldsymbol{u}(k)=K_2\boldsymbol{x}(k)$

采用如下隶属函数

$$h_1(z(k))=(1-\frac{1}{1+\exp\{-3[z(k)-\pi/2]\}})\times\frac{1}{1+\exp\{-3[z(k)+\pi/2]\}}$$

$$h_2(z(k))=1-h_1(z(k))$$

$$z(k)=\boldsymbol{x}_2(k)+av\frac{\bar{k}}{2L}\boldsymbol{x}_1(k)+(1-a)v\frac{\bar{k}}{2L}\boldsymbol{x}_1(k-\tau)$$

其中，$\Delta\boldsymbol{A}_1$ 和 $\Delta\boldsymbol{A}_2$ 是参数不确定项。

由方程(5.34)和(5.35)，状态反馈矩阵 $\boldsymbol{K}_i$ 和正定矩阵 $\boldsymbol{P}$ 可以通过 Matlab 的 LMI 软件包求解。从而可以确定系统的控制器。

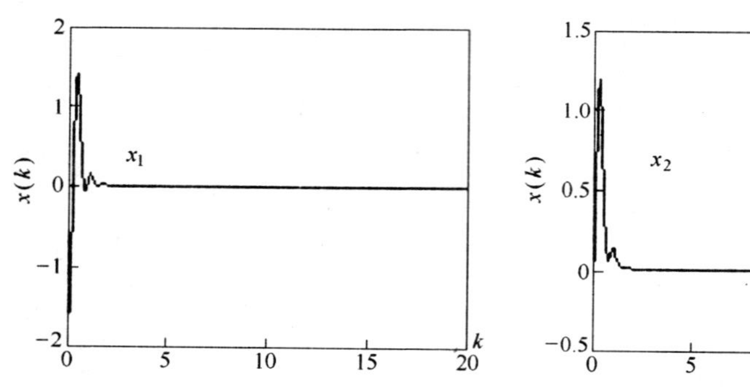

图 5.7　状态 x_1 的运动轨线

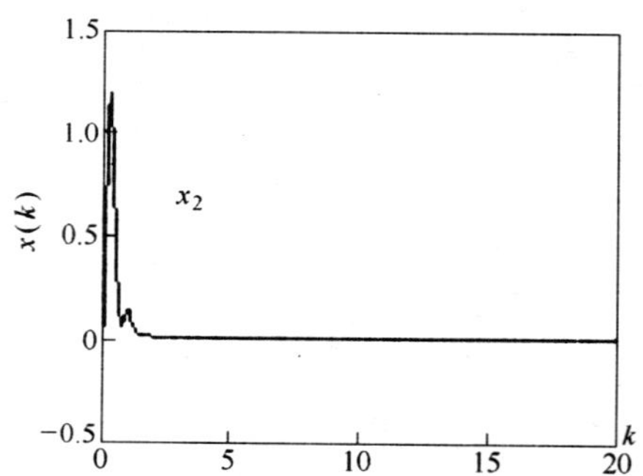

图 5.8　状态 x_2 的运动轨线

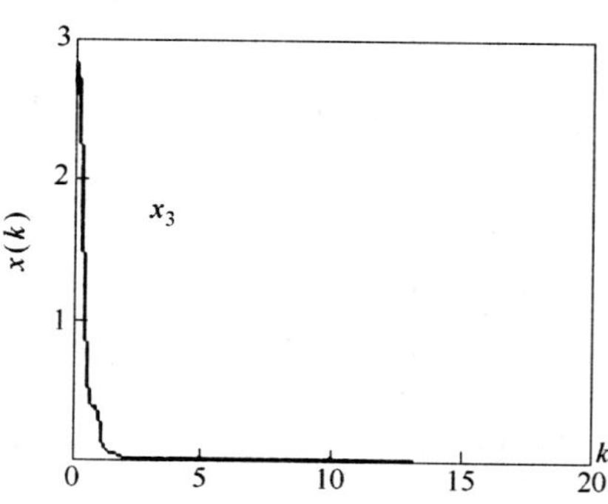

图 5.9　状态 x_3 的运动轨线

当初始条件 $\boldsymbol{x}(k)=[5\quad 2\quad 1]^{\mathrm{T}}$ 和采样时间为 0.01 时，仿真结果如

图 5.7 ~ 图 5.9 所示。由仿真图形可知,利用本章设计的控制器,闭环系统的状态轨线在不同的初始条件和采样时间下都是渐近稳定的,说明了本章所设计的控制器是有效可行的。

5.5 结论

本章针对时滞不确定离散系统,考虑了三个问题:离散时滞系统的变结构控制、非匹配的不确定时滞离散系统的滑模控制和时滞不确定离散系统的模糊控制。

针对控制多输入时滞的离散系统,提出了一种新的滑模控制算法。该算法可保证系统的运动在有限时间到达滑动模态,并沿滑动流形渐近到达原点,有效地消除了抖振。另外,由于该算法中的边界层宽度 δ 不必很小,所以快速性也优于常规的趋近律算法;针对一类不确定离散时滞系统,研究了其滑模控制问题。所考虑的系统是变时滞的,并且含有非匹配的时变参数不确定项。通过非奇异矩阵变换将其转化为两部分,一部分满足传统的匹配条件; 另一部分是非匹配的,但是满足范数有界的条件。利用变结构控制方法,设计出满足到达条件的滑模控制器,使得系统状态在有限时间内到达滑模面,并且在控制器的作用下保持在滑模面上,使得系统具有稳定的滑动模态,克服了传统滑模控制方法中不确定项需满足匹配条件的保守性;对于一类不确定非线性时滞系统,设计了基于 T – S 模糊模型的滑模控制器。为了更精确的逼近原系统,在 T – S 模型的后件部分添加了时滞项和不确定项,其中不确定项包括匹配和非匹配的两部分。利用构造的控制器,验证到达条件成立。基于李雅普诺稳定性定理,保证了系统的稳定性,并且该稳定性问题能够被进一步转化为线性矩阵不等式的可解性问题,线性矩阵不等式可通过 Matlab 的 LMI 工具箱方便求出。给出了 Truck – Trailer 仿真算例,说明了所设计的控制器是可行的。

第 6 章　不确定系统的模糊滑模控制

6.1　引言

近年来，模糊控制理论的研究和应用取得了丰硕的成果，但是用于模糊控制稳定性、鲁棒性等性能的分析，还比较困难。因此，将模糊控制与常规控制理论相结合，设计具有全局稳定性的模糊控制器，是当前研究的重点。本章针对一类不确定非线性连续系统和离散系统，把滑模控制和模糊控制结合起来，设计出具有滑模控制的快速性和鲁棒性与模糊控制的智能作用的控制器。

6.2　不确定连续系统基于动态补偿的模糊滑模控制

模糊控制将人的控制经验及推理过程纳入自动控制策略之中，为复杂系统或难以建模的系统的控制提供了一条简捷的途径。30 多年来，模糊控制理论的研究和应用都取得了巨大的成绩。但对模糊控制的稳定性、鲁棒性等性能的分析和证明，还没有系统的理论，因此，如何设计具有全局稳定性的模糊控制器，是当前人们研究的一个重点。文献[77,78]研究了简单非线性系统的稳定性和鲁棒性；文献[79－81]利用模糊逻辑系统逼近最优控制器，并基于李雅普诺夫函数设计了模糊系统的自适应律；文献[78,82]把滑模控制与模糊控制结合起来，利用滑模控制的快速性和鲁棒性与模糊控制具有柔化和智能作用优势互补，改善了系统的动态品质。但是，已有的工作都是局限于单输入多变量系统，多输入系统和含有非匹配不确定性的系统的模糊控制，尚无很好的结果。另外，已有方法的模糊逼近和解模糊算法复杂，计算量大，向多输入系统推广有一定困难。

针对多变量不确定系统，我们利用动态补偿器和不等式技巧，给出了较少保守性的滑模稳定性条件；用切换函数信息建立模糊控制规则，并将其转化为模糊数模型，把通常模糊规则中运动误差和误差变化率信息压缩为一种信息，简化了模糊规则和模糊推理的难度；基于模糊数模型构造了模糊滑模控制律，提出的双二次函数插值解模糊算法，大大简化了控制律的分析和求解计算。

6.2.1 系统的描述

考虑不确定系统

$$\dot{\boldsymbol{x}} = (\boldsymbol{A} + \Delta\boldsymbol{A}(\boldsymbol{x},t))\boldsymbol{x} + \boldsymbol{B}\boldsymbol{u} + \boldsymbol{f}(\boldsymbol{x},t) \tag{6.1}$$

其中 $\boldsymbol{x} \in \mathbb{R}^n, \boldsymbol{u} \in \mathbb{R}^m$;$(\boldsymbol{A},\boldsymbol{B})$可控,$\mathrm{rank}\boldsymbol{B} = m$,$\Delta\boldsymbol{A}(\boldsymbol{x},t)$和$\boldsymbol{f}(\boldsymbol{x},t)$分别是系统参数的摄动和外部干扰。

本节的目的是:1)选取适当的切换函数,给出较少保守的滑模稳定性条件;2)选取合适的控制器,使系统运动有良好稳定性与鲁棒性。

对于不确定项 $\Delta\boldsymbol{A}(\boldsymbol{x},t)$和$\boldsymbol{f}(\boldsymbol{x},t)$满足匹配条件的情况:

$$\Delta\boldsymbol{A}(\boldsymbol{x},t) = \boldsymbol{B}\widetilde{\boldsymbol{A}}(\boldsymbol{x},t),\ \boldsymbol{f}(\boldsymbol{x},t) = \boldsymbol{B}\tilde{\boldsymbol{f}}(\boldsymbol{x},t)$$

稳定滑模的设计问题已经得到很好的解决[7]。本节将重点研究非匹配不确定系统的滑模控制问题。

为了使匹配不确定项与非匹配不确定项分离开来分别处理,不妨将系统(6.1)改写成下面形式(否则作变换$\bar{\boldsymbol{x}} = \boldsymbol{T}\boldsymbol{x}, \boldsymbol{T}\boldsymbol{B} = [0, \boldsymbol{B}_2]^{\mathrm{T}}$来实现)

$$\begin{aligned}\dot{\boldsymbol{x}}_1 &= \boldsymbol{A}_1\boldsymbol{x} + \Delta\boldsymbol{A}_1(\boldsymbol{x},t)\boldsymbol{x} + \boldsymbol{f}_1(\boldsymbol{x},t)\\ \dot{\boldsymbol{x}}_2 &= \boldsymbol{A}_2\boldsymbol{x} + \Delta\boldsymbol{A}_2(\boldsymbol{x},t)\boldsymbol{x} + \boldsymbol{B}_2\boldsymbol{u} + \boldsymbol{f}_2(\boldsymbol{x},t)\end{aligned} \tag{6.2}$$

其中,$\boldsymbol{B}_2$ 是 $m \times m$ 非奇阵;$\Delta\boldsymbol{A}_1(\boldsymbol{x},t)$和$\boldsymbol{f}_1(\boldsymbol{x},t)$是参数摄动和外部干扰的非匹配部分,$\Delta\boldsymbol{A}_2$ 和$\boldsymbol{f}_2(t)$是参数摄动和外部干扰的匹配部分。

假设 6.1 存在不等式 $\| \Delta\boldsymbol{A}_1(\boldsymbol{x},t)\boldsymbol{x} + \boldsymbol{f}_1(\boldsymbol{x},t) \| \leqslant g(t)\boldsymbol{x} + F(t)$,其中 $g(t)$和 $F(t)$是连续有界的非负函数。

为了证明的需要,首先给出一些引理。

引理 6.1 对系统(6.1),任给 $\lambda > 0$,存在 $\boldsymbol{K} \in \mathbb{R}^{m \times n}$和常数 α_{k},使得 t 充分大时,有

$$\| \mathrm{e}^{(\boldsymbol{A}+\boldsymbol{B}\boldsymbol{K})t} \| \leqslant \alpha_{\mathrm{k}}\mathrm{e}^{-\lambda t} \tag{6.3}$$

其中,α_{k} 是由 $\boldsymbol{A}$ 和 $\boldsymbol{K}$ 决定的常数。

证明:由$(\boldsymbol{A},\boldsymbol{B})$可控可知,对任给的 $\lambda > 0$,存在 $\boldsymbol{K} \in \mathbb{R}^{m \times n}$,使$\bar{\boldsymbol{A}} = \boldsymbol{A} + \boldsymbol{B}\boldsymbol{K}$ 有 n 个互不相同的特征根 $\lambda_1, \cdots, \lambda_n$。设 $\max\{\lambda_i\} = -\lambda$,并记$\boldsymbol{P}$是$\bar{\boldsymbol{A}}$的 n 个特征根对应的特征向量构成的矩阵,则由特征向量定义,得

$$\bar{\boldsymbol{A}}\boldsymbol{P} = \boldsymbol{P}\mathrm{diag}\{-\lambda_1, \cdots, -\lambda_n\}$$

$$\bar{\boldsymbol{A}} = \boldsymbol{P}\mathrm{diag}\{-\lambda_1, \cdots, -\lambda_n\}\boldsymbol{P}^{-1}$$

$$\| e^{\bar{A}t} \| = \| e^{P\mathrm{diag}\{\lambda_1,\cdots,\lambda_n\}P^{-1}t} \| = \| P\mathrm{diag}\{e^{-\lambda_1 t},\cdots,e^{-\lambda_n t}\}P^{-1} \| \tag{6.4}$$

因此存在非负常数 α_k，使得

$$\| e^{-\bar{A}t} \| \leqslant \alpha_k e^{-\lambda t} \leqslant \| P \| \cdot \| P^{-1} \| e^{-\lambda t}$$

对于 α_k 的选取，我们有下面结论：

引理6.2　设 $-\lambda$ 是$\bar{A}$的第 i 个特征根，p_i 是 $-\lambda$ 对应的特征向量，P_i^{-1} 表示 P^{-1}的第 i 行。则对任给的 $\varepsilon>0$，存在 $T>0$，当 $t>T$ 时，有

$$\| \exp \bar{A}t \| \leqslant (1+\varepsilon) \| p_i P_i^{-1} \| e^{-\lambda t} \tag{6.5}$$

从而，引理6.1 的 α_k 可取 $\alpha_k=(1+\varepsilon) \| p_i P_i^{-1} \|$。

证明　由(6.4)，知

$$\| \exp \bar{A}t \| = \| P\mathrm{diag}\{e^{\lambda_1 t},\cdots,e^{-\lambda_i t},\cdots,e^{\lambda_n t}\}P^{-1} \| \leqslant \sum_{i=1}^{n} \| p_i e^{\lambda_i} P^{-1} \|$$

因为 $-\lambda=\max\{-\lambda_i\}$，且 $\lambda_1,\cdots,\lambda_n$ 互不相同，所以 $e^{-\lambda t}$是 e^{At}的主模态，对任给的 $\varepsilon>0$，存在 $T>0$，当 $t\geqslant T$ 时，有

$$\sum_{i=1}^{n} \| p_i e^{\lambda_i} P^{-1} \| \leqslant (1+\varepsilon) \| p_i P_i^{-1} \| e^{-\lambda t}$$

假设6.2　适当选取 K 可使 $\lambda>\alpha_k \bar{g}$，$\bar{g}=\overline{\lim_{t\to+\infty}} g(t)$。

引理6.3　如下各式必成立

$$\overline{\lim_{t\to\infty}} \frac{1}{t}\int_0^t \alpha_k g(\tau)\mathrm{d}\tau = \alpha < \lambda \tag{6.6}$$

$$\overline{\lim_{t\to\infty}} \int_0^t \alpha_k e^{-\lambda(t-\tau)} g(\tau)\mathrm{d}\tau \leqslant \alpha_1 < 1 \tag{6.7}$$

$$\overline{\lim_{t\to\infty}} \alpha_k \int_0^t e^{-\lambda(t-\tau)} F(\tau)\mathrm{d}\tau = \frac{\beta}{\lambda} \tag{6.8}$$

证明　由$\bar{g}=\overline{\lim_{t\to+\infty}} g(t)$，利用上极限定义，对任意 $\varepsilon>0$，存在 $T>0$，当 $t>T$ 时，有 $g(t)<\bar{g}+\varepsilon$，从而

$$\overline{\lim_{t\to\infty}} \frac{1}{t}\int_{t_0}^t \alpha_k g(\tau)\mathrm{d}\tau = \overline{\lim_{t\to\infty}} \frac{1}{t}\left(\int_{t_0}^T + \int_T^t\right)\alpha_k g(\tau)\mathrm{d}\tau$$

$$= \overline{\lim_{t\to\infty}} \frac{1}{t}\int_T^t \alpha_k g(\tau)\mathrm{d}\tau \leqslant \alpha_k \bar{g} < \lambda$$

即式(6.6)成立。又

$$\overline{\lim_{t\to\infty}}\int_0^t \alpha_k e^{-\lambda(t-\tau)} g(\tau)\mathrm{d}\tau = \overline{\lim_{t\to\infty}}\left(\int_{t_0}^T + \int_T^t\right)\alpha_k e^{-\lambda(t-\tau)} g(\tau)\mathrm{d}\tau$$

$$= \overline{\lim_{t\to\infty}}\int_T^t \alpha_k e^{-\lambda(t-\tau)} g(\tau)\mathrm{d}\tau$$

$$\leqslant \overline{\lim_{t\to\infty}}\alpha_k(\bar{g}+\varepsilon)\int_T^t e^{-\lambda(t-\tau)}\mathrm{d}\tau$$

$$= \overline{\lim_{t\to\infty}}\frac{\alpha_k(\bar{g}+\varepsilon)}{\lambda}\left(1-e^{-\lambda(t-T)}\right) = \frac{\alpha_k(\bar{g}+\varepsilon)}{\lambda}$$

由 $\varepsilon>0$ 的任意性

$$\overline{\lim_{t\to\infty}}\int_0^t \alpha_k e^{-\lambda(t-\tau)} g(\tau)\mathrm{d}\tau \leqslant \frac{\alpha_k \bar{g}}{\lambda} < 1$$

即式(6.7)成立。另外

$$\overline{\lim_{t\to\infty}}\alpha_k\int_0^t e^{-\lambda(t-\tau)}\boldsymbol{F}(\tau)\mathrm{d}\tau = \alpha_k\,\overline{\lim_{t\to\infty}}\left(\int_0^t e^{\lambda\tau}\boldsymbol{F}(\tau)\mathrm{d}\tau\cdot e^{-\lambda t}\right)$$

由 Cauchy 中值定理和 $\boldsymbol{F}(t)$ 的有界性假设,可得下式

$$\alpha_k\,\overline{\lim_{t\to\infty}}\left(\int_0^t e^{\lambda\tau}\boldsymbol{F}(\tau)\mathrm{d}\tau\cdot e^{-\lambda t}\right) \leqslant \alpha_k\,\overline{\lim_{t\to\infty}}\frac{e^{\lambda t}\boldsymbol{F}(t)}{\lambda e^{\lambda t}} = \alpha_k\,\overline{\lim_{t\to\infty}}\frac{\boldsymbol{F}(t)}{\lambda} = \frac{\beta}{\lambda}$$

即式(6.8)成立。

下面给出切换函数的设计,并验证滑动模态的稳定性。

对存在非匹配不确定性的系统,用常规方法设计切换函数,滑模稳定性分析困难,所得结论往往保守。另外,滑动方程是降阶方程,滑模性能分析和控制器设计也不大方便。为了克服这些缺点,增加分析和参数设计的灵活性,我们首先构造动态补偿器如下,

$$\dot{z} = -(\boldsymbol{A}_2 + \boldsymbol{B}_2\boldsymbol{K})\boldsymbol{x} \tag{6.9}$$

其中 $\boldsymbol{K}\in\mathbb{R}^{m\times n}$ 按引理 6.1 – 6.2 选取。

取切换函数为

$$\boldsymbol{s} = \boldsymbol{x}_2 + z \tag{6.10}$$

为设计切换函数的需要,给出下面引理

引理 6.4 按式(6.9)和式(6.10)设计切换函数,则滑动方程为:

$$\dot{\boldsymbol{x}}^* = (\boldsymbol{A} + \boldsymbol{BK})\boldsymbol{x}^* + \begin{pmatrix} \Delta\boldsymbol{A}_1\boldsymbol{x}^* + \boldsymbol{F}(t) \\ 0 \end{pmatrix}$$

且

$$\|\boldsymbol{x}^*(t)\| \leqslant \alpha_{\mathrm{k}} \|\boldsymbol{x}_0\| \mathrm{e}^{-\lambda t} + \alpha_{\mathrm{k}} \int_0^t \mathrm{e}^{-\lambda(t-\tau)} [g(\tau) \|\boldsymbol{x}^*(\tau)\| + \boldsymbol{F}(\tau)] \mathrm{d}\tau \tag{6.11}$$

证明　由式(6.2),有

$$\begin{aligned} \dot{s} &= \dot{\boldsymbol{x}}_2 + h(\boldsymbol{x}, z) \\ &= [\boldsymbol{A}_2 + \Delta\boldsymbol{A}_2(\boldsymbol{x},t)]\boldsymbol{x} + \boldsymbol{f}_2(x,t) + \boldsymbol{B}_2\boldsymbol{u} - (\boldsymbol{A}_2 + \boldsymbol{B}_2\boldsymbol{K})\boldsymbol{x} \\ &= \Delta\boldsymbol{A}_2(\boldsymbol{x},t)\boldsymbol{x} + \boldsymbol{f}_2(\boldsymbol{x},t) + \boldsymbol{B}_2(\boldsymbol{u} - \boldsymbol{Kx}) \end{aligned} \tag{6.12}$$

令 $\dot{s}=0$ 可解得等价控制

$$u_{\mathrm{eq}} = \boldsymbol{Kx} - B_2^{-1}[\Delta\boldsymbol{A}_2(\boldsymbol{x},t) + \boldsymbol{f}_2(\boldsymbol{x},t)] \tag{6.13}$$

将式(6.13)代入式(6.2)得

$$\dot{\boldsymbol{x}}^* = \bar{\boldsymbol{A}}\boldsymbol{x}^* + \begin{pmatrix} \Delta\boldsymbol{A}_1(\boldsymbol{x},t)\boldsymbol{x}^* + \boldsymbol{f}_1(\boldsymbol{x},t) \\ 0 \end{pmatrix}, \quad \bar{\boldsymbol{A}} = \boldsymbol{A} + \boldsymbol{BK}$$

解此方程,得

$$\boldsymbol{x}^*(t) = \boldsymbol{x}_0 \mathrm{e}^{\bar{\boldsymbol{A}}t} + \int_0^t \mathrm{e}^{\bar{\boldsymbol{A}}(t-\tau)} \begin{pmatrix} \Delta\boldsymbol{A}_1(\boldsymbol{x},\tau)\boldsymbol{x}^*(\tau) + \boldsymbol{f}_1(\boldsymbol{x},\tau) \\ 0 \end{pmatrix} \mathrm{d}\tau$$

$$\begin{aligned} \|\boldsymbol{x}^*(t)\| \leqslant \|\boldsymbol{x}_0\| \cdot \|\mathrm{e}^{\bar{\boldsymbol{A}}t}\| + \int_0^t \|\mathrm{e}^{\bar{\boldsymbol{A}}(t-\tau)}\| \cdot \\ \|\Delta\boldsymbol{A}_1(\boldsymbol{x},t)\boldsymbol{x}^* + \boldsymbol{f}_1(\boldsymbol{x},t)\| \mathrm{d}\tau \end{aligned}$$

利用引理 6.1 和假设 6.1,可得

$$\begin{aligned} \|\boldsymbol{x}^*(t)\| \leqslant \alpha_{\mathrm{k}} \|\boldsymbol{x}_0\| \mathrm{e}^{-\lambda t} + \alpha_{\mathrm{k}} \int_0^t \mathrm{e}^{-\lambda(t-\tau)} \\ [g(\tau) \|\boldsymbol{x}^*(\tau)\| + \boldsymbol{F}(\tau)] \mathrm{d}\tau \end{aligned} \tag{6.14}$$

定理 6.1　按式(6.8)和式(6.9)设计切换函数,则滑动模态最终一致有界稳定,且

$$\overline{\lim_{t\to\infty}} \|\boldsymbol{x}^*(t)\| \leqslant \frac{\beta}{\lambda(1-\alpha_1)} \tag{6.15}$$

特别 $\beta=0$ 时,滑动模态指数稳定。

证明 由式(6.8),有

$$\overline{\lim_{t\to\infty}}\alpha_k\int_0^t e^{-\lambda(t-\tau)}\boldsymbol{F}(\tau)d\tau=\frac{\beta}{\lambda}=\frac{\beta[1-\int_0^t e^{-\lambda(t-\tau)}\alpha_k g(\tau)d\tau]}{\lambda[1-\int_0^t e^{-\lambda(t-\tau)}\alpha_k g(\tau)d\tau]} \tag{6.16}$$

记

$$\omega(t)=\frac{\beta}{\lambda[1-\int_0^t e^{-\lambda(t-\tau)}\alpha_k g(\tau)d\tau]} \tag{6.17}$$

由式(6.7)和式(6.17),显然有

$$-\omega(t)\leqslant-\omega(\tau),\tau\in(0,t) \tag{6.18}$$

将式(6.17)代入式(6.16),并利用式(6.18),得

$$\begin{aligned}\overline{\lim_{t\to\infty}}\alpha_k\int_0^t e^{-\lambda(t-\tau)}F(\tau)d\tau&=\omega(t)-\int_0^t e^{-\lambda(t-\tau)}\alpha_k g(\tau)\omega(t)d\tau\\&\leqslant\omega(t)-\int_0^t e^{-\lambda(t-\tau)}\alpha_k g(\tau)\omega(\tau)d\tau\end{aligned} \tag{6.19}$$

将式(6.19)代入式(6.14),有

$$\|\boldsymbol{x}^*(t)\|-\omega(t)\leqslant\alpha_k\|\boldsymbol{x}_0\|e^{-\lambda t}+$$

$$\int_0^t e^{-\lambda(t-\tau)}\alpha_k g(\tau)[\|\boldsymbol{x}^*(\tau)\|-\omega(\tau)]d\tau$$

$$e^{\lambda t}[\|\boldsymbol{x}^*(t)\|-\omega(t)]\leqslant\alpha_k\|\boldsymbol{x}_0\|+$$

$$\int_0^t\alpha_k g(\tau)e^{\lambda\tau}[\|\boldsymbol{x}^*(\tau)\|-\omega(\tau)]d\tau$$

由 Growall 不等式和式(6.6)

$$e^{\lambda t}\|\boldsymbol{x}^*(t)\|-\omega(t)\leqslant\alpha_k\|\boldsymbol{x}_0\|\exp(\int_0^t\alpha_k g(\tau)d\tau)$$

$$\leqslant\alpha_k\|\boldsymbol{x}_0\|e^{at}\|\boldsymbol{x}^*(t)\|-\omega(t)\leqslant\alpha_k\|\boldsymbol{x}_0\|e^{-(\lambda-\alpha)t}$$

再由式(6.7)和式(6.17),有

$$\overline{\lim_{t\to\infty}}\|\boldsymbol{x}^*(t)\|\leqslant\overline{\lim_{t\to\infty}}\omega(t)=\frac{\beta}{\lambda(1-\alpha_1)}$$

特别也当$\beta=0$时,有$\|\boldsymbol{x}^*(t)\|\leqslant\alpha_k\|\boldsymbol{x}_0\|e^{-(\lambda-\alpha)t}\to0$,即滑模指

数稳定。

推论 6.1 设$\lim\limits_{t\to\infty} g(t) < \dfrac{\lambda}{\alpha_k}$，$\overline{\lim\limits_{t\to\infty}} f(t) = \dfrac{\beta}{\alpha_k}$，则定理结论成立。

证明 由罗必达法则，知

$$\lim_{t\to\infty}\frac{1}{t}\int_0^t \alpha_k g(\tau)\mathrm{d}\tau = \lim_{t\to\infty}\alpha_k g(t) = a < \lambda$$

$$\lim_{t\to\infty}\int_0^t \mathrm{e}^{-\lambda(t-\tau)}\alpha_k g(\tau)\mathrm{d}\tau = \lim_{t\to\infty}\int_0^t \mathrm{e}^{\lambda\tau}\alpha_k g(\tau)\mathrm{d}\tau\mathrm{e}^{-\lambda t}$$

$$= \lim_{t\to\infty}\frac{\alpha_k \bar{g}}{\lambda} < 1$$

满足式(6.6)和式(6.7)，即定理的条件，所以定理结论成立。

6.2.2 基于动态补偿的不确定连续系统模糊滑模控制律设计

上节证明了，在滑动流形 $\boldsymbol{S}_0$ 上，有$\overline{\lim\limits_{t\to\infty}}\,\|\boldsymbol{x}^*(t)\| \leqslant \dfrac{\beta}{\lambda(1-\alpha_1)}$。剩下的问题是寻求合适的控制律，迫使系统的运动到达 $\boldsymbol{S}_0$。由式(6.12)，有

$$\dot{\boldsymbol{s}} = \Delta\boldsymbol{A}_2(\boldsymbol{x},t)x + f_2(\boldsymbol{x},t) + \boldsymbol{B}_2(\boldsymbol{u} - \boldsymbol{Kx}) \tag{6.20}$$

常规滑模控制一般是用 $\|\boldsymbol{A}_2(\boldsymbol{x},t)\boldsymbol{x} + \boldsymbol{f}_2(\boldsymbol{x},t)\|$ 的上界 $\boldsymbol{H}(\boldsymbol{x},t)$ 来设计控制器，取

$$\boldsymbol{u} = \boldsymbol{Kx} - \boldsymbol{B}_2^{-1}[\boldsymbol{H}(\boldsymbol{x},t) + \varepsilon]\operatorname{sgn}\boldsymbol{s}$$

这样选取的控制 $\boldsymbol{u}$ 往往比实际需要的控制力大得多，因而造成抖振大，系统动态性能差。为了克服这个缺点，我们用模糊滑动流形 $\tilde{S}_0$ 来替代常规的滑动流形 S_0，用模糊滑模集成控制取代常规的开关控制。将 $\boldsymbol{s}$ 的变化划分为五个模糊集：

$$E(\tilde{s}_i) = \{NB, NM, ZR, PM, PB\}$$
$$= \{E_1, E_2, E_3, E_4, E_5\}$$

取 $\boldsymbol{s}$ 变化的模糊集对应的隶属度函数如图 6.1 所示。

取控制律

$$\boldsymbol{u} = \boldsymbol{Kx} - \boldsymbol{B}_2^{-1}[\boldsymbol{H}(\boldsymbol{x},t) + \varepsilon]\boldsymbol{V} \tag{6.21}$$

其中 $\boldsymbol{V} = [v_1, \cdots, v_m]^{\mathrm{T}}$。

将 v_i 的模糊集 $F(v_i)$，$i = 1, \cdots, m$ 的论域作如下划分：

$$F(v_i) = \{NB, NS, ZR, PS, PB\}$$
$$= \{F_1, F_2, F_3, F_4, F_5\}$$

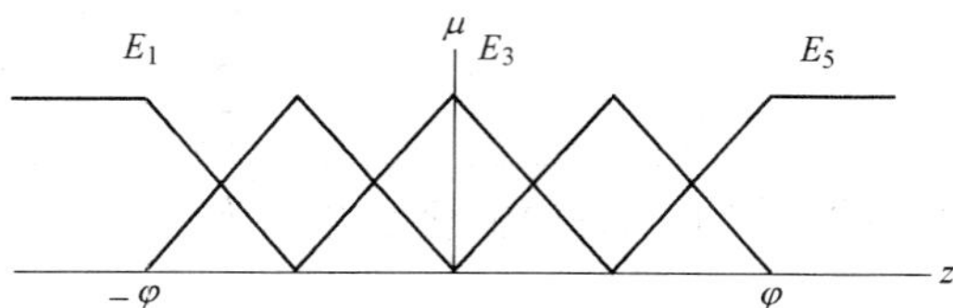

图 6.1 模糊隶属度函数

并取隶属函数如图 6.2 所示。

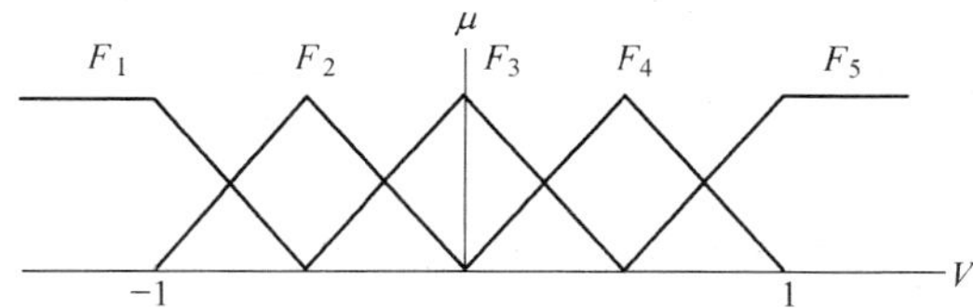

图 6.2 隶属度函数

若 $\boldsymbol{\Delta A}_2(x,t)$ 和 $f_2(x,t)$ 已知，显然可取

$$u^* = \boldsymbol{Kx} - \boldsymbol{B}_2^{-1}[\boldsymbol{\Delta A}_2(\boldsymbol{x},t)\boldsymbol{x} + \boldsymbol{f}_2(\boldsymbol{x},t) - V]$$

代入式(6.20)，则有 $\dot{s}_i = v_i$。因此，要使 $s_i \to 0$，s_i 与 v_i 之间应满足如下模糊关系：

若 s_i 正大，则 v_i 负大；若 s_i 负大，则 v_i 正大；…

即应建立如下的模糊控制规则：

$$R_i^{(j)}: \text{if } s_i \text{ is } E_j \text{ then } v_i \text{ is } F_{6-j}, \quad j = 1, \cdots, 5; i = 1, \cdots, m \tag{6.22}$$

采用加权平均反模糊化

$$v_i(z) = \frac{\int uF_z(u)\,\mathrm{d}u}{\int F_z(u)\,\mathrm{d}u}, \ z = \frac{s}{\boldsymbol{\Phi}} \tag{6.23}$$

由于加权平均反模糊方法计算复杂繁琐，所以为了克服这个缺点，本节提出用双二次函数插值方法解决反模糊化，并采用模糊数模型。分别用模糊数：$-\tilde{1}$，$-\widetilde{0.5}$，$\tilde{0}$，$\widetilde{0.5}$，$\tilde{1}$取代上面的模糊集 NB, NS, ZE, PS, PB，利用模糊控制规则式(6.22)得到模糊数模型,如表 6.1 所示。

表 6.1 模糊数模型表

模糊数值					
$\tilde{z}_i$	$\widetilde{-1}$	$\widetilde{-0.5}$	$\tilde{0}$	$\widetilde{0.5}$	$\tilde{1}$
$\tilde{v}_i$	$\tilde{1}$	$\widetilde{0.5}$	$\tilde{0}$	$\widetilde{-0.5}$	$\widetilde{-1}$

式(6.23)对应的加权平均解模糊化示意图为

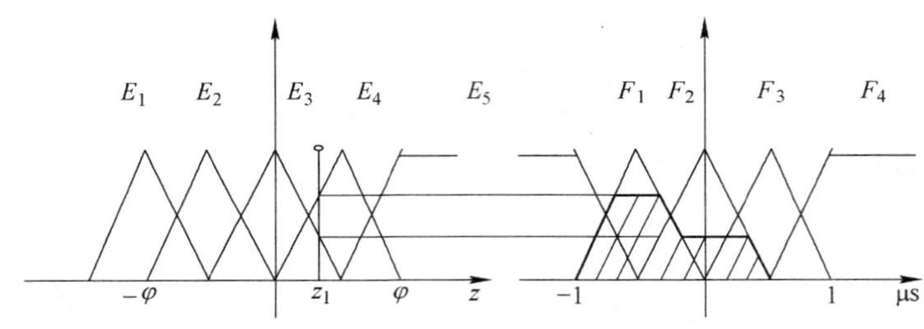

图 6.3 加权平均反模糊化示意图

由图 6.3 不难看出:阴影部分面积 $\int F_z(u)\mathrm{d}u$ 是形如 $(z-c)^2+d$ 的二次函数,若记 $h_i=-1.5+0.5i, i=1,\cdots,5$,则在 $z=\bar{h}_i=\dfrac{h_i+h_{i+1}}{2}$ 有最大值 $\dfrac{5}{8}$,在 $z=h_i$ 处有小值 $\dfrac{1}{2}$。因此,这里取插值函数为:

$$v_i(z)=\frac{a_jz^2+b_jz+c_j}{5/8-2(z-\bar{h}_j)^2},\ h_j<z<h_{j+1},\ j=1,\cdots,5 \quad (6.24)$$

由模糊数模型表,有

$$v_i(h_j)=-h_j,\ v_i(\bar{h}_j)=-\bar{h}_j \quad (6.25)$$

当 $0\leqslant z\leqslant 0.5$ 时,即 $h_3=0<z<h_4=0.5$ 时,将 $\bar{h}_3=0.25$ 代入式(6.25),得

$$v_i(0)=0, v_i(0.5)=-0.5, v_i(0.25)=-0.25 \quad (6.26)$$

再将式(6.26)代入式(6.24),得 $c_3=0$,且

$$\begin{cases}\dfrac{0.5^2a_3+0.5b_3}{5/8-2(0.5-0.25)^2}=-0.5\\[2ex]\dfrac{0.25^2a_3+0.25b_3}{5/8-2(0.25-0.25)^2}=-0.25\end{cases}$$

由此解得 $a_3=0.5, b_3=-3/4, c_3=0$。从而

$$v_i(z)=\frac{0.5z^2-3z/4}{5/8-2(z-0.25)^2}=-\frac{z(2z-3)}{8z^2-4z-2},\ 0\leqslant z\leqslant 0.5$$

同样方法可解得其他段的值。综合有,

$$v_i(z)=\begin{cases}1, & z<-1,\\ \dfrac{(2z+3)(3z+1)}{8z^2+12z+2}, & -1\leqslant z<-\dfrac{1}{2},\\ \dfrac{z(2z+3)}{8z^2+4z-2}, & -\dfrac{1}{2}\leqslant z<0,\\ -\dfrac{z(2z-3)}{8z^2-4z-2}, & 0\leqslant z<\dfrac{1}{2},\\ -\dfrac{(2z-3)(3z-1)}{8z^2-12z+2}, & \dfrac{1}{2}\leqslant z<1,\\ -1, & z\geqslant 1\end{cases}\tag{6.27}$$

与按加权反模糊化式(6.23)计算的结果完全一样,但计算要简单得多。

由式(6.12)和控制律(6.21),有

$$\begin{aligned}\dot{s}=&\Delta\boldsymbol{A}_2(x,t)\boldsymbol{x}+\boldsymbol{f}_2(\boldsymbol{x},t)+\boldsymbol{B}_2(\boldsymbol{u}-\boldsymbol{Kx})=\\&\Delta\boldsymbol{A}_2(\boldsymbol{x},t)\boldsymbol{x}+\boldsymbol{f}_2(\boldsymbol{x},t)+[\boldsymbol{H}(\boldsymbol{x},t)+\varepsilon]\boldsymbol{V}\end{aligned}$$

因为 $\|\Delta\boldsymbol{A}_2(x,t)\boldsymbol{x}+\boldsymbol{f}_2(\boldsymbol{x},t)\|\leqslant\boldsymbol{H}(\boldsymbol{x},t)$,且由式(6.27),当 $|s_i|>\varphi$ 时,$v_i=-\mathrm{sgn}\ s_i$,所以当 $|s_i|>\varphi$ 时,$s_i\dot{s}_i\leqslant\varepsilon s_i v_i=-\varepsilon|s_i|$。

因此,系统(6.1)的运动将在有限时间进入边界层:$\{\boldsymbol{x};|s_i|<\varphi,i=1,\cdots,m\}$。

控制律中的 V 是按模糊控制规则"若 s_i 正大,则 v_i 负大;若 s_i 负大,则 v_i 正大;…"设计的,进入边界层后,由于 V 的作用,系统的状态将保持在滑动流形上(模糊意义下),按滑动模态方程运动。模糊控制的柔化和智能作用克服了常规滑模控制的抖振现象。

6.2.3　仿真算例

考虑不确定系统

$$\dot{x}_1=(-2+\sin t)x_1+1.2x_2+2te^{-t}$$

$$\dot{x}_2=1.1x_1+3.5x_2+u+3+\cos t$$

其中 $\Delta A_1 = [\sin t, 0.2], \Delta A_2 = [0.1, 0.5]$，$f = [2te^{-t}, 3 + \cos t]^T$

设希望滑动模态有极点 $\lambda_1 = -3, \lambda_2 = -4$，按式(6.9)和式(6.10)设计构造动态补偿器和切换函数

$$\dot{z} = 2x_1 + 5x_2 \quad s = x_2 + z$$

按式(6.13)构造控制律

$$u = -x_1 - 3x_2 - (0.1|x_1| + 0.5|x_2| + 4 + \varepsilon)V$$

仿真结果如图6.4～图6.6所示。由仿真结果可以看出，本节方法对扰动和参数不确定性有较好的鲁棒性，并且克服了常规滑模控制的抖振和控制力频繁切换的缺点，控制效果好。

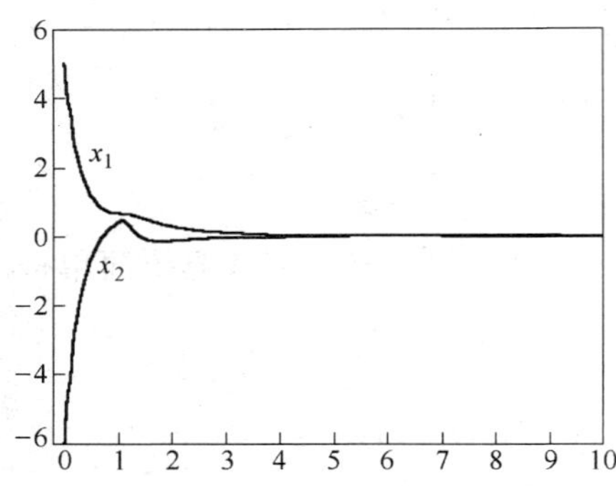

图6.4　系统状态轨线

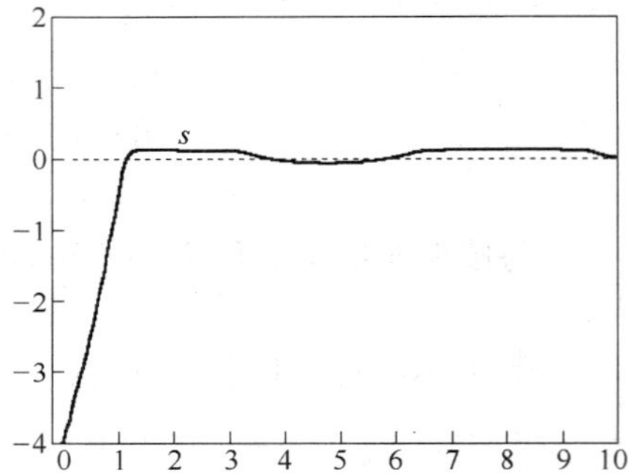

图6.5　切换函数的变化图

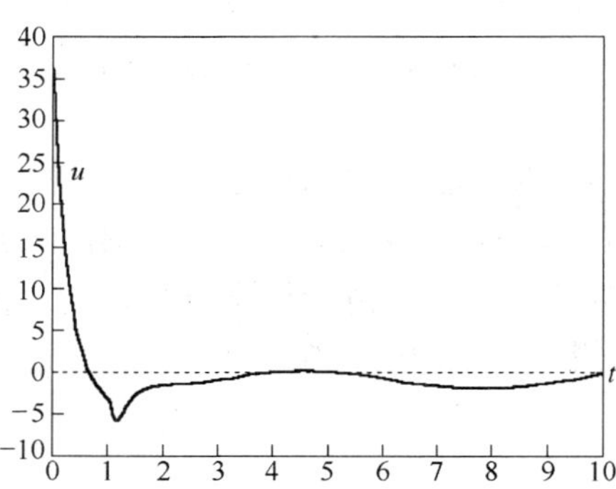

图6.6　控制律 u 的变化

6.3 利用模糊滑模控制的非线性不确定系统模型到达控制

模糊控制为复杂系统或难以建模的系统的控制提供了一条简捷的途径,但其稳定性和鲁棒性等性能的分析和证明仍是当前人们研究的重点。文献[77,78]研究了简单非线性系统的稳定性和鲁棒性;文献[79]利用模糊逻辑系统逼近最优控制器,并基于 Lyapunov 函数设计了模糊系统的自适应律;文献[83]把通常模糊规则中运动误差和误差变化率信息压缩为一种信息,建立模糊控制规则,给出了模糊滑模控制器,利用滑模控制的快速性和鲁棒性与模糊控制的柔化和智能作用优势互补,改善了系统的动态品质。但是前面的工作都是局限于单输入相变量系统的调节或跟踪问题,多输入系统模糊控制和模型到达问题的研究尚没有结果。另外,前面方法的模糊逼近和解模糊算法复杂,计算量大,向多输入系统推广有一定困难。本节将研究多输入非线性不确定系统的模型到达控制问题。因为对于多输入系统,一方面是输入分量间的相互耦合,另一方面控制增益是未知的函数矩阵,各元素系数符号不一致,模糊滑模控制律求解比单输入情况复杂得多。为克服这些困难,我们:1)利用动态补偿器把模型到达控制归结为滑模到达问题;2)用切换函数信息建立模糊控制规则,并将控制增益阵表示为 估计增益 + 估计误差 的形式,减少模糊推理和模糊滑模控制器设计的难度;3)构造了模糊滑模控制律,并提出了双二次函数插值解模糊算法,简化了控制律的分析和求解计算。

6.3.1 系统的描述

常规的变结构控制系统如图 6.7 所示,先让系统的状态经有限时间 T 到达切换面 $\{\boldsymbol{x} \mid s=0\}$,转化为降阶的滑动模态,即:使 $\boldsymbol{x}(t)=\boldsymbol{x}_{\mathrm{mod}}(t), t \geqslant T$,然后作为滑动模态运动到达原点。这与通常的模型跟踪不同,模型跟踪只要求 $x(t) \rightarrow \boldsymbol{x}_{\mathrm{mod}}(t)$,而不要求 $\boldsymbol{x}(t)=\boldsymbol{x}_{\mathrm{mod}}(t) t \geqslant T$。因此,变结构控制系统实际上是一种模型到达系统,不过常规的变结构控制系统到达的是一个降阶系统。

文献[7]根据工程实际的特征与需要,将这种情况进行了推广,到达的参考模型可以与被控系统同阶,并称这种控制系统为模型到达控制系统。

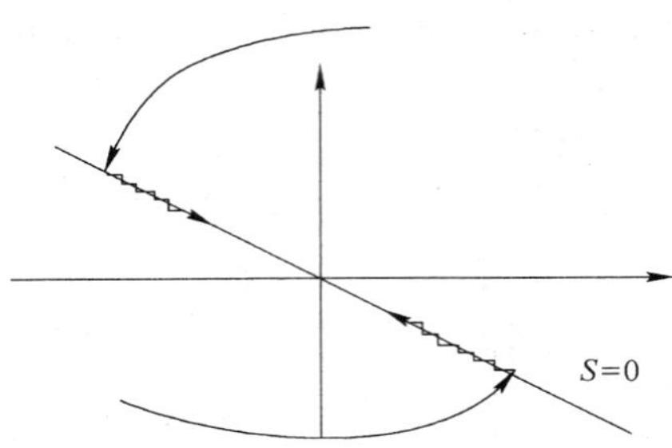

图6.7 变结构控制系统

考虑非线性不确定系统(6.28)的模型到达控制

$$\dot{\boldsymbol{x}}=\boldsymbol{f}(\boldsymbol{x},t)+\boldsymbol{g}(\boldsymbol{x},t)\boldsymbol{u}+\boldsymbol{d}(t) \tag{6.28}$$

其中,$\boldsymbol{x}\in\mathbb{R}^n$,$\boldsymbol{u}\in\mathbb{R}^m$, $\boldsymbol{f}(\boldsymbol{x},t)$是未知的向量函数,$\boldsymbol{g}(\boldsymbol{x},t)$是未知的$n\times m$函数阵,$\boldsymbol{d}(t)$是外部干扰。

设希望到达的参考模型是与原系统同阶的系统

$$\dot{\boldsymbol{x}}_{\mathrm{m}}=\boldsymbol{f}_{\mathrm{m}}(\boldsymbol{x}_{\mathrm{m}},t) \tag{6.29}$$

其中$\boldsymbol{x}_{\mathrm{m}}\in\mathbb{R}^n$, $\boldsymbol{f}_{\mathrm{m}}$是已知的连续向量函数。

假设6.3 $\boldsymbol{g}(x,t)$满足下面条件:

$$\boldsymbol{g}(x,t)=\bar{\boldsymbol{g}}(\boldsymbol{x},t)+\Delta\boldsymbol{g}(\boldsymbol{x},t) \tag{6.30}$$

其中$\bar{\boldsymbol{g}}(\boldsymbol{x},t)$是已知的函数阵,也可看做是对$\boldsymbol{g}(x,t)$的估计,$\Delta\boldsymbol{g}(x,t)$为$\boldsymbol{g}(\boldsymbol{x},t)$的不确定部分。

本节的目标是利用模糊滑模控制设计合适的控制律u,使系统(6.28)经有限时间T后(在模糊意义下)到达模型(6.29),即

$$\boldsymbol{f}(\boldsymbol{x},t)+\boldsymbol{g}(\boldsymbol{x},t)u+\boldsymbol{d}(t)=\boldsymbol{f}_{\mathrm{m}}(\boldsymbol{x},t),t\geqslant T \tag{6.31}$$

6.3.2 切换函数的设计

为了克服常规变结构控制只能到达降阶模型的局限性,我们构造动态补偿器:

$$\dot{z}=h(\boldsymbol{x},z),h(\boldsymbol{x},z)\text{待定} \tag{6.32}$$

并按下式设计切换函数

$$\boldsymbol{s}=\boldsymbol{C}\boldsymbol{x}+\boldsymbol{z} \tag{6.33}$$

假设6.4 $\boldsymbol{C}\bar{g}(\boldsymbol{x},t)$非奇异,且系统(6.28)满足下面匹配条件:

$$\boldsymbol{f}(\boldsymbol{x},t)+\boldsymbol{d}(t)-\boldsymbol{f}_{\mathrm{m}}(\boldsymbol{x},t)=\bar{\boldsymbol{g}}(\boldsymbol{x},t)\boldsymbol{f}_{\mathrm{e}}(\boldsymbol{x},t)$$

$$\Delta\boldsymbol{g}(\boldsymbol{x},t)=\bar{\boldsymbol{g}}(\boldsymbol{x},t)g_{\mathrm{e}}(\boldsymbol{x},t)$$

于是系统(6.28)可改写为

$$\dot{\boldsymbol{x}}=\boldsymbol{f}_{\mathrm{m}}(\boldsymbol{x},t)+\bar{g}(\boldsymbol{x},t)[\boldsymbol{u}+\boldsymbol{E}(\boldsymbol{x},t)] \tag{6.34}$$

其中 $\boldsymbol{E}(\boldsymbol{x},t)=\boldsymbol{f}_{\mathrm{e}}(\boldsymbol{x},t)+g_{\mathrm{e}}(\boldsymbol{x},t)$。

假设 6.5 $\|\boldsymbol{E}(\boldsymbol{x},t)\|\leqslant\bar{\boldsymbol{E}}(\boldsymbol{x},t)$。

引理 6.5 按式(6.32),式(6.33)选取切换函数,并取

$$h(x,z)=-\boldsymbol{C}f_{\mathrm{m}}(x,t) \tag{6.35}$$

则在滑动流形 $S_0=\{(x,z);s=0\}$ 上,被控系统(6.28)到达参考模型(6.29)。

证明 由式(6.32)~式(6.35)

$$\begin{aligned}\dot{s}&=\boldsymbol{C}\dot{x}+\dot{z}\\&=\boldsymbol{C}[\boldsymbol{f}_{\mathrm{m}}(\boldsymbol{x},t)+\bar{g}(\boldsymbol{x},t)(u+\boldsymbol{E}(\boldsymbol{x},t))]-\boldsymbol{C}\boldsymbol{f}_{\mathrm{m}}(\boldsymbol{x},t)\\&=\boldsymbol{C}\bar{g}(\boldsymbol{x},t)(\boldsymbol{u}+\boldsymbol{E}(\boldsymbol{x},t))\end{aligned} \tag{6.36}$$

令 $\dot{s}=0$,可解得等价控制

$$\boldsymbol{u}_{\mathrm{eq}}=-\boldsymbol{E}(\boldsymbol{x},t) \tag{6.37}$$

将式(6.37)代入式(6.34)得

$$\dot{x}=\boldsymbol{f}_{\mathrm{m}}(\boldsymbol{x},t)+\bar{g}(\boldsymbol{x},t)(\boldsymbol{u}_{\mathrm{eq}}+\boldsymbol{E}(\boldsymbol{x},t))=\boldsymbol{f}_{\mathrm{m}}(\boldsymbol{x},t)$$

在滑动流形 S_0 上,被控系统(6.28)与参考模型(6.29)一致,即 S_0 上,系统 (6.28)转化为参考模型(6.29)。

由引理 6.5,模型到达控制目标的实现可归结为滑动流形 S_0 的到达问题,如果能设计控制律使到达条件 $\boldsymbol{s}^{\mathrm{T}}\boldsymbol{s}<0$ 成立,则系统(6.28)将按系统(6.29)的模式运动,实现模型到达的目的。

为了实现到达条件,常规的办法是利用不确定性 $\boldsymbol{E}(\boldsymbol{x},t)$ 的界 $\bar{E}$ 设计控制律

$$\boldsymbol{u}=-(\boldsymbol{C}\bar{g})^{-1}(\|\boldsymbol{C}\bar{g}\|\bar{E}+\varepsilon)\operatorname{sgn}\boldsymbol{s}$$

用保守的界抑制不确定性,因为 $\|\boldsymbol{C}\bar{g}\|\bar{E}$ 有可能比 $\boldsymbol{C}\bar{g}E(\boldsymbol{x},t)$ 大得多,这势必造成抖振加剧,控制精度差。为克服这个缺点,我们采用模糊滑模控制来解决控制律的设计。

6.3.3 模糊控制器的设计

显然,若 $E(x,t)$ 已知,取

$$\boldsymbol{u}^{*} = -\boldsymbol{E}(\boldsymbol{x},t) + (\boldsymbol{C}\bar{g})^{-1}\boldsymbol{V}, \boldsymbol{V} = [v_1, \cdots, v_{\mathrm{m}}]^{\mathrm{T}} \tag{6.38}$$

则有 $\dot{s} = \boldsymbol{V}$,因此,要使 $s \to 0$, s_i 与 $v_i(i=1,\cdots,m)$ 之间应满足如下模糊关系:

"若 s_i 正大,则 v_i 负大;若 s_i 负大,则 v_i 正大;…"

如果我们对 $v_{\mathrm{i}}, i=1,\cdots,m$ 的论域作如下划分

$$F(v_i) = \{NB, NS, ZR, PS, PB\} = \{F_1, F_2, F_3, F_4, F_5\}$$

并取图6.8所示的隶属函数,则应建立如下的模糊控制规则:

$$R_i^{(j)}: \text{if } s_i \text{ is } E_j \text{ then } v_i \text{ is } F_{6-j},\ j=1,\cdots,5; i=1,\cdots,m \tag{6.39}$$

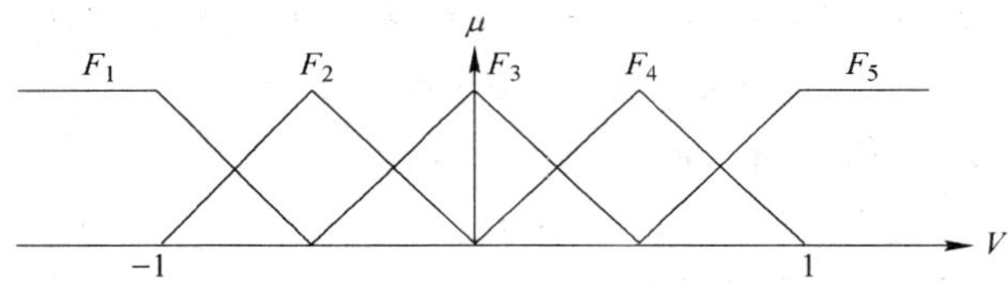

图6.8 隶属度函数示意图

若对输入采用单点模糊化

$$\widetilde{A}'(z) = \begin{cases} 1, z = \bar{z} \\ 0, z \neq \bar{z} \end{cases},\quad z = \frac{s_i}{\Phi}$$

可求得模糊控制输出为

$$F(v_i) = \widetilde{A}' \circ R_i \vee [E_j(\bar{z} \wedge F_{6-j}(v_i))] \tag{6.40}$$

其运算如图6.9所示。

采用加权平均反模糊化

$$v_i(z) = \frac{\int u F_z(u)\,\mathrm{d}u}{\int F_z(u)\,\mathrm{d}u} \tag{6.41}$$

由于加权平均反模糊计算复杂繁琐,为克服这个缺点,本文采用模糊

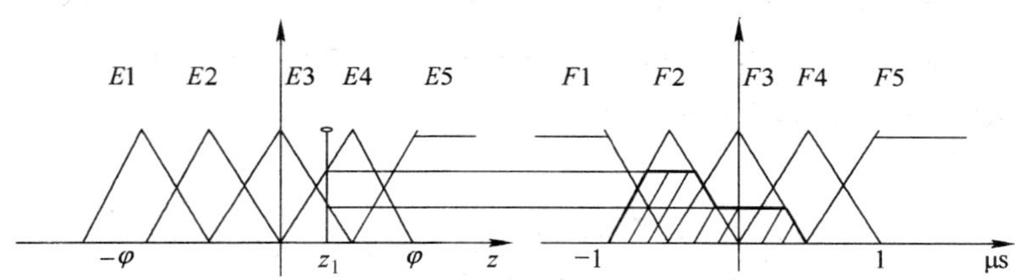

图 6.9 模糊控制输出运算及计算示意图

数模型,分别用模糊数:−1, −0.5,0,0.5,1 代替上面的模糊集 *NB*,*NS*,*ZE*,*PS*,*PB*,提出用双二次函数插值方法解决反模糊化的方法,大大简化了反模糊化的计算。

利用模糊控制规则(6.39)得模糊数模型(表 6.2)。

表 6.2 模糊数模型表

$\tilde{z}_i$	−1	−0.5	$\tilde{0}$	0.5	$\tilde{1}$
$\tilde{v}_i$	$\tilde{1}$	0.5	$\tilde{0}$	−0.5	−1

由图 6.9 不难看出:阴影部分面积 $\int F_z(u)\mathrm{d}u$ 是形如 $(z-c)^2+d$ 的二次函数,若记 $h_i=-1.5+0.5i, i=1,\cdots,5$,则在 $z=\bar{h}_i=\dfrac{h_i+h_{i+1}}{2}$ 有最大值 $\dfrac{5}{8}$,在 $z=h_i$ 处有最小值 $\dfrac{1}{2}$,所以,我们取插值函数为双二次函数(分子分母皆二次函数)解模糊:

$$v_i(z)=\frac{a_jz^2+b_jz+c_j}{5/8-2(z-\bar{h}_j)^2}, h_j<z<h_{j+1},\ j=1,\cdots,5 \quad (6.42)$$

由模糊数模型表

$$v_i(h_j)=-h_j, v_i(\bar{h}_j)=-\bar{h}_j \quad (6.43)$$

当 $0 \leqslant z \leqslant 0.5$ 时，即 $h_3 = 0 < z < h_4 = 0.5$ 时，$\bar{h}_3 = 0.25$，代入式(6.43)得

$$v_i(0) = 0, v_i(0.5) = -0.5, v_i(0.25) = -0.25 \tag{6.44}$$

再将式(6.44)代入式(6.42)得：

$$\begin{cases} c_3 = 0 \\ \dfrac{0.5^2 a_3 + 0.5 b_3}{5/8 - 2(0.5 - 0.25)^2} = -0.5 \\ \dfrac{0.25^2 a_3 + 0.25 b_3}{5/8 - 2(0.25 - 0.25)^2} = -0.25 \end{cases}$$

由此解得 $a_3 = 0.5, b_3 = -3/4, c_3 = 0$，从而

$$v_i(z) = \frac{0.5z^2 - 3z/4}{5/8 - 2(z - 0.25)^2} = -\frac{z(2z-3)}{8z^2 - 4z - 2}, \ 0 \leqslant z \leqslant 0.5 \tag{6.45}$$

同样方法解得其他段的值：

$$v_i(z) = \begin{cases} 1, z < -1 \\ \dfrac{(2z+3)(3z+1)}{8z^2+12z+2}, -1 \leqslant z < -\dfrac{1}{2} \\ \dfrac{z(2z+3)}{8z^2+4z-2}, -\dfrac{1}{2} \leqslant z < 0 \\ -\dfrac{z(2z-3)}{8z^2-4z-2}, 0 \leqslant z < \dfrac{1}{2} \\ -\dfrac{(2z-3)(3z-1)}{8z^2-12z+2}, \dfrac{1}{2} \leqslant z < 1 \\ -1, z \geqslant 1 \end{cases} \tag{6.46}$$

所得结果与按加权反模糊化式(6.41)计算的结果完全一样，但计算要简单得多。

但是，由于 $E(x,t)$ 未知，式(6.38)中的理想控制 u^* 无法实现，我们取控制律

$$\boldsymbol{u} = [\boldsymbol{C}\bar{g}(\boldsymbol{x},t)]^{-1}(\|\boldsymbol{C}\bar{g}(\boldsymbol{x},t)\|\bar{\boldsymbol{E}}(\boldsymbol{x},t) + \varepsilon)\boldsymbol{V} \tag{6.47}$$

记[*]表示阵[*]的第 i 行，由式(6.36)

$$\dot{s}_i = [\boldsymbol{C}\bar{g}(\boldsymbol{x},t)(\boldsymbol{u} + \boldsymbol{E}(\boldsymbol{x},t))]_i$$

$$\begin{aligned} s_i\dot{s}_i &= s_i[\boldsymbol{C}\bar{g}(\boldsymbol{x},t)(\boldsymbol{u} + \boldsymbol{E}(\boldsymbol{x},t))]_i \\ &= s_i[(\|\boldsymbol{C}\bar{g}(\boldsymbol{x},t)\|\bar{\boldsymbol{E}} + \varepsilon)\boldsymbol{V} + \boldsymbol{C}\bar{g}(\boldsymbol{x},t)\boldsymbol{E}(\boldsymbol{x},t)]_i \end{aligned}$$

$$=(\|C\bar{g}(\boldsymbol{x},t)\|\bar{\boldsymbol{E}}+\varepsilon)s_iv_i+s_i[C\bar{g}(\boldsymbol{x},t)\boldsymbol{E}(\boldsymbol{x},t)]_i$$

由式(6.46)，$|z|>1$，即$|s_i|>\Phi$时，$v_i=-\text{sgn}s_i$，所以，当$|s_i|>\Phi$时

$$\begin{aligned}s_i\dot{s}_i&=-(\|C\bar{g}(\boldsymbol{x},t)\|\bar{\boldsymbol{E}}+\varepsilon)|s_i|+s_i[C\bar{g}(\boldsymbol{x},t)\boldsymbol{E}(\boldsymbol{x},t)]_i\\&\leqslant-\varepsilon|s_i|-|s_i|(\|C\bar{g}(\boldsymbol{x},t)\|\bar{\boldsymbol{E}}-\|[C\bar{g}(\boldsymbol{x},t)\boldsymbol{E}(\boldsymbol{x},t)]_i\|)\\&\leqslant-\varepsilon|s_i|\end{aligned}$$

因此，系统(6.28)的运动将在有限时间进入边界层：$\{|s_i|<\Phi,i=1,\cdots,m\}$。由于控制律(6.47)中的$\boldsymbol{V}$是按模糊控制规则"若$s_i$正大，则$v_i$负大；若$s_i$负大，则$v_i$正大；…"设计的，进入边界层后，由于$\boldsymbol{V}$的作用，系统的状态将保持在滑动流形上(模糊意义下)，按滑动模态方程运动。$\boldsymbol{V}$的柔化和智能作用，克服了常规滑模控制的抖振现象，改善了系统的运动品质。

6.3.4 仿真例子

考虑非线性时变系统

$$\begin{aligned}\dot{x}_1&=x_2\\\dot{x}_2&=(3+\sigma_1)\sin x_1+(1+\Delta g_1)u_1\\\dot{x}_3&=x_1+x_3^2+(1-\Delta g_2)u_2\end{aligned}$$

其中$|\sigma|\leqslant0.2$，$[\Delta g_1,\Delta g_2]^{\mathrm{T}}=[0.1\sin t,0.2\cos x_3]^{\mathrm{T}}$。

设希望到达的参考模型为

$$\dot{\boldsymbol{x}}_{\mathrm{m}}=f_{\mathrm{m}}(\boldsymbol{x}_{\mathrm{m}})=\begin{bmatrix}0&1&0\\-2&-3&0\\1&0&-1\end{bmatrix}\boldsymbol{x}_{\mathrm{m}}$$

取动态补偿器为

$$\dot{z}=-\boldsymbol{C}f_{\mathrm{m}}(\boldsymbol{x})=\begin{bmatrix}2(x_1+x_2)\\-x_1-x_2+x_3\end{bmatrix}$$

取切换函数为

$$\boldsymbol{s}=\boldsymbol{Cx}+\boldsymbol{z}=\begin{bmatrix}1&1&0\\1&0&1\end{bmatrix}\boldsymbol{x}+\boldsymbol{z}$$

按式(6.46)，式(6.47)选取模糊控制律，仿真结果如图6.10～图6.12所示(图中虚线为希望到达模型的状态轨线，实线为被控系统的运

动轨线)。

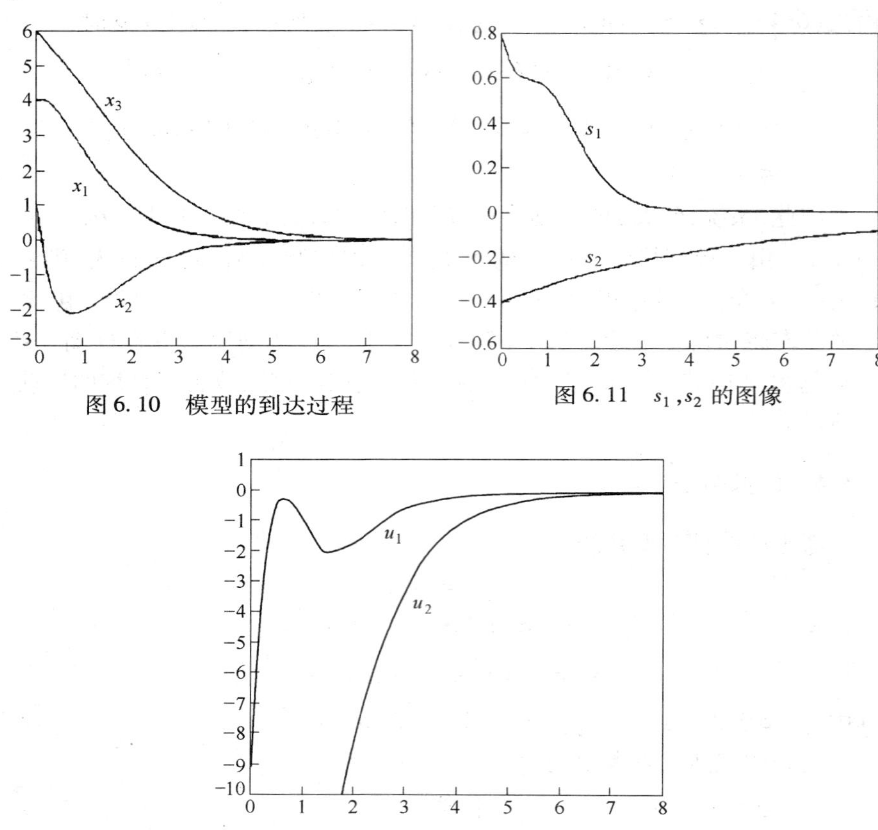

图 6.10　模型的到达过程

图 6.11　s_1,s_2 的图像

图 6.12　控制 u_1,u_2 图像

从仿真结果可以看出，实现了模型到达的控制目标，且系统的运动对扰动和参数不确定性有较好的鲁棒性，克服常规滑模控制的抖振和频繁切换的缺点。

6.4　不确定离散系统的模糊滑模控制

模糊控制是由一些语言变量和模糊规则组成的，所以能够方便处理许多传统控制方法很难直接和有效处理的复杂和病态的系统。尽管模糊控制在商业和工业的应用中取得了巨大的成功，但是由于存在缺乏系统的设计，严格的数学证明等缺点，所以在许多重要领域下阻碍了其发展。

典型的模糊控制设计方法可以分为两种:基于模型的和模型自由的。特别是基于模型的模糊控制方法得到广泛的应用。这是因为可以通过建立模型进行系统的分析和设计全局模糊系统。T - S 模糊控制器的设计方法是在不同区域的模糊规则制定中,用线性状态方程代替传统的模糊规则后件部分。因此,传统的线性控制理论分析能够很容易地推广到闭环全局 T - S 模糊系统中。所以,在近期的文献中,T - S 模型的模糊控制比传统的模糊控制[67,69, 85,86]受到更为广泛的重视。

在过去的 40 年中,连续时间的变结构控制系统得到了广泛的研究[87,88],变结构控制系统的基本特性有,对于参数不确定项和外部干扰具有不变性,系统维数降低,精度预测高等。但是,利用变结构控制来控制系统时,存在振颤现象,这可能引起系统的高频振颤。而且,在许多情况下,对于指定模型逼近,以及模型不确定性和未知干扰的界,在许多情况下是非常困难的。消除振颤的一种方法是在滑模面附近引入一个较窄的边界层[67,89,90]。Palm[91]注意到模糊控制器和滑模控制器都存在一个边界层的共同特点,通过研究模糊控制和滑模控制本质上的相似点,提出了模糊滑模控制设计方法。这种设计方法不仅能够使得闭环系统稳定,而且能够避免滑模控制中存在的振颤现象。这种综合模糊技术和滑模控制的方法在文献[53,79]中已经证明能够获得改善的性能指标。为了在计算机上实现这些方法,经常要借助于数字采样系统。许多实现结果并不能直接从连续时间的结果中推广到离散时间系统[74,94,95]中。因此,有必要考虑离散时间变结构控制系统[46,96 - 98]。

在文献[85]中,利用组合模糊逻辑控制和滑模控制方法,考虑了一类非线性单输入单输出连续时间系统。因为在许多文献中,离散时间的模糊控制问题成为热门的研究领域[53,73,99 - 101],所以将文献[85]的结果推广到离散时间系统也是非常有意义的。本节所提出的方法是基于 T - S 模型[84]控制方法的,T - S 模型的前件部分由传统的模糊语言变量组成,后件部分是由局部的状态空间来逼近给定系统。全局模糊逻辑控制器由两部分组成,一部分是针对每个局部线性状态的局部补偿器,另一部分是由滑模控制理论构造的监督控制器,所设计的方法能够充分利用模糊逻辑控制和滑模控制方法的优点。基于以上设计过程,全局闭环系统的跟踪性能和鲁棒性能得到显著改善,而且控制器的设计可由确定性系统推广到不确定系统。

6.4.1 系统的描述

首先引入传统滑模控制的基本原理。

考虑一类单输入单输出 n 阶非线性系统满足方程

$$\begin{aligned} \boldsymbol{x}^1(k+1) &= \boldsymbol{x}^2(k) \\ &\vdots \\ \boldsymbol{x}^{n-1}(k+1) &= \boldsymbol{x}^n(k) \\ \boldsymbol{x}^n(k+1) &= f(\boldsymbol{x}(k),k) + g(\boldsymbol{x}(k),k)\boldsymbol{u}(k) \end{aligned} \tag{6.48}$$

令

$$\boldsymbol{x}(k) = [x^1(k),x^2(k),\cdots,x^n(k)]^{\mathrm{T}} = [x^1,\cdots,x^n]^{\mathrm{T}}$$

式中，$\boldsymbol{x} \in \mathbb{R}^n$是系统可测的状态向量，$\boldsymbol{u} \in \mathbb{R}$ 是系统的输入向量，$f(\boldsymbol{x}(k),k)$和 $g(\boldsymbol{x}(k),k)$是系统的非线性函数。为了保证系统（6.48）可控，要求 $g(x(k),k) \neq 0$。不失一般性，假设 $g(x,k) > 0$。

所研究的系统是标准型，并且具有相关度 n。控制的目标是当系统存在不确定项时，使得系统状态 x 跟踪期望状态 $\boldsymbol{x}_{\mathrm{d}} = [x_{\mathrm{d}}^1(k)\cdots x_{\mathrm{d}}^n(k)]^{\mathrm{T}}$。

与文献[96]相同，定义误差状态空间的滑模面为

$$s(x,k) = e^n + a_1 e^{n-1} + \cdots + a_{n-1}e^1$$

式中，$\boldsymbol{e} = \boldsymbol{x} - \boldsymbol{x}_{\mathrm{d}} = (e^1\cdots e^n)$是跟踪误差向量，并且系数 $a_1,\cdots,a_{n-1}$满足胡尔维兹多项式 $\boldsymbol{\lambda}^n + a_1\boldsymbol{\lambda}^{n-1} + \cdots + a_{n-1}\boldsymbol{\lambda}$，利用切换律 $s(k+1) - s(k) = -\alpha\ \mathrm{sgn}(s(k)) - \beta s(k)$，其中，$\alpha > 0, \beta > 0$ 是正常数，推导出滑模控制律

$$\begin{aligned} \boldsymbol{u}(k) = -g(x,k)^{-1}[&f(x,k) - x_{\mathrm{d}}^n + a_1 e^n + \cdots \\ &+ a_{n-1}e^2(k) - s(k) + \alpha\ \mathrm{sgn}(s(k)) + \beta s(k)] \end{aligned}$$

显然，为了获得滑模控制律，系统函数$f(x,k)$和 $g(x,k)$需要事先确定。

本节分别考虑了系统(6.48)不包含不确定项和包含不确定项的情况。

下面给出基于 T-S 模型的模糊控制器基本构造方法。

利用 T-S 模糊模型逼近单输入输出非线性系统(6.48)，其中 T-S 模糊模型包括模糊推理规则和局部线性状态模型。T-S 模型的第 i 个模糊规则：

Plant Rule i：

$$\text{if } \boldsymbol{x}(k) \text{ is } F_1^i \cdots x^{(n-1)}(k) \text{ is } F_n^i$$

$$\text{then } \boldsymbol{x}(k+1)=\boldsymbol{A}_i\boldsymbol{x}(k)+\boldsymbol{B}_i\boldsymbol{u}(k), i=1,2,\cdots,r \tag{6.49}$$

其中，规则 i 定义第 i 模糊推理规则，$F_j^i(j=1,2,\cdots,n)$ 是模糊子集，$\boldsymbol{x}(k)\in\mathbb{R}^n$ 是状态向量，$\boldsymbol{u}(k)\in\mathbb{R}^1$ 是输入控制，$\boldsymbol{A}_i\in\mathbb{R}^{n\times n}$ 和 $\boldsymbol{B}_i\in\mathbb{R}^{n\times 1}$ 是系统矩阵，r 是 if – then 的模糊规则数。常数矩阵满足可控标准型

$$\boldsymbol{A}_i=\begin{bmatrix}0 & 1 & 0 & \cdots & 0\\ \vdots & \vdots & \vdots & & \vdots\\ 0 & 0 & 0 & \cdots & 1\\ a_1^i & a_2^i & a_3^i & \cdots & a_n^i\end{bmatrix},\ \boldsymbol{B}_i=\begin{bmatrix}0\\0\\ \vdots\\ b_i\end{bmatrix} \tag{6.50}$$

利用单点模糊化模糊推理方法，乘积模糊推理和中心平均解模糊方法，模型(6.49)的全局模型为：

$$\begin{aligned}\boldsymbol{x}(k+1)&=\frac{\sum_{i=1}^{r}w_i(\boldsymbol{x}(k))(\boldsymbol{A}_i\boldsymbol{x}(k)+\boldsymbol{B}_i\boldsymbol{u}(k))}{\sum_{i=1}^{r}\boldsymbol{w}_i(\boldsymbol{x}(k))}\\ &=\sum_{i=1}^{r}\mu_i(\boldsymbol{x}(k))(\boldsymbol{A}_i\boldsymbol{x}(k)+\boldsymbol{B}_i\boldsymbol{u}(k))\\ &=\boldsymbol{A}(\mu(\boldsymbol{x}(k)))\boldsymbol{x}(k)+\boldsymbol{B}(\mu(\boldsymbol{x}(k)))\end{aligned} \tag{6.51}$$

其中

$$w_i(\boldsymbol{x}(k))=\prod_{j=1}^{n}F_j^i(\boldsymbol{x}^{(j-1)}(k)),\ \mu_i(\boldsymbol{x}(k))=\frac{w_i(\boldsymbol{x}(k))}{\sum_{i=1}^{r}w_i(\boldsymbol{x}(k))}$$

$$\mu(\boldsymbol{x}(k))=\boldsymbol{\mu}_1(\boldsymbol{x}(k)),\mu_2(\boldsymbol{x}(k)),\cdots,\mu_n(\boldsymbol{x}(k))$$

并且 $\boldsymbol{x}^{(j-1)}(k)$ 的隶属度函数为 $F_j^i(\boldsymbol{x}^{(j-1)}(k))$，简记为 F_j^i。

假设对于所有的 k，有 $w_i(x(k))\geqslant 0(i=1,2,\cdots,r)$，$\sum_{i=1}^{r}w_i(\boldsymbol{x}(k))\geqslant 0$。为了方便起见，令 $w_i=w_i(\boldsymbol{x}(k))$，$\mu_i=\mu_i(\boldsymbol{x}(k))$ 和 $\mu=\mu(\boldsymbol{x}(k))$。

定义 6.1[53]：对于模糊系统(6.49)的全局状态空间模型(6.51)，如果矩阵对 $(\boldsymbol{A}_i,\boldsymbol{B}_i)$，$i=1,2,\cdots,r$ 是可控的，则模糊系统(6.49)称为是局部可控的。

对于原始的非线性系统(6.48)，为了设计全局的 T – S 模糊模型(6.49)控制器，需要利用平行补偿原理。平行补偿原理是利用每一个控

制律来补偿每一个模糊子系统，并且将每一个局部补偿器集结构成全局模糊控制器。

利用与系统(6.49)相同的前提变量，满足第 i 个规则的基于模型的模糊控制器可表示为：

$$\mathrm{R}^{(i)}: \text{if} x^1(k) \text{ is} F_1^i \text{ and} \cdots \text{and} x^n(k) \text{ is} F_n^i$$
$$\text{then } \boldsymbol{u}(k) = -\boldsymbol{k}_i \boldsymbol{x}(k), i=1,2,\cdots,r \tag{6.52}$$

其中 $\boldsymbol{k}_i = [k_1^i,\cdots,k_n^i]$ 是反馈增益向量。模糊控制器(6.49)表示为

$$\boldsymbol{u}(k) = \frac{\sum_{i=1}^{r} w_i(x(k))(-\boldsymbol{k}_i x(k))}{\sum_{i=1}^{r} w_i(x(k))}$$
$$= -\sum_{i=1}^{r} \mu_i(x(k))\boldsymbol{k}_i \boldsymbol{x}(k) = -k(\mu)\boldsymbol{x}(k) \tag{6.53}$$

由系统(6.49)和(6.53)得闭环全局模糊系统

$$\boldsymbol{x}(k+1) = \sum_{i=1}^{r}\sum_{j=1}^{r}(\boldsymbol{A}_i - \boldsymbol{B}_i \boldsymbol{K}_j)\boldsymbol{x}(k) \tag{6.54}$$

对于闭环系统(6.54)给出如下稳定性条件：

定理 6.2 模糊控制系统(6.54)的平衡点是渐近稳定的，如果存在一公共的正定矩阵 $\boldsymbol{P}$ 使得下面两个不等式成立。即

$$(\boldsymbol{A}_i - \boldsymbol{B}_i \boldsymbol{K}_i)^{\mathrm{T}} \boldsymbol{P} (\boldsymbol{A}_i - \boldsymbol{B}_i \boldsymbol{K}_i) < \boldsymbol{P} (i=1,\cdots,r) \tag{6.55}$$

和

$$\boldsymbol{G}_{ij}^{\mathrm{T}} \boldsymbol{P} \boldsymbol{G}_{ij} < \boldsymbol{P} (1 \leqslant i < j \leqslant r) \tag{6.56}$$

其中

$$\boldsymbol{G}_{ij} = \frac{\boldsymbol{A}_i - \boldsymbol{B}_i \boldsymbol{K}_j + \boldsymbol{A}_j - \boldsymbol{B}_j \boldsymbol{K}_i}{2}$$

如果公共的正定矩阵 $\boldsymbol{P}$ 能够找到，则闭环模糊系统(6.54)是稳定的。但是，在许多情况下，要寻找公共的正定矩阵 $\boldsymbol{P}$ 是很困难的，因此不能保证闭环系统是稳定的。而且，传统的基于模型的模糊控制方法常常仅考虑给定非线性系统的调节问题，仅用模糊控制来解决跟踪是非常困难的。

因为利用滑模控制理论[87-91]来处理系统的参数不确定性时，能够获得很好的跟踪性能指标，所以我们利用滑模控制来改善基于 T-S 模型的模糊控制器的性能指标，保证原来的不确定非线性系统，在稳定的情

况下具有较好的鲁棒性和跟踪性能指标，使得系统控制器充分利用了模糊控制和滑模控制的优点。

6.4.2 不确定离散系统模糊滑模控制律设计

基于平行补偿原理[67]和切换控制律构造综合控制器来考虑跟踪问题。通过引入滑模控制，改善平行补偿原理的性能指标。

本节考虑的问题是设计控制器 u，使得状态向量 $\boldsymbol{x}$ 能够跟踪指定的性能指标 $\boldsymbol{x}_{\mathrm{d}}=[x_{\mathrm{d}}^1,x_{\mathrm{d}}^2,\cdots,x_{\mathrm{d}}^n]$。

分两种情况设计控制器：第一种情况是非线性系统不包含不确定项，第二种情况是系统包含不确定项。

情况 1：

在这种情况下，假定性系统(6.48)中的非线函数 $f(x)$ 和 $g(x)$ 是精确已知的。而且假设控制增益 $g(x)$ 对于函数 x 是可逆的。T－S 模糊模型和第三节一样。在许多参考文献中，模糊控制器一般只考虑调节问题。但是跟踪也是一个重要的问题，我们利用增加控制输入来设计模糊控制器。

利用与系统(6.49)相同的前提变量，构造满足第 i 条规则的模糊控制器

Rule $\boldsymbol{i}$：

$$\begin{aligned}&\mathrm{if}\,x^1(k)\,\mathrm{is}\,F_1^i\cdots x^n(k)\,\mathrm{is}\,F_n^i\\&\mathrm{then}\ \boldsymbol{u}(k)=-\boldsymbol{K}_i\boldsymbol{x}(k)+\boldsymbol{u}_{\mathrm{s}}(k)\end{aligned}\tag{6.57}$$

控制器 $\boldsymbol{u}(k)$ 的第一项 $-\boldsymbol{K}_i\boldsymbol{x}(k)$ 与典型的基于模型的模糊控制器相同，第二项 $\boldsymbol{u}_{\mathrm{s}}(k)$ 是监督控制器。那么模糊逻辑控制器为

$$\begin{aligned}\boldsymbol{u}(k)&=\frac{\sum_{i=1}^{r}w_i(\boldsymbol{x}(k))(-\boldsymbol{K}_i\boldsymbol{x}(k)+\boldsymbol{u}_{\mathrm{s}}(k))}{\sum_{i=1}^{r}w_i(\boldsymbol{x}(k))}\\&=-\sum_{i=1}^{r}\mu_i(\boldsymbol{x}(k))K_i\boldsymbol{x}(k)+\boldsymbol{u}_{\mathrm{s}}(k)\end{aligned}\tag{6.58}$$

其中，$\mu_i=\dfrac{w_i}{\sum_{i=1}^{r}w_i}$。对于监督控制(6.58)中最简单的控制器的结构，是构造状态反馈控制输入。但是，此类监督控制器对于模型误差比较敏感，

并且很难预测全局模糊控制器的跟踪性能指标。因此，我们利用滑模控制理论来设计监督控制，这样能够实现系统的跟踪性能。

由非线性系统(6.48)和控制器(6.58)得闭环系统

$$\boldsymbol{x}(k+1)^n = F(\boldsymbol{x}(k)) + g(\boldsymbol{x}(k))\boldsymbol{u}_{\mathrm{s}}(k) \tag{6.59}$$

其中

$$F(\boldsymbol{x}(k)) = f(\boldsymbol{x}(k)) - g(\boldsymbol{x}(k))\sum_{i=1}^{r}\mu_i K_i \boldsymbol{x}(k)$$

为了保证系统的稳定性，引入标量监督控制 $\boldsymbol{u}_{\mathrm{s}}(k)$，该项利用滑模控制理论[96]来设定。

记跟踪误差 $\boldsymbol{e}(k) = \boldsymbol{x}(k) - \boldsymbol{x}_{\mathrm{d}}$。所以 $\boldsymbol{e}(k)$ 可表示为

$$\boldsymbol{e}(k) = \boldsymbol{x} - \boldsymbol{x}_{\mathrm{d}} = [e^1 \cdots e^n] \tag{6.60}$$

为了在基于模型的模糊控制律中添加滑模控制技术，我们首先定义滑模面 $\boldsymbol{s}(k)$ 满足下式

$$\boldsymbol{s}(\boldsymbol{x},k) = e^n + a_1 e^{n-1} + \cdots + a_{n-1}e^1 \tag{6.61}$$

式中，$a_i(i=1,\cdots,n-1)$ 满足上节定义。

给定初始条件，跟踪 $\boldsymbol{x}_{\mathrm{d}}$ 的问题变成保持标量函数 s 趋近零，选择如下趋近律

$$\boldsymbol{s}(k)\Delta\boldsymbol{s}(k) < 0 \tag{6.62}$$

对 $\boldsymbol{s}(k)$ 两边取差分并且利用式(6.61)，得

$$\begin{aligned}
\Delta s(k) &= \boldsymbol{s}(k+1) - \boldsymbol{s}(k)\\
&= e^n(k+1) + a_1 e^{n-1}(k+1) + \cdots + a_{n-1}e^1(k+1) - s(k)\\
&= x^{n+1}(k+1) - x_{\mathrm{d}}^n + a_1 e^n(k) + \cdots + a_{n-1}e^2(k) - s(k)\\
&= f(x(k)) + g(x(k))u(k) - x_{\mathrm{d}}^n + a_1 e^n(k) + \cdots + a_{n-1}e^2(k) - s(k)\\
&= f(x(k)) - g(x(k))\sum_{i=1}^{r}\mu_i K_i x(k) + g(x(k))u_{\mathrm{s}}(k) - x_{\mathrm{d}}^n\\
&\quad + a_1 e^n(k) + \cdots + a_{n-1}e^2(k) - s(k)\\
&= \overline{F}(x(k)) + g(x(k))u_{\mathrm{s}}(k) - s(k)
\end{aligned}$$

$$\begin{aligned}
\Delta\boldsymbol{s}(k) &= \boldsymbol{s}(k+1) - \boldsymbol{s}(k)\\
&= e^n(k+1) + a_1 e^{n-1}(k+1) + \cdots + a_{n-1}e^1(k+1) - \boldsymbol{s}(k)\\
&= x^{n+1}(k+1) - x_{\mathrm{d}}^n + a_1 e^n(k)
\end{aligned}$$

$$\overline{F}(\boldsymbol{x}(k)) = F(\boldsymbol{x}(k)) - x_{\mathrm{d}}^n + a_1 e^n(k) + \cdots + a_{n-1}e^2(k) \tag{6.63}$$

由切换函数设计滑模控制律后，下一步是由到达条件设计全局控制律。这样使得到达阶段不仅有期望的滑动模态而且有期望的动态性能。为了保证在切换流行上存在滑动模态，在设计中要求控制律满足到达条件。为了满足这个目的，采用文献[92]的切换律方法。切换律的一般形式为

$$\Delta \boldsymbol{s}(k)=\boldsymbol{s}(k+1)-\boldsymbol{s}(k)=-\alpha\ \mathrm{sgn}\ \boldsymbol{s}(k)-\beta \boldsymbol{s}(k) \tag{6.64}$$

式中，α 和 β 是正的切换常数。

利用选择的切换律方程(6.64)，可由方程(6.62)和(6.64)来决定控制律

$$\Delta \boldsymbol{s}(k)=\bar{F}(\boldsymbol{x}(k))+g(\boldsymbol{x}(k))\boldsymbol{u}_{\mathrm{s}}(k)-\boldsymbol{s}(k)=-\alpha\ \mathrm{sgn}\ \boldsymbol{s}(k)-\beta \boldsymbol{s}(k) \tag{6.65}$$

可由这个方程解出滑模控制律，得出监督控制律

$$\boldsymbol{u}_{\mathrm{s}}(k)=-g(\boldsymbol{x}(k))^{-1}[\bar{F}+\alpha\ \mathrm{sgn}\ \boldsymbol{s}(k)+(\beta+1)\boldsymbol{s}(k)] \tag{6.66}$$

滑模条件(6.62)满足下面方程

$$\boldsymbol{s}(k)\Delta \boldsymbol{s}(k)=-\boldsymbol{s}(k)\alpha\ \mathrm{sgn}\ \boldsymbol{s}(k)-\boldsymbol{s}(k)\beta \boldsymbol{s}(k)=-\alpha|\boldsymbol{s}(k)|-\beta \boldsymbol{s}(k)^2<0$$

因此，闭环系统(6.59)是渐近稳定。这个结果可以总结为下面的定理。

定理 6.3 如果 T－S 模糊模型(6.49)是局部可控的，那么可设计控制律(6.58)使得闭环系统(6.59)是渐近稳定。

注意在每一个规则中要求局部补偿器是局部可控的，如果没有这个条件，跟踪就不一定得到保证。

情况 2：

在这种情况下，假设非线性函数 $f(\boldsymbol{x}(k))$ 和 $\boldsymbol{g}(\boldsymbol{x}(k))$ 不是精确已知的。假设函数 $f(x)$ 具有已知的上界，其上界为 x 的连续函数；同样，系统(6.48)的控制增益 $g(\boldsymbol{x}(k))$ 的界也是 x 的连续函数。

和情况 1 一样，控制器的规则和解模糊的输出控制器可表示为：

Rule i：

$$\begin{aligned}&\text{if } x^1(k) \text{ is } F_1^i \cdots x^n(k) \text{ is } F_n^i\\&\text{then } \boldsymbol{u}(k)=-\boldsymbol{K}_i\boldsymbol{x}(k)+\boldsymbol{u}_{\mathrm{s}}(k)\end{aligned} \tag{6.67}$$

通过模糊推理，得到全局模糊控制器

$$\boldsymbol{u}(k)=\frac{\sum_{i=1}^{r} w_i(\boldsymbol{x}(k))(-K_i\boldsymbol{x}(k)+\boldsymbol{u}_{\mathrm{s}}(k))}{\sum_{i=1}^{r} w_i(\boldsymbol{x}(k))}$$

$$= -\sum_{i=1}^{r}\mu_i(\boldsymbol{x}(k))\boldsymbol{K}_i\boldsymbol{x}(k) + \boldsymbol{u}_s(k) \tag{6.68}$$

由非线性系统(6.48)和控制器(6.58)得到闭环系统满足下式：

$$\boldsymbol{x}^n(k+1) = F(\boldsymbol{x}(k)) + g(\boldsymbol{x}(k))\boldsymbol{u}_s(k) \tag{6.69}$$

其中

$$F(\boldsymbol{x}(k)) = f(\boldsymbol{x}(k)) - g(\boldsymbol{x}(k))K(\mu)\boldsymbol{x}(k)$$

为了方便证明，我们给出下面假设

假设 6.6　存在函数 f^U，g^U 和 g_L 使得 $|f(\boldsymbol{x})| \leqslant f^U$ 和 $0 < g_L \leqslant g(\boldsymbol{x}) \leqslant g^U$ 成立。

由 f^U，g^U 和 g_L，并利用式(6.69)，函数的上界 $F(x)$ 能够很容易地表示为

$$F^U(\boldsymbol{x}) = f^U + g^U|k(\mu)x|$$

构造跟踪误差

$$\boldsymbol{e} = \boldsymbol{x} - \boldsymbol{x}_d = [e^1 \cdots e^n] \tag{6.70}$$

利用滑模面(6.61)，对 $s(x,k)$ 两边求差分得

$$\Delta s(k) = \overline{F}(\boldsymbol{x}(k)) + g(\boldsymbol{x}(k))\boldsymbol{u}_s(k) - s(k)$$

其中

$$\overline{F}(\boldsymbol{x}(k)) = F(\boldsymbol{x}(k)) - x_d^n + a_1e^n(k) + \cdots + a_{n-1}e^2(k) \tag{6.71}$$

因为 $F(\boldsymbol{x})$ 和 $g(\boldsymbol{x})$ 是未知的，我们只能利用它们的界来构造控制器 u。

在这种情况下，选择监督控制律 $\boldsymbol{u}_s(k)$ 为

$$\boldsymbol{u}_s(k) = -g_L^{-1}[Q\mathrm{sgn}s(k) + \beta s(k) + s(k)] \tag{6.72}$$

其中

$$Q = [F^U + |x_d^n - a_1e^n - \cdots - a_{n-1}e^2|]$$

将式(6.72)代入式(6.71)得

$$\begin{aligned}\Delta s(k) &= \overline{F} + gu_s - s(k)\\ &= \overline{F} - gg_L^{-1}\{[F^U\mathrm{sgn}(s) + |x_d^n - a_1e^n - \cdots - a_{n-1}e^2|]\mathrm{sgn}(s)\\ &\quad + \beta s(k) + s(k)\} - s(k)\end{aligned}$$

从而

$$\begin{aligned}s(k)\Delta s(k) = {}& s(k)\overline{F} - s\{gg_L^{-1}[F^U\mathrm{sgn}(s) + |x_d^n - a_1e^n - \cdots - a_{n-1}e^2|]\}\mathrm{sgn}(s)\\ & - s(k)gg_L^{-1}(\beta+1)s(k)\end{aligned}$$

$$\leqslant -s^2 g g_L^{-1}(\beta+1)+|s||\overline{F}|-|s|\{g g_L^{-1}[F^U+|x_d^n-a_1 e^n-\cdots-a_{n-1}e^2|]\}$$
$$\leqslant -s^2 g g_L^{-1}(\beta+1)$$
$$\leqslant 0 \tag{6.73}$$

因此,闭环模糊控制系统(6.67)是渐近稳定的,结果可以总结为下面定理。

定理 6.4 如果 T－S 模型(6.49)是局部可控的,那么利用在控制律(6.72)的作用下,闭环系统(6.49)在原点是渐近稳定的。

尽管给定的非线性动态系统不是精确已知的,但是可用模糊模型来逼近给定的系统。本章所设计的模糊控制器具有以下优点:首先,所设计的模糊控制器比单一的基于 T－S 模型的模糊控制器更容易处理跟踪问题。滑模控制理论应用到所设计的控制器中,这样就不需要寻找公共的正定矩阵就能保证全局系统的稳定性。最后,所设计的方法不仅能够保证原来非线性系统的稳定性,而且提高了系统的鲁棒性。

6.4.3 仿真算例

考虑非线性离散系统

$$x_1(k+1)=x_2(k)$$
$$x_2(k+1)=0.02x_1(k)^3+0.3x_2(k)+\cos(k)+u(k)$$

当控制器 $\boldsymbol{u}(k)=0$ 时,系统的相平面(x_1,x_2)轨线如图 6.13 所示,取初始条件 $\boldsymbol{x}(0)=[1,1]^{\mathrm{T}}$ 和从 $t_0=0$ 到 $t_f=20$ 的时间段。利用所设计的控制器控制系统状态 x_1 跟踪参考轨线 $x_m(k)=\cos(k)$。

如图 6.13 相平面轨线所示,对于所有的 k,x_1 的值为 －2 到 2。因此在逼近过程中,对非线性系统(6.48)在 $x_1=\{-2,-1,0,1,2\}$ 上线性化,其中划分 x_1 为五个模糊集。又因为模糊集 $x_1=\{-2,2\}$ 和 $x_1=\{-1,1\}$ 具有相同的后件部分,所以我们可以最终得到下面模糊规则。

Plant rules:

rule 1: if x_1 is about 0, then $\boldsymbol{x}(k+1)=\boldsymbol{A}_1\boldsymbol{x}(k)+\boldsymbol{B}_1\boldsymbol{u}(k)$,

rule 2: if x_1 is about ±1, then $\boldsymbol{x}(k+1)=\boldsymbol{A}_2\boldsymbol{x}(k)+\boldsymbol{B}_2\boldsymbol{u}(k)$,

rule 3: if x_1 is about ±2, then $\boldsymbol{x}(k+1)=\boldsymbol{A}_3\boldsymbol{x}(k)+\boldsymbol{B}_3\boldsymbol{u}(k)$

其中

$$\boldsymbol{A}_1=\begin{bmatrix}0 & 1\\ 0 & 0.3\end{bmatrix},\boldsymbol{B}_1=\begin{bmatrix}0\\ 1\end{bmatrix},\boldsymbol{A}_2=\begin{bmatrix}0 & 1\\ 0.06 & 0.3\end{bmatrix},$$

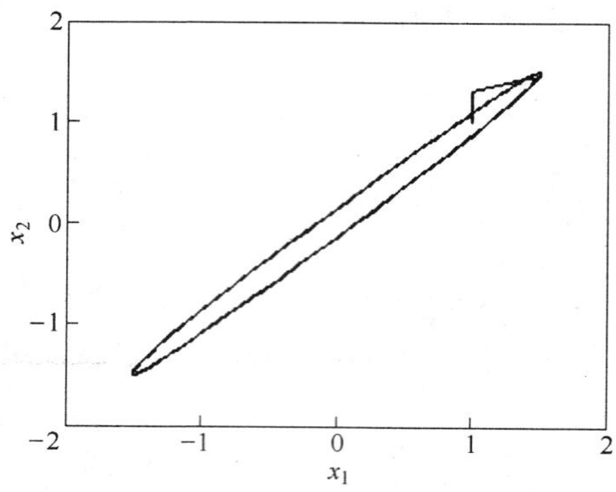

图 6.13　当 $\boldsymbol{u}(k)=0$ 和 $\boldsymbol{x}(0)=[1\quad 1]^{\mathrm{T}}$ 系统的相平面轨线

$$\boldsymbol{B}_2=\begin{bmatrix}0\\1\end{bmatrix},\boldsymbol{A}_3=\begin{bmatrix}0 & 1\\0.24 & 0.3\end{bmatrix},\boldsymbol{B}_3=\begin{bmatrix}0\\1\end{bmatrix}$$

其中 x_1 的隶属度函数取为高斯函数，基于模型的控制器的模糊规则为：

rule 1：if x_1 is about 0, then$u=-\boldsymbol{K}_1\boldsymbol{x}+u_{\mathrm{s}}$,

rule 2：if x_1 is about ± 1, then$u=-\boldsymbol{K}_2\boldsymbol{x}+u_{\mathrm{s}}$,

rule 3：if x_1 is about ± 2, then$u=-\boldsymbol{K}_3\boldsymbol{x}+u_{\mathrm{s}}$

情况 1：

对于每一个局部模型选择期望的极点均为 0.1。因此可确定反馈控制增益为

$$\boldsymbol{K}_1=(0.01,0.1),\boldsymbol{K}_2=(0.07,0.1),\boldsymbol{K}_3=(0.25,0.1)$$

滑模控制器 $u_{\mathrm{s}}(k)$ 的参数可由试验求得并且 $a_1=0.2$，$\alpha=0.1$ 和 $\beta=0.25$。图 6.14 ~ 图 6.16 显示了在给定的初始条件下的仿真结果：图 6.14 为控制曲线。图 6.15 是状态轨线 $x_1(k)$ 跟踪期望轨线 $x_{\mathrm{m}}(k)=\cos(k)$ 的结果，图 6.16 是状态轨线 $x_2(k)$ 跟踪期望轨线 $x_{\mathrm{m}}(k+1)=\cos(k+1)$ 的结果，由图示结果可知，利用所构造的控制器可以获得满意的控制效果。

情况 2：

在这种情况下，假设非线性方程不完全已知。因此，对于所设计的控制器，我们只能用非线性系统的上下界来表示。利用标准的非线性系统来构造模糊模型。得到的模糊模型和情况 1 类似。

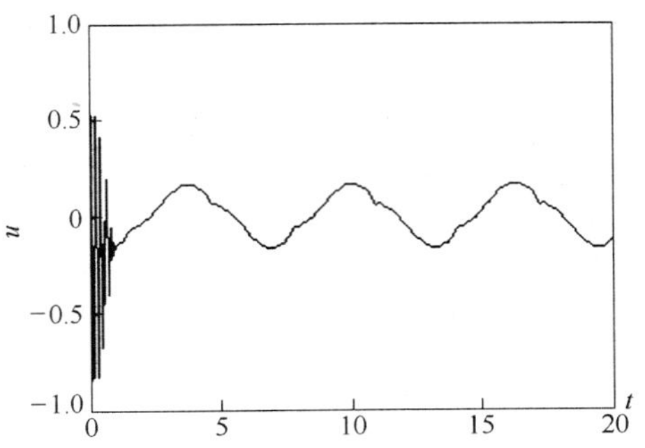

图 6.14 控制器 $u(k)$ 的轨线

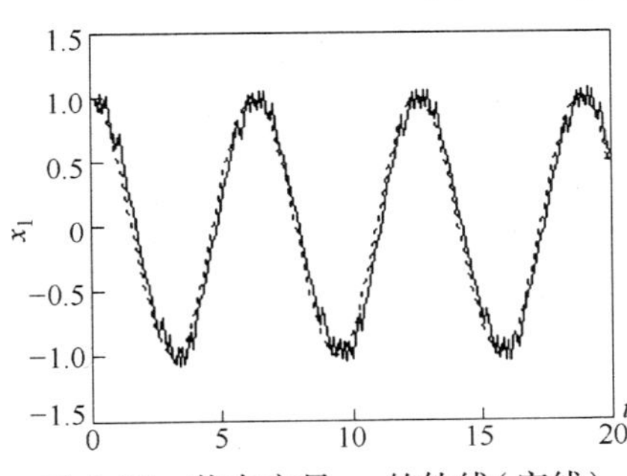

图 6.15 状态变量 x_1 的轨线（实线）和参考变量 $x_m(k)=\cos(k)$ 的轨线（点线）

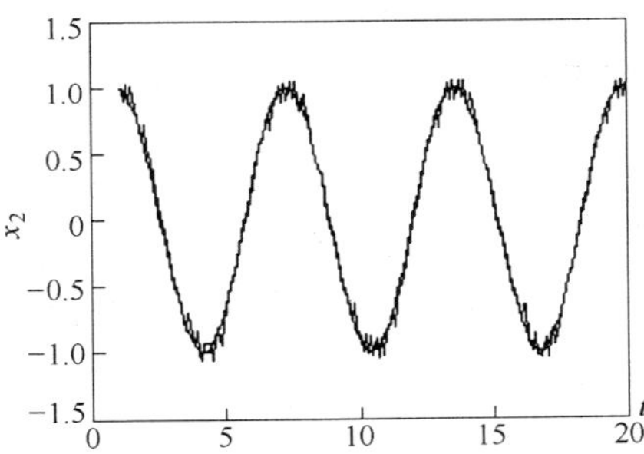

图 6.16 状态变量 x_2 实线和参考变量 $x_m(k+1)=\cos(k+1)$ 的轨线（点线）

对于每一个局部模型选择期望的闭环极点均为 0.1。那么可以确定控制器的增益为

$$K_1=(0.01,0.1),K_2=(0.07,0.1),K_3=(0.25,0.1)$$

最后，我们选择 $a_1=0.2,\alpha=0.1,\beta=0.25$。特别，选择 f^U,g^U 和 g_L 的界为：

$$\begin{aligned}|f(x_1,x_2)| &= |0.3x_2+0.02x_1^3+\cos(k)|\\ &\leqslant 0.3|x_2|+0.02|x_1|^3+1\equiv f^U(x_1,x_2)\end{aligned}$$

且 $g^U=g_L=1$，所以控制器 $u(k)$ 可以直接应用于系统。仿真的结果如图 6.17 和图 6.18 所示。图 6.17 表示状态 $x_1(k)$ 和期望轨线 $x_m(k)=\cos(k)$，图 6.18 表示状态轨线 $x_2(k)$ 和期望轨线 $x_m(k+1)=\cos(k+1)$。由图形可知，对于存在不确定项的给定系统，利用所设计的控制器可实现系统的调节和跟踪。

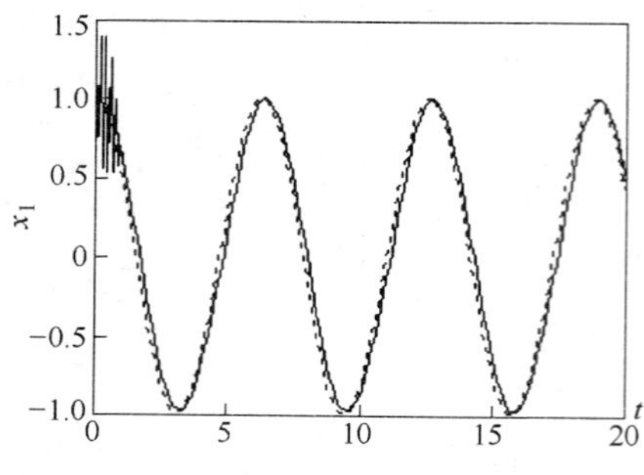

图 6.17　状态变量轨线 x_1（实线）和参考变量轨线 $x_m(k)=\cos(k)$（点线）

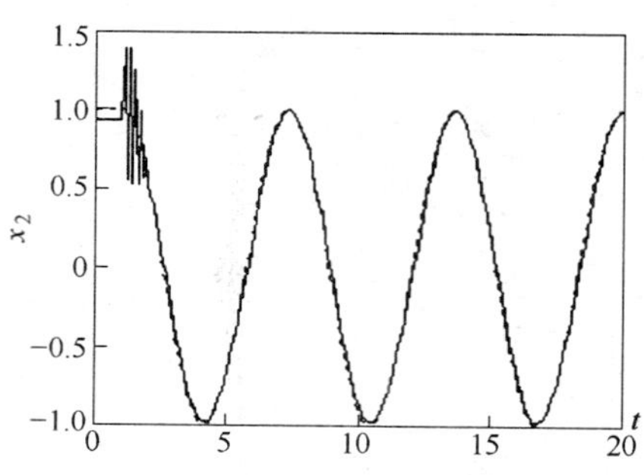

图 6.18　状态变量轨线 x_2（实线）和参考变量轨线 $x_m(k+1)=\cos(k+1)$（点线）

6.5　结论

本章研究了三个问题。在第一个问题中，利用动态补偿器和不等式技巧得到了较少保守性的滑模稳定性条件，其不确定性可以是时变的也可以是非线性的。利用滑模控制与模糊控制的优势互补，改善了系统的动态品质，用模糊数模型和给出的双二次函数插值解模糊算法，简化了控制律分析和求解计算。

第二个问题中，研究了非线性不确定系统的模型到达控制问题。利用了动态补偿器把模型到达控制归结为滑模到达问题；用滑模控制保证了系统的快速性和鲁棒性；用模糊控制的柔化和智能作用改善了系统的运动品质；提出的双二次函数插值解模糊算法简化了控制律的分析和求解计算。

第三个问题中，考虑了一类非线性离散系统的模糊滑模控制问题。基于T－S模型构造模糊控制器来刻画给定系统的局部动态性能，然后利用全局滑模控制器作为监督控制器和全局模糊状态控制器构成组合控制器，使得系统的跟踪和鲁棒性能得到改善。最后，给出仿真例子证明本章所提方法的可行性和有效性。

第 7 章　不确定时滞系统的模糊滑模控制

7.1　引言

Takagi－Sugeno（T－S）[44,84]被成功地应用于非线性系统的镇定控制设计。在模糊规则的制定中，T－S 模型的模糊规则是利用线性状态方程作为后件部分，因此，其具有方便的分析结构，使得已经建立起来的传统的线性系统理论能够很容易地推广到全局闭环控制系统的理论分析中。文献[102]考虑了基于 T－S 模型的非线性时滞系统的稳定性分析和综合。文献[103]讨论了非线性动态系统的模糊跟踪控制设计问题。

在过去的几十年中，变结构控制由于具有鲁棒性而用来控制不确定系统[104－106]。当系统运动轨线到达滑动模态时，利用变结构控制使得系统对于外部干扰和参数变量具有不变性，而且变结构控制能够有效地处理不确定时滞系统[107]。在文献[108]中，考虑了一类不确定多时滞系统的鲁棒滑模控制。文献[109]考虑了一类状态和控制包含时滞的反馈镇定问题，但缺点是具有抖振现象。

基于以上问题，人们开始将模糊控制技术和滑模控制技术相结合，应用于诸多工程控制系统。我们可以看到，融合滑模技术的模糊控制能够有效地抑制在纯滑模控制中出现的抖振现象，而且利用模糊控制技术还能有效地减弱传统的滑模控制对不确定项的边界限制条件。在文献[110]中，考虑了一类非线性多输入多输出系统的输出跟踪控制问题，但系统中不包含时滞项。本章针对不确定时滞系统，研究了基于 T－S 模型的镇定问题。

7.2　不确定时滞系统的稳定性研究

在对系统的稳定性、鲁棒性和其他性能的分析中，最重要和有意义的是选择适当的模型来描述真实系统，所以在许多模糊建模方法中，T－S 模型模糊控制方法被广泛接受，并且作为有利的工具用来设计和分析模糊控制系统。典型的 T－S 模型控制方法是利用局部线性模型来描述系统动态，然后对各个局部模型进行光滑的集结。因为它对物理现象和过程提供了详细的描述，所以适合分析、预测、设计动态控制系统。

7.2.1 系统描述

考虑一类由 T－S 模型描述的连续时间非线性系统。系统通过模糊规则分解为 r 个简单的线性系统

Plant Rule i

$$\text{if } \theta_1 \text{ is } \mu_{i1} \cdots \theta_p \text{ is } \mu_{ip}$$

$$\text{then} \quad \dot{\boldsymbol{x}} = \boldsymbol{A}_i \boldsymbol{x}(t) + \boldsymbol{B}_i \boldsymbol{u}(t)$$

其中 $\boldsymbol{x} \in \mathbb{R}^n$ 是状态变量，$\boldsymbol{u}(t) \in \mathbb{R}^m$ 是控制输入向量，$\boldsymbol{A}_i$ 和 $\boldsymbol{B}_i$ 是具有适当维数的常数矩阵，$\theta_j(j=1,\cdots,p)$ 是前提变量，并且是状态变量函数，$\mu_{ij}(i=1,\cdots,r;j=1,\cdots,p)$ 是模糊集，r 是 if－then 的模糊规则数，且 p 是前提变量数。

对于各个模糊规则通过模糊集结得到如下全局的模糊模型

$$\dot{\boldsymbol{x}} = \frac{\sum_{i=1}^{r} \boldsymbol{w}_i(\theta)(\boldsymbol{A}_i \boldsymbol{x}(t) + \boldsymbol{B}_i \boldsymbol{u}(t))}{\sum_{i=1}^{r} w_i(\theta)} \tag{7.1}$$

式中，$\boldsymbol{\theta} = [\theta_1, \cdots, \theta_p]$ 和 $w_i: \mathbb{R}^p \to [0,1]$，$i=1,\cdots,r$ 是属于模糊规则 i 的隶属函数。

定义 $h_i(\theta) = \dfrac{w_i(\theta)}{\sum_{j=1}^{r} w_j(\theta)}$，系统(7.1)可写为如下形式：

$$\dot{\boldsymbol{x}} = \sum_{i=1}^{r} h_i(\theta)(\boldsymbol{A}_i \boldsymbol{x}(t) + \boldsymbol{B}_i \boldsymbol{u}(t)) \tag{7.2}$$

其系数 $h_i(\theta)$ 满足

$$h_i(\theta) \geqslant 0, \sum_{i=1}^{r} h_i(\theta) = 1 \tag{7.3}$$

模型(7.2)的前件部分不包含参数不确定项、外部干扰和时滞项。为了更精确地描述原系统，方程(7.2)可以被修正为如下适当形式：

$$\begin{aligned}\dot{\boldsymbol{x}}(t) = \sum_{i=1}^{r} h_i(\theta(t))[&(\boldsymbol{A}_{1i} + \Delta \boldsymbol{A}_{1i})\boldsymbol{x}(t) \\ &+ \boldsymbol{A}_{2i}\boldsymbol{x}(t-\tau(t)) + \boldsymbol{B}_i u(t) + \boldsymbol{h}_i(x,t)]\end{aligned} \tag{7.4}$$

其中 $\Delta \boldsymbol{A}_{1i}$ 代表与 $\boldsymbol{A}_{1i}$ 相应的参数扰动项，$\boldsymbol{h}_i(x,t)$ 定义为外部干扰。$\tau(t) \leqslant \tau_0$ 是有界的时变时滞并且假设 $\dot{\tau}(t) \leqslant \beta < 1$，即时变时滞函数的导数是连续有界的。

在以往文献中，还没有看到类似的模糊模型。因此利用 T－S 模型来逼近不确定非线性系统是合理的，所以在模糊模型(7.4)的 if－then 规则中包含了不确定项。

为证明的需要，给出如下假设。

假设 7.1 所有矩阵 $\boldsymbol{B}_i, i=1,\cdots,r$ 是相等的，即 $\boldsymbol{B}_1 = \boldsymbol{B}_2 = \cdots = \boldsymbol{B}_r = \boldsymbol{B}$，而且假设矩阵 $\boldsymbol{B}$ 是列满秩的。

假设 7.2 矩阵 $\boldsymbol{CB}$ 是非奇异的。

假设 7.3 所有的参数扰动 $\Delta \boldsymbol{A}_{1i}, \boldsymbol{h}_i, i=1,\cdots,r$ 满足匹配条件。存在 $\overline{\Delta \boldsymbol{A}_{1i}}(x)$ 和 $\bar{\boldsymbol{h}}_i(x,t)$ 使得 $\| \overline{\Delta \boldsymbol{A}_{1i}}(x) \| \leqslant \psi_{\Delta A_{1i}}$，$\| \bar{\boldsymbol{h}}_i(x,t) \| \leqslant \psi_{h_i}(t), i=1,\cdots,r$，其中 $\psi_{\Delta A_{1i}}$ 是已知数并且 ψ_{h_i} 是连续一致有界函数，使得

$$\Delta \boldsymbol{A}_{1i}(x) = \boldsymbol{B}\, \overline{\Delta \boldsymbol{A}_{1i}}(x), \boldsymbol{h}_i(x,t) = \boldsymbol{B}\, \bar{\boldsymbol{h}}_i(x,t) \tag{7.5}$$

假设 7.4 存在 $\psi_{\Delta A} = \max\{\psi_{\Delta A_i}, i=1,\cdots,r\}$ 和 $\psi_{\Delta h} = \max\{\psi_{\Delta h_i}, i=1,\cdots,r\}$。

7.2.2 匹配不确定时滞系统的模糊滑模控制器设计

考虑包含匹配不确定项的全局模型

$$\dot{\boldsymbol{x}} = \sum_{i=1}^{r} a_i(\theta)\left[\boldsymbol{A}_{1i}\boldsymbol{x} + \boldsymbol{A}_{2i}\boldsymbol{x}(t-\tau(t)) + \boldsymbol{B}\, \overline{\Delta A}_{1i}\boldsymbol{x}(t) + \boldsymbol{Bu}(t) + \boldsymbol{B}\, \bar{\boldsymbol{h}}_i\right] \tag{7.6}$$

由于证明的需要，首先给出下面两个引理。

引理 7.1[111] 对于所有具有适当维数的实矩阵 $\boldsymbol{\Sigma}_1$ 和 $\boldsymbol{\Sigma}_2$，下面不等式

$$\boldsymbol{\Sigma}_1^{\mathrm{T}}\boldsymbol{\Sigma}_2 + \boldsymbol{\Sigma}_2^{\mathrm{T}}\boldsymbol{\Sigma}_1 \leqslant \alpha \boldsymbol{\Sigma}_1^{\mathrm{T}}\boldsymbol{\Sigma}_1 + \alpha^{-1}\boldsymbol{\Sigma}_2^{\mathrm{T}}\boldsymbol{\Sigma}_2, \alpha > 0 \tag{7.7}$$

引理 7.2[111] 如果 $\boldsymbol{\Sigma}_1, \boldsymbol{\Sigma}_2$ 和 $\boldsymbol{\Sigma}_3$ 是实常数矩阵，并且 $\boldsymbol{H}(t)$ 是实矩阵函数满足 $H^{\mathrm{T}}(t)\boldsymbol{H}(t) \leqslant \psi \boldsymbol{I}, \psi > 0$。那么对于任意 $\varepsilon > 0$，下面不等式成立

$$\Sigma_1\Sigma_2 H(t)\Sigma_3 + \Sigma_3^{\mathrm{T}} H^{\mathrm{T}}(t)\Sigma_2^{\mathrm{T}}\Sigma_1^{\mathrm{T}} \leqslant \psi\varepsilon\Sigma_1\Sigma_2\Sigma_2^{\mathrm{T}}\Sigma_1^{\mathrm{T}} + \varepsilon^{-1}\Sigma_3^{\mathrm{T}}\Sigma_3 \tag{7.8}$$

构造变结构控制的关键点是设计切换面，而设计切换面有多种方法如极点配置方法和李雅普诺夫函数方法。本章利用文献[110]中的李雅普诺夫函数方法来设计切换面。

定义标量 s 的符号函数为

$$\operatorname{sgn} s=\begin{cases}1, s>0\\ 0, s=0\\ -1, s<0\end{cases}$$

对于向量 $\boldsymbol{s}\in\mathbb{R}^m$，定义

$$\operatorname{sgn}\boldsymbol{s}=[\operatorname{sgn}s_1,\operatorname{sgn}s_2,\cdots,\operatorname{sgn}s_m]^{\mathrm{T}}$$

为了控制满足匹配不确定项的控制系统(7.6)，我们给出定理 7.1。

定理 7.1 假设存在正定矩阵 $\boldsymbol{X},\boldsymbol{Q}$ 和矩阵 $\boldsymbol{Y}_i$，使得下面矩阵不等式

$$\boldsymbol{X}\boldsymbol{A}_{1i}^{\mathrm{T}}+\boldsymbol{A}_{1i}\boldsymbol{X}-\boldsymbol{B}_i\boldsymbol{Y}_i-\boldsymbol{Y}_i^{\mathrm{T}}\boldsymbol{B}_i^{\mathrm{T}}+\boldsymbol{A}_{2i}\boldsymbol{X}\boldsymbol{Q}^{-1}\boldsymbol{X}\boldsymbol{A}_{2i}^{\mathrm{T}}+\frac{1}{1-\beta}\boldsymbol{Q}<0 \tag{7.9}$$

成立。定义切换数和切换面分别为

$$s=(\boldsymbol{B}^{\mathrm{T}}\boldsymbol{P}\boldsymbol{B})^{-1}\boldsymbol{B}^{\mathrm{T}}\boldsymbol{P}\boldsymbol{x} \tag{7.10}$$

$$S=\{x\in R^n \mid \boldsymbol{B}^{\mathrm{T}}\boldsymbol{P}\boldsymbol{x}=0\}$$

令

$$\boldsymbol{P}=\boldsymbol{X}^{-1} \tag{7.11}$$

并且设计变结构控制器

$$\begin{aligned}\boldsymbol{u}=&-\sum_{i=1}^{r}a_i(\theta)(\boldsymbol{B}^{\mathrm{T}}\boldsymbol{P}\boldsymbol{B})^{-1}\boldsymbol{B}^{\mathrm{T}}\boldsymbol{P}\boldsymbol{A}_{1i}\boldsymbol{x}(t)\\&-\sum_{i=1}^{r}a_i(\theta)(\boldsymbol{B}^{\mathrm{T}}\boldsymbol{P}\boldsymbol{B})^{-1}\boldsymbol{B}^{\mathrm{T}}\boldsymbol{P}\boldsymbol{A}_{2i}\boldsymbol{x}(t-\tau(t))\\&-\beta_1 s-\beta_2\operatorname{sgn}\boldsymbol{s}-[\psi_{\Delta A}\|\boldsymbol{x}(t)\|+\psi_{\mathrm{h}}(t)]\operatorname{sgn}\boldsymbol{s}\end{aligned} \tag{7.12}$$

式中，β_1 和 β_2 是两个正数，那么由式(7.6)和式(7.12)组成的闭环系统是渐近稳定。

证明 证明分两步。第一步证明在控制器(7.12)的作用下，系统(7.6)的运动轨线在有限时间内到达切换面 s，并且保持在切换面上。第二步证明限制在切换面上的系统(7.4)的运动轨线是渐近稳定的。

首先证明第一步。沿着系统(7.6)和(7.12)对 s 求导数

$$\begin{aligned}\dot{s}&=(\boldsymbol{B}^{\mathrm{T}}\boldsymbol{P}\boldsymbol{B})^{-1}\boldsymbol{B}^{\mathrm{T}}\boldsymbol{P}\dot{x}\\&=\sum_{i=1}^{r}a_i(\theta)(\boldsymbol{B}^{\mathrm{T}}\boldsymbol{P}\boldsymbol{B})^{-1}\boldsymbol{B}^{\mathrm{T}}\boldsymbol{P}\boldsymbol{A}_{1i}x+\sum_{i=1}^{r}a_i(\theta)(\boldsymbol{B}^{\mathrm{T}}\boldsymbol{P}\boldsymbol{B})^{-1}\boldsymbol{B}^{\mathrm{T}}\boldsymbol{P}\boldsymbol{A}_{2i}x(t-\tau)\\&\quad+u(t)+\sum_{i=1}^{t}a_i(\theta)[\overline{\Delta\boldsymbol{A}_{1i}x}+\bar{\boldsymbol{h}}_i]\end{aligned} \tag{7.13}$$

将方程（7.12）代入方程(7.13)，得

$$\dot{s} = -\beta_1 s - \beta_2 \mathrm{sgn}\, s - [\psi_{\Delta A} \| x(t) \| + \psi_{\mathrm{h}}(t)]\mathrm{sgn}\, s + \sum_{i=1}^{r} a_i(\theta)[\overline{\Delta A_{1i}}(x)x + \bar{h}_i(x,t)] \tag{7.14}$$

为了证明切换条件满足，需验证 $s^{\mathrm{T}}\dot{s} < 0$：

$$\begin{aligned}
s^{\mathrm{T}}\dot{s} &= -\beta_1 s^{\mathrm{T}} s - \beta_2 s^{\mathrm{T}} \mathrm{sgn}\, s - [\psi_{\Delta A} \| x(t) \| + \psi_{\mathrm{h}}(t)] s^{\mathrm{T}} \mathrm{sgn}\, s \\
&\quad + s^{\mathrm{T}} \sum_{i=1}^{r} a_i(\theta)[\overline{\Delta A_{1i}} x(t) + \bar{h}_i] \\
&= -\beta_1 \| s \| - \beta_2 \sum_{j=1}^{m} |s_j| - [\psi_{\Delta A} \| x(t) \| + \psi_{\mathrm{h}}(t)] \sum_{j=1}^{m} |s_j| \\
&\quad + s^{\mathrm{T}} \sum_{i=1}^{r} a_i(\theta)[\overline{\Delta A_{1i}} x(t) + \bar{h}_i] \\
&\leqslant -\beta_1 \| s \| - \beta_2 \sum_{j=1}^{m} |s_j| - [\psi_{\Delta A} \| x(t) \| + \psi_{\mathrm{h}}(t)] \sum_{j=1}^{m} |s_j| \\
&\quad + \sum_{j=1}^{m} |s_j| \left\| \sum_{i=1}^{r} a_i(\theta)[\overline{\Delta A_{1i}} x(t) + \bar{h}_i] \right\| \\
&\leqslant -\beta_1 \| s \| - \beta_2 \sum_{j=1}^{m} |s_j| - [\psi_{\Delta A} \| x(t) \| + \psi_{\mathrm{h}}(t)] \sum_{j=1}^{m} |s_j| \\
&\quad + \sum_{j=1}^{m} |s_j| \times \sum_{i=1}^{r} a_i(\theta) \| [\overline{\Delta A_{1i}} x(t) + \bar{h}_i] \| \\
&\leqslant -\beta_1 \| s \| - \beta_2 \sum_{j=1}^{m} |s_j| - [\psi_{\Delta A} \| x(t) \| + \psi_{\mathrm{h}}(t)] \sum_{j=1}^{m} |s_j| \\
&\quad + \sum_{j=1}^{m} |s_j| \times \sum_{i=1}^{r} a_i(\theta)(\| \overline{\Delta A_{1i}} x(t) \| + \| \bar{h}_i \|) \\
&\leqslant -\beta_1 \| s \| - \beta_2 \sum_{j=1}^{m} |s_j| - [\psi_{\Delta A} \| x(t) \| + \psi_{\mathrm{h}}(t)] \sum_{j=1}^{m} |s_j| \\
&\quad + \sum_{j=1}^{m} |s_j| \times \sum_{i=1}^{r} a_i(\theta)(\| \overline{\Delta A_{1i}} \| \| x(t) \| + \| \bar{h}_i \|) \\
&\leqslant -\beta_1 \| s \| - \beta_2 \sum_{j=1}^{m} |s_j| - [\psi_{\Delta A} \| x(t) \| + \psi_{\mathrm{h}}(t)] \sum_{j=1}^{m} |s_j| \\
&\quad + \sum_{j=1}^{m} |s_j| \times \sum_{i=1}^{r} a_i(\theta)(\psi_{\Delta A_{1i}} \| x(t) \| + \psi_{\mathrm{h}_i}(t)) \\
&\leqslant -\beta_1 \| s \| - \beta_2 \sum_{j=1}^{m} |s_j|
\end{aligned} \tag{7.15}$$

可以看出

$$s^{\mathrm{T}}\dot{s}<0 \tag{7.16}$$

由式(7.15)和式(7.16),可知系统轨线满足到达条件,以及轨线在有限时间内到达滑模面并且保持在上面。

现在给出第二步系统稳定性分析的证明,选择李雅普诺夫函数

$$V(\boldsymbol{x}(t)) = \boldsymbol{x}^{\mathrm{T}}(t)\boldsymbol{P}\boldsymbol{x}(t) + \frac{1}{1-\beta}\int_{t-\tau}^{t}\boldsymbol{x}^{\mathrm{T}}(\sigma)\boldsymbol{S}\boldsymbol{x}(\sigma)\mathrm{d}\sigma \tag{7.17}$$

式中,$\boldsymbol{P}=X^{-1}>0$ 和 $\boldsymbol{S}=\boldsymbol{PQP}$。令 $\boldsymbol{K}_i=\boldsymbol{Y}_i\boldsymbol{X}^{-1}$。由引理 7.1,沿轨线(7.6)对 V 求导

$$\begin{aligned}
\dot{V}(\boldsymbol{x}(t)) &= \dot{\boldsymbol{x}}^{\mathrm{T}}\boldsymbol{P}\boldsymbol{x}+\boldsymbol{x}^{\mathrm{T}}\boldsymbol{P}\dot{\boldsymbol{x}}+\frac{1}{1-\beta}\boldsymbol{x}^{\mathrm{T}}\boldsymbol{S}\boldsymbol{x}-\frac{1-\dot{\tau}}{1-\beta}\boldsymbol{x}^{\mathrm{T}}(t-\tau)\boldsymbol{S}\boldsymbol{x}(t-\tau)\\
&= \sum_{i=1}^{r}a_i(\theta)[\boldsymbol{A}_{1i}\boldsymbol{x}+\boldsymbol{A}_{2i}\boldsymbol{x}(t-\tau)+\boldsymbol{B}\overline{\Delta\boldsymbol{A}_{1i}}\boldsymbol{x}+\boldsymbol{B}\boldsymbol{u}(t)+\boldsymbol{B}\bar{h}_i]^{\mathrm{T}}P\boldsymbol{x}\\
&\quad+\boldsymbol{x}^{\mathrm{T}}P\sum_{i=1}^{r}a_i(\theta)[\boldsymbol{A}_{1i}\boldsymbol{x}+\boldsymbol{A}_{2i}\boldsymbol{x}(t-\tau)+\boldsymbol{B}\overline{\Delta\boldsymbol{A}_{1i}}\boldsymbol{x}+\boldsymbol{B}\boldsymbol{u}(t)+\boldsymbol{B}\bar{h}_i]\\
&\quad+\frac{1}{1-\beta}\boldsymbol{x}^{\mathrm{T}}\boldsymbol{S}\boldsymbol{x}-\frac{1-\dot{\tau}}{1-\beta}\boldsymbol{x}^{\mathrm{T}}(t-\tau)\boldsymbol{S}\boldsymbol{x}(t-\tau)\\
&= \sum_{i=1}^{r}a_i(\theta)\boldsymbol{x}^{\mathrm{T}}[\boldsymbol{A}_{1i}^{\mathrm{T}}\boldsymbol{P}+\boldsymbol{P}\boldsymbol{A}_{1i}]\boldsymbol{x}+2\sum_{i=1}^{r}a_i(\theta)\boldsymbol{x}^{\mathrm{T}}\boldsymbol{P}\boldsymbol{A}_{2i}\boldsymbol{x}(t-\tau)+\frac{1}{1-\beta}\boldsymbol{x}^{\mathrm{T}}\boldsymbol{S}\boldsymbol{x}\\
&\quad-\frac{1-\dot{\tau}}{1-\beta}\boldsymbol{x}^{\mathrm{T}}(t-\tau)\boldsymbol{S}x(t-\tau)+2\sum_{i=1}^{r}a_i(\theta)\boldsymbol{x}^{\mathrm{T}}\boldsymbol{P}\boldsymbol{B}[\overline{\Delta A_{1i}}+u(t)+\bar{h}_i]\\
&\leqslant \sum_{i=1}^{r}a_i(\theta)\boldsymbol{x}^{\mathrm{T}}(\boldsymbol{P}\boldsymbol{A}_{1i}+\boldsymbol{A}_{1i}^{\mathrm{T}}\boldsymbol{P}+\boldsymbol{P}\boldsymbol{A}_{2i}\boldsymbol{S}^{-1}\boldsymbol{A}_{2i}^{\mathrm{T}}\boldsymbol{P}-\boldsymbol{P}\boldsymbol{B}\boldsymbol{K}_i-\boldsymbol{K}_i^{\mathrm{T}}\boldsymbol{B}^{\mathrm{T}}\boldsymbol{P})\boldsymbol{x}\\
&\quad+\boldsymbol{x}^{\mathrm{T}}(t-\tau)\boldsymbol{S}\boldsymbol{x}(t-\tau)+\frac{1}{1-\beta}\boldsymbol{x}^{\mathrm{T}}\boldsymbol{S}\boldsymbol{x}-\frac{1-\dot{\tau}}{1-\beta}\boldsymbol{x}^{\mathrm{T}}(t-\tau)\boldsymbol{S}\boldsymbol{x}(t-\tau)\\
&\quad+2\sum_{i=1}^{r}a_i(\theta)\boldsymbol{x}^{\mathrm{T}}\boldsymbol{P}\boldsymbol{B}[u(t)+\boldsymbol{K}_i x+\overline{\Delta\boldsymbol{A}_{1i}}+\bar{h}_i]\\
&\leqslant \sum_{i=1}^{r}a_i(\theta)\boldsymbol{x}^{\mathrm{T}}(\boldsymbol{P}\boldsymbol{A}_{1i}+\boldsymbol{A}_{1i}^{\mathrm{T}}\boldsymbol{P}+\boldsymbol{P}\boldsymbol{A}_{2i}\boldsymbol{S}^{-1}\boldsymbol{A}_{2i}^{\mathrm{T}}\boldsymbol{P}-\boldsymbol{P}\boldsymbol{B}\boldsymbol{K}_i-\boldsymbol{K}_i^{\mathrm{T}}\boldsymbol{B}^{\mathrm{T}}\boldsymbol{P}+\frac{\boldsymbol{S}}{1-\beta})\boldsymbol{x}\\
&= \sum_{i=1}^{r}a_i(\theta)\boldsymbol{x}^{\mathrm{T}}\boldsymbol{P}(\boldsymbol{A}_{1i}\boldsymbol{X}+\boldsymbol{X}\boldsymbol{A}_{1i}^{\mathrm{T}}+\boldsymbol{A}_{2i}\boldsymbol{X}\boldsymbol{Q}^{-1}\boldsymbol{X}\boldsymbol{A}_{2i}^{\mathrm{T}}-\boldsymbol{B}\boldsymbol{Y}_i-\boldsymbol{Y}_i^{\mathrm{T}}\boldsymbol{B}^{\mathrm{T}}+\frac{1}{1-\beta}\boldsymbol{Q})\boldsymbol{P}\boldsymbol{x}
\end{aligned} \tag{7.18}$$

因为在定理 7.1 中不等式(7.9)成立,所以 $\dot{V}<0$,易知保持在切换面 S 上的轨线是渐近稳定。定理 7.1 中的不等式(7.9)可以被转换为线性

矩阵不等式

$$\begin{bmatrix} A_{1i}X + XA_{1i}^{\mathrm{T}} - BY_i - Y_i^{\mathrm{T}}B^{\mathrm{T}} + \frac{1}{1-\beta}Q & A_{2i}X \\ XA_{2i}^{\mathrm{T}} & -Q \end{bmatrix} < 0 \tag{7.19}$$

线性矩阵不等式可以通过 Matlab 的 LMI 工具箱方便求解。

7.2.3 非匹配不确定项时滞系统的模糊滑模控制器设计

在本节中,我们考虑不确定项 ΔA_{1i} 不满足匹配条件的情况,但是要求其是范数有界的,并且假设 $\Delta A_{1i} = HF_iE$, 其中 $F_i^{\mathrm{T}}F_i \leqslant I$,$H$ 和 E 是具有适当维数的矩阵。干扰 $h_i(x,t)$ 的定义与上一节相同。给出定理 7.2 如下。

定理 7.2 假设存在正定矩阵 X,Q 和矩阵 Y_i,使得下面矩阵不等式

$$XA_{1i}^{\mathrm{T}} + A_{1i}X - B_iY_i - Y_i^{\mathrm{T}}B_i^{\mathrm{T}} + A_{2i}XQ^{-1}XA_{2i}^{\mathrm{T}} + \rho_iHH^{\mathrm{T}} + \frac{1}{\rho_i}XE^{\mathrm{T}}EX + \frac{1}{1-\beta}Q < 0 \tag{7.20}$$

成立。切换面和切换函数的设计和上节相同,设计如下控制器

$$\begin{aligned} u = & -\sum_{i=1}^{r} a_i(\theta)(B^{\mathrm{T}}PB)^{-1}B^{\mathrm{T}}PA_{1i}x(t) - \sum_{i=1}^{r} a_i(\theta)(B^{\mathrm{T}}PB)^{-1}B^{\mathrm{T}}PA_{2i}x(t-\tau(t)) \\ & -\beta_1 s - \beta_2 \operatorname{sgn} s - [\, \|(B^{\mathrm{T}}PB)^{-1}B^{\mathrm{T}}P\| \, \|H\| \, \|E\| \, \|x(t)\| + \psi_{\mathrm{h}}(t)] \operatorname{sgn} s \end{aligned} \tag{7.21}$$

式中,β_1 和 β_2 是正数,那么由控制器(7.21)控制的闭环系统(7.6)是渐近稳定的。

证明 到达条件应该满足

$$\begin{aligned} \dot{s} &= (B^{\mathrm{T}}PB)^{-1}B^{\mathrm{T}}P\dot{x} \\ &= \sum_{i=1}^{r} a_i(\theta)(B^{\mathrm{T}}PB)^{-1}B^{\mathrm{T}}PA_{1i}x + \sum_{i=1}^{r} a_i(\theta)(B^{\mathrm{T}}PB)^{-1}B^{\mathrm{T}}PA_{2i}x(t-\tau) \\ &\quad + u(t) + \sum_{i=1}^{r} a_i(\theta)(B^{\mathrm{T}}PB)^{-1}B^{\mathrm{T}}P\Delta A_{1i}x(t) + \sum_{i=1}^{r} a_i(\theta)\bar{h}_i \\ &= -\beta_1 s - \beta_2 \operatorname{sgn} s - [\, \|(B^{\mathrm{T}}PB)^{-1}B^{\mathrm{T}}P\| \, \|H\| \, \|E\| \, \|x\| + \psi_{\mathrm{h}}] \operatorname{sgn} s \\ &\quad + \sum_{i=1}^{r} a_i(\theta)(B^{\mathrm{T}}PB)^{-1}B^{\mathrm{T}}P\Delta A_{1i}x(t) + \sum_{i=1}^{r} a_i(\theta)\bar{h}_i \end{aligned} \tag{7.22}$$

验证条件 $s^{\mathrm{T}}\dot{s} < 0$

$$
\begin{aligned}
\boldsymbol{s}^{\mathrm{T}}\dot{\boldsymbol{s}} &= -\beta_1 s^{\mathrm{T}} s - \beta_2 s^{\mathrm{T}}\operatorname{sgn} s - [\,\|(\boldsymbol{B}^{\mathrm{T}}\boldsymbol{P}\boldsymbol{B})^{-1}\boldsymbol{B}^{\mathrm{T}}\boldsymbol{P}\|\,\|\boldsymbol{H}\|\,\|\boldsymbol{E}\|\,\|\boldsymbol{x}\| + \psi_{\mathrm{h}}]\boldsymbol{s}^{\mathrm{T}}\operatorname{sgn}\boldsymbol{s} \\
&\quad + s^{\mathrm{T}}\Big(\sum_{i=1}^{r} a_i(\theta)(\boldsymbol{B}^{\mathrm{T}}\boldsymbol{P}\boldsymbol{B})^{-1}\boldsymbol{B}^{\mathrm{T}}\boldsymbol{P}\Delta\boldsymbol{A}_{1i}\boldsymbol{x}(t)\Big) + s^{\mathrm{T}}\Big(\sum_{i=1}^{r} a_i(\theta)\,\bar{h}_i\Big) \\
&= -\beta_1\|s\| - \beta_2\sum_{j=1}^{m}|s_j| - [\,\|(\boldsymbol{B}^{\mathrm{T}}\boldsymbol{P}\boldsymbol{B})^{-1}\boldsymbol{B}^{\mathrm{T}}\boldsymbol{P}\|\,\|\boldsymbol{H}\|\,\|\boldsymbol{E}\|\,\|\boldsymbol{x}\| + \psi_{\mathrm{h}}]\sum_{j=1}^{m}|s_j| \\
&\quad + s^{\mathrm{T}}\Big(\sum_{i=1}^{r} a_i(\theta)(\boldsymbol{B}^{\mathrm{T}}\boldsymbol{P}\boldsymbol{B})^{-1}\boldsymbol{B}^{\mathrm{T}}\boldsymbol{P}\Delta\boldsymbol{A}_{1i}\boldsymbol{x}(t)\Big) + s^{\mathrm{T}}\Big(\sum_{i=1}^{r} a_i(\theta)\,\bar{h}_i\Big) \\
&\leqslant -\beta_1\|s\| - \beta_2\sum_{j=1}^{m}|s_j| - [\,\|(\boldsymbol{B}^{\mathrm{T}}\boldsymbol{P}\boldsymbol{B})^{-1}\boldsymbol{B}^{\mathrm{T}}\boldsymbol{P}\|\,\|\boldsymbol{H}\|\,\|\boldsymbol{E}\|\,\|\boldsymbol{x}\| + \psi_h]\sum_{j=1}^{m}|s_j| \\
&\quad + \sum_{j=1}^{m}|s_j| \times \Big\|\sum_{i=1}^{r} a_i(\theta)(\boldsymbol{B}^{\mathrm{T}}\boldsymbol{P}\boldsymbol{B})^{-1}\boldsymbol{B}^{\mathrm{T}}\boldsymbol{P}\Delta\boldsymbol{A}_{1i}\boldsymbol{x}(t)\Big\| + \sum_{j=1}^{m}|s_j| \times \Big\|\sum_{i=1}^{r} a_i(\theta)\,\bar{h}_i\Big\| \\
&\leqslant -\beta_1\|s\| - \beta_2\sum_{j=1}^{m}|s_j| - [\,\|(\boldsymbol{B}^{\mathrm{T}}\boldsymbol{P}\boldsymbol{B})^{-1}\boldsymbol{B}^{\mathrm{T}}\boldsymbol{P}\|\,\|\boldsymbol{H}\|\,\|\boldsymbol{E}\|\,\|\boldsymbol{x}\| + \psi_{\mathrm{h}}]\sum_{j=1}^{m}|s_j| \\
&\quad + \sum_{j=1}^{m}|s_j| \times \sum_{i=1}^{r} a_i(\theta)(\boldsymbol{B}^{\mathrm{T}}\boldsymbol{P}\boldsymbol{B})^{-1}\boldsymbol{B}^{\mathrm{T}}\boldsymbol{P}\|\Delta\boldsymbol{A}_{1i}\boldsymbol{x}(t)\| + \sum_{j=1}^{m}|s_j| \times \sum_{i=1}^{r} a_i(\theta)\|\bar{h}_i\| \\
&\leqslant -\beta_1\|s\| - \beta_2\sum_{j=1}^{m}|s_j| - [\,\|(\boldsymbol{B}^{\mathrm{T}}\boldsymbol{P}\boldsymbol{B})^{-1}\boldsymbol{B}^{\mathrm{T}}\boldsymbol{P}\|\,\|\boldsymbol{H}\|\,\|\boldsymbol{E}\|\,\|\boldsymbol{x}\| + \psi_{\mathrm{h}}]\sum_{j=1}^{m}|s_j| \\
&\quad + \sum_{j=1}^{m}|s_j| \times \sum_{i=1}^{r} a_i(\theta)\,\|(\boldsymbol{B}^{\mathrm{T}}\boldsymbol{P}\boldsymbol{B})^{-1}\boldsymbol{B}^{\mathrm{T}}\boldsymbol{P}\|\,\|\Delta\boldsymbol{A}_{1i}\|\,\|\boldsymbol{x}(t)\| + \sum_{j=1}^{m}|s_j| \\
&\quad \times \sum_{i=1}^{r} a_i(\theta)\psi_{h_i} \\
&\leqslant -\beta_1\|s\| - \beta_2\sum_{j=1}^{m}|s_j| - [\,\|(\boldsymbol{B}^{\mathrm{T}}\boldsymbol{P}\boldsymbol{B})^{-1}\boldsymbol{B}^{\mathrm{T}}\boldsymbol{P}\|\,\|\boldsymbol{H}\|\,\|\boldsymbol{E}\|\,\|\boldsymbol{x}\| + \psi_{\mathrm{h}}]\sum_{j=1}^{m}|s_j| \\
&\quad + \sum_{j=1}^{m}|s_j| \times \sum_{i=1}^{r} a_i(\theta)\,\|(\boldsymbol{B}^{\mathrm{T}}\boldsymbol{P}\boldsymbol{B})^{-1}\boldsymbol{B}^{\mathrm{T}}\boldsymbol{P}\|\,\|\boldsymbol{H}\|\,\|\boldsymbol{E}\|\,\|\boldsymbol{x}\| \\
&\quad + \sum_{j=1}^{m}|s_j| \times \sum_{i=1}^{r} a_i(\theta)\psi_{h_i} \leqslant -\beta_1\|s\| - \beta_2\sum_{j=1}^{m}|s_j|
\end{aligned}
\tag{7.23}
$$

所以,切换条件 $s^{\mathrm{T}}\dot{s} < 0$ 满足。

现在证明系统(7.6)是渐近稳定的。构造李雅普诺夫函数

$$
\boldsymbol{V}(\boldsymbol{x}(t)) = \boldsymbol{x}^{\mathrm{T}}(t)\boldsymbol{P}\boldsymbol{x}(t) + \frac{1}{1-\beta}\int_{t-\tau}^{t}\boldsymbol{x}^{\mathrm{T}}(\sigma)\boldsymbol{S}\boldsymbol{x}(\sigma)\,\mathrm{d}\sigma \tag{7.24}
$$

其中 $\boldsymbol{P} = \boldsymbol{X}^{-1} > 0$ 和 $\boldsymbol{S} = \boldsymbol{PQP}, \boldsymbol{K}_i = \boldsymbol{Y}_i\boldsymbol{X}^{-1}$。由引理 7.1 得

$$
\dot{V}(x(t)) = \dot{\boldsymbol{x}}^{\mathrm{T}}\boldsymbol{P}\boldsymbol{x} + \boldsymbol{x}^{\mathrm{T}}\boldsymbol{P}\dot{\boldsymbol{x}} + \frac{1}{1-\beta}\boldsymbol{x}^{\mathrm{T}}\boldsymbol{S}\boldsymbol{x} - \frac{1-\dot{\tau}}{1-\beta}\boldsymbol{x}^{\mathrm{T}}(t-\tau)\boldsymbol{S}\boldsymbol{x}(t-\tau)
$$

$$= \sum_{i=1}^{r} a_i(\theta)\boldsymbol{x}^{\mathrm{T}}(\boldsymbol{A}_{1i}^{\mathrm{T}}\boldsymbol{P} + \boldsymbol{P}\boldsymbol{A}_{1i})\boldsymbol{x} + 2\sum_{i=1}^{r} a_i(\theta)\boldsymbol{x}^{\mathrm{T}}\boldsymbol{P}\boldsymbol{A}_{2i}\boldsymbol{x}(t-\tau)$$

$$+ \frac{1}{1-\beta}\boldsymbol{x}^{\mathrm{T}}\boldsymbol{S}\boldsymbol{x} - \frac{1-\dot{\tau}}{1-\beta}\boldsymbol{x}^{\mathrm{T}}(t-\tau)\boldsymbol{S}\boldsymbol{x}(t-\tau) + 2\sum_{i=1}^{r} a_i(\theta)\boldsymbol{x}^{\mathrm{T}}\boldsymbol{P}\boldsymbol{B}[\boldsymbol{u}(t)$$

$$+ \boldsymbol{K}\boldsymbol{x} + \bar{h}_i] + \sum_{i=1}^{r} a_i(\theta)x^{\mathrm{T}}(\boldsymbol{P}\Delta\boldsymbol{A}_{1i} + \Delta\boldsymbol{A}_{1i}^{\mathrm{T}}\boldsymbol{P})x$$

$$\leqslant \sum_{i=1}^{r} a_i(\theta)\boldsymbol{x}^{\mathrm{T}}(\boldsymbol{A}_{1i}^{\mathrm{T}}\boldsymbol{P} + \boldsymbol{P}\boldsymbol{A}_{1i} + \boldsymbol{P}\boldsymbol{A}_{2i}\boldsymbol{S}^{-1}\boldsymbol{A}_{2i}^{\mathrm{T}} + \frac{1}{1-\beta}\boldsymbol{S}$$

$$- \boldsymbol{P}\boldsymbol{B}\boldsymbol{K} - \boldsymbol{K}^{\mathrm{T}}\boldsymbol{B}^{\mathrm{T}}\boldsymbol{P})\boldsymbol{x} + \sum_{i=1}^{r} a_i(\theta)\boldsymbol{x}^{\mathrm{T}}(\boldsymbol{P}\Delta\boldsymbol{A}_{1i} + \Delta\boldsymbol{A}_{1i}^{\mathrm{T}}\boldsymbol{P})\boldsymbol{x} \tag{7.25}$$

由引理 7.2 得

$$\boldsymbol{P}\Delta\boldsymbol{A}_{1i} + \Delta\boldsymbol{A}_{1i}^{\mathrm{T}}\boldsymbol{P} = \boldsymbol{P}\boldsymbol{H}\boldsymbol{F}_i\boldsymbol{E} + \boldsymbol{E}^{\mathrm{T}}\boldsymbol{F}_i^{\mathrm{T}}\boldsymbol{H}^{\mathrm{T}}\boldsymbol{P} \leqslant \rho_i\boldsymbol{P}\boldsymbol{H}\boldsymbol{H}^{\mathrm{T}}\boldsymbol{P} + \frac{1}{\rho_i}\boldsymbol{E}^{\mathrm{T}}\boldsymbol{E} \tag{7.26}$$

将式(7.26)代入式(7.25)得

$$\dot{V} \leqslant \sum_{i=1}^{r} a_i(\theta)\boldsymbol{x}^{\mathrm{T}}(\boldsymbol{A}_{1i}^{\mathrm{T}}\boldsymbol{P} + \boldsymbol{P}\boldsymbol{A}_{1i} + \boldsymbol{P}\boldsymbol{A}_{2i}\boldsymbol{S}^{-1}\boldsymbol{A}_{2i}^{\mathrm{T}}\boldsymbol{P} + \frac{1}{1-\beta}\boldsymbol{S}$$

$$- \boldsymbol{P}\boldsymbol{B}\boldsymbol{K} - \boldsymbol{K}^{\mathrm{T}}\boldsymbol{B}^{\mathrm{T}}\boldsymbol{P} + \rho_i\boldsymbol{P}\boldsymbol{H}\boldsymbol{H}^{\mathrm{T}}\boldsymbol{P} + \frac{1}{\rho_i}\boldsymbol{E}^{\mathrm{T}}\boldsymbol{E})\boldsymbol{x}$$

$$= \sum_{i=1}^{r} a_i(\theta)\boldsymbol{x}^{\mathrm{T}}\boldsymbol{P}(\boldsymbol{X}\boldsymbol{A}_{1i}^{\mathrm{T}} + \boldsymbol{A}_{1i}\boldsymbol{X} + \boldsymbol{A}_{2i}\boldsymbol{X}\boldsymbol{Q}^{-1}\boldsymbol{X}\boldsymbol{A}_{2i}^{\mathrm{T}} + \frac{1}{1-\beta}\boldsymbol{Q}$$

$$- \boldsymbol{B}\boldsymbol{Y} - \boldsymbol{Y}^{\mathrm{T}}\boldsymbol{B} + \rho_i\boldsymbol{H}\boldsymbol{H}^{\mathrm{T}} + \frac{1}{\rho_i}\boldsymbol{X}\boldsymbol{E}^{\mathrm{T}}\boldsymbol{E}\boldsymbol{X})\boldsymbol{P}\boldsymbol{x} \tag{7.27}$$

由定理 7.2 中的不等式，可得 $\dot{V} < 0$。

定理 7.2 中的不等式可以被表示为下列矩阵不等式形式

$$\begin{pmatrix} \boldsymbol{X}\boldsymbol{A}_{1i}^{\mathrm{T}} + \boldsymbol{A}_{1i}\boldsymbol{X} + \frac{1}{1-\beta}\boldsymbol{Q} - \boldsymbol{B}\boldsymbol{Y} - \boldsymbol{Y}^{\mathrm{T}}\boldsymbol{B}^{\mathrm{T}} + \rho_i\boldsymbol{H}\boldsymbol{H}^{\mathrm{T}} & \boldsymbol{A}_{2i}\boldsymbol{X} & \boldsymbol{X}\boldsymbol{E}^{\mathrm{T}} \\ \boldsymbol{A}_{2i}^{\mathrm{T}}\boldsymbol{X} & -\boldsymbol{Q} & 0 \\ \boldsymbol{X}\boldsymbol{E} & 0 & -\boldsymbol{\rho}_i \end{pmatrix} < 0 \tag{7.28}$$

线性矩阵不等式可以通过 Matlab 工具箱求解。

7.2.4 仿真算例

为了验证本节所设计的方法，我们利用计算机来模拟 truck - trailer

算例。传统的 truck - trailer 模型可以被表示为

$$\dot{x}_1(t) = -\frac{v\bar{t}}{Lt_0}x_1(t) + \frac{v\bar{t}}{lt_0}u(t),$$

$$\dot{x}_2(t) = \frac{v\bar{t}}{Lt_0}x_1(t),$$

$$\dot{x}_3(t) = \frac{v\bar{t}}{t_0}\sin\left[x_2(t) + \frac{v\bar{t}}{2L}x_1(t)\right]$$

模型的参数设为

$$l=2.8, L=5.5, v=-1.0, \bar{t}=2.0, t_0=0.5, d=\frac{10t_0}{\pi}$$

为了更精确地逼近原系统,改进原模型为

$$\dot{x}_1(t) = -a\frac{v\bar{t}}{Lt_0}x_1(t) - (1-a)\frac{v\bar{t}}{Lt_0}x_1(t-\tau) + \frac{v\bar{t}}{lt_0}u(t) + 0.1\sin(t)$$

$$\dot{x}_2(t) = \frac{v\bar{t}}{Lt_0}x_1(t) + (1-a)\frac{v\bar{t}}{Lt_0}x_1(t-\tau)$$

$$\dot{x}_3(t) = \frac{v\bar{t}}{t_0}\sin\left(x_2(t) + a\frac{v\bar{t}}{2L}x_1(t) + (1-a)\frac{v\bar{t}}{2L}x_1(t-\tau)\right)$$

常数 τ 是时滞常数。在这个例子中,假设 $a=0.7$。

下面利用模糊模型来设计模糊控制器。

rule1: if $\theta = x_2 + a\frac{v\bar{t}}{2L}x_1(t) + (1-a)\frac{v\bar{t}}{2L}x_1(t-\tau)$ is about 0,

then $\dot{\boldsymbol{x}}(t) = \boldsymbol{A}_{11}\boldsymbol{x}(t) + \Delta\boldsymbol{A}_{11}\boldsymbol{x}(t) + \boldsymbol{A}_{12}\boldsymbol{x}(t-\tau) + \boldsymbol{B}_1\boldsymbol{u}(t) + \boldsymbol{B}_1h_1(t)$

rule2: if $\theta(t) = x_2(t) + a\frac{v\bar{t}}{2L}x_1(t) + (1-a)\frac{v\bar{t}}{2L}x_1(t-\tau)$ is about π or $-\pi$,

then $\dot{\boldsymbol{x}}(t) = \boldsymbol{A}_{21}\boldsymbol{x}(t) + \Delta\boldsymbol{A}_{21}\boldsymbol{x}(t) + \boldsymbol{A}_{22}\boldsymbol{x}(t-\tau) + \boldsymbol{B}_2\boldsymbol{u}(t) + \boldsymbol{B}_2h_2(t)$

其中

$$\boldsymbol{A}_{11} = \begin{bmatrix} -a\frac{v\bar{t}}{Lt_0} & 0 & 0 \\ a\frac{v\bar{t}}{Lt_0} & 0 & 0 \\ a\frac{v^2\bar{t}^2}{2Lt_0} & \frac{v\bar{t}}{t_0} & 0 \end{bmatrix}, \boldsymbol{A}_{12} = \begin{bmatrix} -(1-a)\frac{v\bar{t}}{Lt_0} & 0 & 0 \\ (1-a)\frac{v\bar{t}}{Lt_0} & 0 & 0 \\ (1-a)\frac{v^2\bar{t}^2}{2Lt_0} & 0 & 0 \end{bmatrix}, \boldsymbol{B}_1 = \begin{bmatrix} \frac{v\bar{t}}{lt_0} \\ 0 \\ 0 \end{bmatrix}$$

$$A_{21}=\begin{bmatrix}-a\dfrac{v\bar{t}}{Lt_0} & 0 & 0\\ a\dfrac{v\bar{t}}{Lt_0} & 0 & 0\\ a\dfrac{dv^2\bar{t}^2}{2Lt_0} & \dfrac{dv\bar{t}}{t_0} & 0\end{bmatrix},\ A_{22}=\begin{bmatrix}-(1-a)\dfrac{v\bar{t}}{Lt_0} & 0 & 0\\ (1-a)\dfrac{v\bar{t}}{Lt_0} & 0 & 0\\ (1-a)\dfrac{dv^2\bar{t}^2}{2Lt_0} & 0 & 0\end{bmatrix},\ B_2=\begin{bmatrix}\dfrac{v\bar{t}}{lt_0}\\ 0\\ 0\end{bmatrix}$$

当不确定项满足匹配条件时，假设

$$\Delta A_{11}=B\,\overline{\Delta A_{11}},\ \overline{\Delta A_{11}}=[1\quad 0\quad 0],\ \Delta A_{21}=B\,\overline{\Delta A_{21}},\ \overline{\Delta A_{21}}=[1\quad 0\quad 0]$$

当参数不确定项不满足匹配条件时，假设其满足范数有界条件，

$$\Delta A_{11}=\begin{bmatrix}0.15\\ 0\\ 0.1\end{bmatrix}F(t)[0.1\quad -0.15\quad 0.15],$$

$$\Delta A_{21}=\begin{bmatrix}0.15\\ 0\\ 0.1\end{bmatrix}F(t)[0.15\quad -0.15\quad 0]$$

仿真结果如图 7.1 ~ 图 7.6 所示。由图形可以看出，在本章所设计的控制器的作用下，对于包含满足匹配条件和不满足匹配条件的系统状态轨线都是渐近稳定。

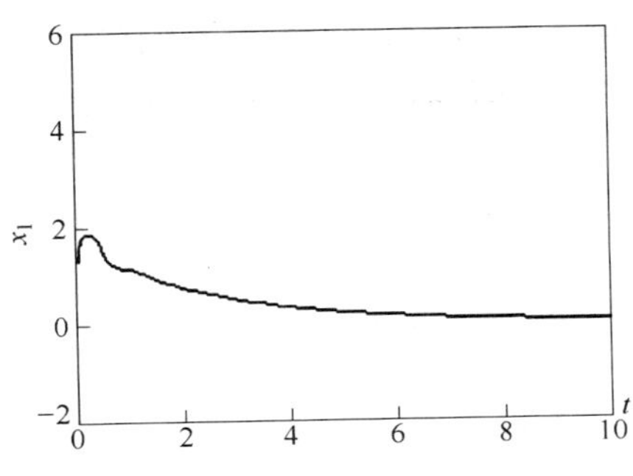

图 7.1 满足匹配条件的系统轨线 x_1

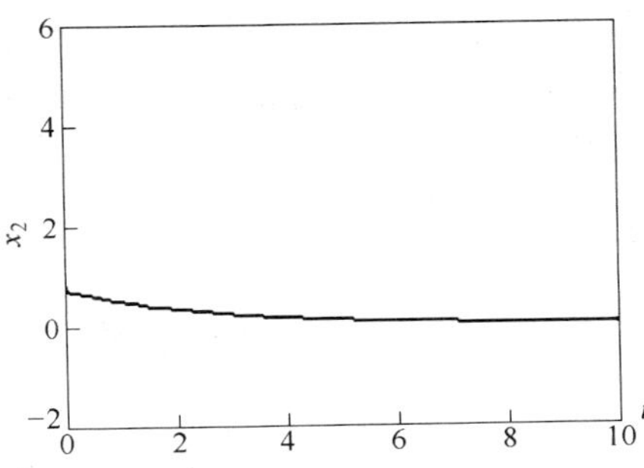

图 7.2 满足匹配条件的系统轨线 x_2

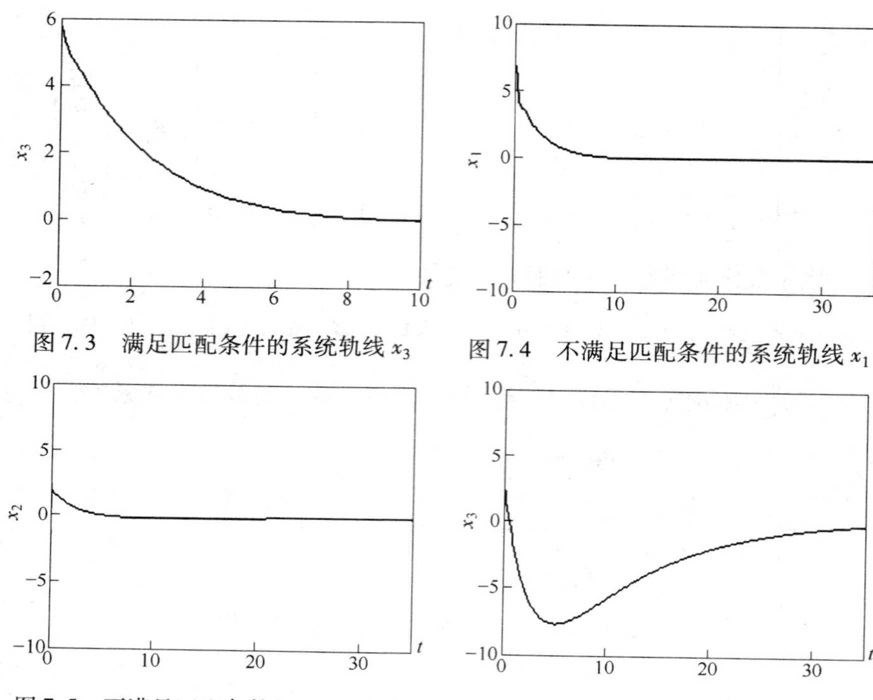

图 7.3　满足匹配条件的系统轨线 x_3

图 7.4　不满足匹配条件的系统轨线 x_1

图 7.5　不满足匹配条件的系统轨线 x_2

图 7.6　不满足匹配条件的系统轨线 x_3

7.3　不确定 T－S 模糊时滞系统新的滑模控制方法

本节针对包含时滞和参数不确定系统，尝试将模糊控制和变结构控制结合起来，通过设计模糊滑模控制器，使得系统达到指数渐近稳定，并且该稳定性条件能够被转换为线性矩阵不等式的求解问题。利用模糊逻辑系统，使得所设计的控制器能够在时滞项未知时，仍然能够保证到达条件成立。

7.3.1　问题描述

考虑非线性时滞不确定系统满足如下 T－S 模糊模型

$$\text{plant rule } i\,(i=1,\cdots,p)$$

$$\text{if } x_1(t) \text{ is } M_1^i \cdots x_n(t) \text{ is } M_n^i$$

$$\text{then } \dot{\boldsymbol{x}}(t)=(\boldsymbol{A}^i+\Delta\boldsymbol{A}^i)\boldsymbol{x}(t)+(\boldsymbol{A}_{\mathrm{d}}^i+\Delta\boldsymbol{A}_{\mathrm{d}}^i)\boldsymbol{x}(t-\tau_i(t))+\boldsymbol{B}\boldsymbol{u}(t)$$

其中 M_k^i 是模糊集合（$k=1,\cdots,n;i=1,\cdots,p$）；$\tau_i \in C_b^0(i=1,2,\cdots,p)$ 是时滞参数，C_b^0 是$[0,+\infty)$上的非负有界连续函数；$\boldsymbol{A}^i,\Delta\boldsymbol{A}^i \in \mathbb{R}^{n\times n}$是系统矩阵和系统不确定项矩阵；$\boldsymbol{A}_d^i,\Delta\boldsymbol{A}_d^i \in \mathbb{R}^{n\times n}$时滞矩阵和时滞不确定矩阵；$\boldsymbol{B} \in \mathbb{R}^{n\times m}$系统输入矩阵，$\operatorname{rank}(B)=m$。

假设$\mu_{M_k^i}(x_k(t))$表示 x_k 属于 M_k^i 的隶属度函数，那么定义

$$h_i(x(t)) = \prod_{k=1}^{n}\mu_{M_k^i}(x_k(t))$$

采用集结法得到如下全局 T－S 模糊模型

$$\begin{aligned}\dot{\boldsymbol{x}}(t) = \sum_{i=1}^{p}\omega_i(\boldsymbol{x}(t))[(\boldsymbol{A}^i+\Delta\boldsymbol{A}^i)\boldsymbol{x}(t)\\ +(\boldsymbol{A}_d^i+\Delta\boldsymbol{A}_d^i)\boldsymbol{x}(t-\tau_i(t))+\boldsymbol{B}\boldsymbol{u}(t)]\end{aligned} \quad (7.29)$$

其中，$\omega_i(\boldsymbol{x}(t)) = \dfrac{h_i(\boldsymbol{x}(t))}{\sum_{i=1}^{p}h_i(\boldsymbol{x}(t))}$，且满足$\sum_{i=1}^{p}\omega_i(\boldsymbol{x}(t))=1$ 和 $\omega_i(\boldsymbol{x}(t)) \in [0,1]$。

假设系统的不确定项不满足匹配条件，但是满足如下条件[42]

$$\Delta\boldsymbol{A}^i = \sum_{j=1}^{q}a_j^i\boldsymbol{A}_j^i,\ |a_j^i| \leqslant 1,\Delta\boldsymbol{A}_d^i = \sum_{j=1}^{q}\beta_j^i\boldsymbol{A}_{dj}^i,\ |\beta_j^i| \leqslant 1 \quad (7.30)$$

$$\Delta\boldsymbol{A}^i=\boldsymbol{G}^i\boldsymbol{D}^i\boldsymbol{H}^i,\Delta\boldsymbol{A}_d^i=\boldsymbol{G}_d^i\boldsymbol{D}_d^i\boldsymbol{H}_d^i \quad (7.31)$$

其中 $\boldsymbol{D}^i \in S_D,\boldsymbol{D}_d^i \in S_{D_d}$，且有如下定义

$$S_D = \{Y|Y=\text{blockdiag}[Y_1\ Y_2\cdots Y_g]0<Y_i=Y_i^T \in \mathbb{R}^{a_i\times a_i}\} \quad (7.32)$$

$$S_{D_d} = \{Y|Y=\text{blockdiag}[Y_{d1}\ Y_{d2}\cdots Y_{dg}]0<Y_{di}=Y_{di}^T \in \mathbb{R}^{a_{di}\times a_{di}}\} \quad (7.33)$$

因为 $\tau_i(t) \in C_b^0$，所以存在常数 $\tau>0$ 使得 $0\leqslant\tau_i(t)\leqslant\tau$。并且假设当 $t\in[-\tau,0]$时，系统的初始条件为 $\boldsymbol{x}(t)=\varphi(t)$。

由于 $\boldsymbol{B}$ 为列满秩矩阵，所以存在矩阵 $\boldsymbol{T}=\begin{bmatrix}\boldsymbol{U}_2^T\\ \boldsymbol{U}_1^T\end{bmatrix}$，$\boldsymbol{U}_1 \in \mathbb{R}^{n\times m}$，$\boldsymbol{U}_2 \in \mathbb{R}^{n\times(n-m)}$，使得 $\boldsymbol{TB}=\begin{bmatrix}0\\ \boldsymbol{B}_2^T\end{bmatrix}$，因此存在变换 $\boldsymbol{z}=\boldsymbol{Tx}$，使得系统能够被转换

为如下标准型

$$\begin{cases}\dot{z}_1(t) = \sum\limits_{i=1}^{p} \bar{\omega}_i(z(t))[(\bar{A}_{11}^i + \Delta\bar{A}_{11}^i)z_1(t) + (\bar{A}_{d11}^i + \Delta\bar{A}_{d11}^i)z_1(t-\tau_i(t)) \\ \qquad + (\bar{A}_{12}^i + \Delta\bar{A}_{12}^i)z_2(t) + (\bar{A}_{d12}^i + \Delta\bar{A}_{d12}^i)z_2(t-\tau_i(t))] \\ \dot{z}_2(t) = \sum\limits_{i=1}^{p} \bar{\omega}_i(z(t))[(\bar{A}_{21}^i + \Delta\bar{A}_{21}^i)z_1(t) + (\bar{A}_{d21}^i + \Delta\bar{A}_{d21}^i)z_1(t-\tau_i(t)) \\ \qquad + (\bar{A}_{22}^i + \Delta\bar{A}_{22}^i)z_2(t) + (\bar{A}_{d22}^i + \Delta\bar{A}_{d22}^i)z_2(t-\tau_i(t)) + \bar{B}_2 u(t)]\end{cases} \tag{7.34}$$

式中，$z_1(t)=\bar{\varphi}_1(t)$，$z_2(t)=\bar{\varphi}_2(t)$，$z_1\in\mathbb{R}^{n-m}$，$z_2\in\mathbb{R}^{m}$，$t\in[-\tau,0]$是初始值，且$\bar{A}_{11}^i=U_2^{\mathrm{T}}A^iU_2$，$\bar{A}_{12}^i=U_2^{\mathrm{T}}A^iU_1$，$\bar{A}_{d11}^i=U_2^{\mathrm{T}}A_d^iU_2$，$\bar{A}_{d12}^i=U_2^{\mathrm{T}}A_d^iU_1$，$\Delta\bar{A}_{11}^i=U_2^{\mathrm{T}}G^iD^iH^iU_2$，$\Delta\bar{A}_{d11}^i=U_2^{\mathrm{T}}G_d^iD_d^iH_d^iU_2$，$\Delta\bar{A}_{12}^i=U_2^{\mathrm{T}}G^iD^iH^iU_1$，$\Delta\bar{A}_{d12}^i=U_2^{\mathrm{T}}G_d^iD_d^iH_d^iU_1$，$\bar{\varphi}_1\in\mathbb{R}^{n-m}$和$\bar{\varphi}_2\in\mathbb{R}^{m}$是$\bar{\varphi}(t)$的子块。

选择如下滑模面：

$$S=[C\ I]z=Cz_1(t)+z_2(t) \tag{7.35}$$

式中，$C\in\mathbb{R}^{m\times(n-m)}$。将$z_2(t)=S-Cz_1(t)$带入式(7.34)，当$S=0$时，我们可以得到如下滑模方程

$$\dot{z}_1(t) = \sum_{i=1}^{p}\bar{\omega}_i(z(t))[(\tilde{A}_{11}^i+\Delta\tilde{A}_{11}^i)z_1(t) + (\tilde{A}_{d11}^i+\Delta\tilde{A}_{d11}^i)z_1(t-\tau_i(t))] \tag{7.36}$$

式中，$z_1(t)=\bar{\varphi}_1(t)$，$t\in[-\tau,0]$，$\tilde{A}_{11}^i=\bar{A}_{11}^i-\bar{A}_{12}^iC$，$\Delta\tilde{A}_{11}^i=\Delta\bar{A}_{11}^i-\Delta\bar{A}_{12}^iC=U_2^{\mathrm{T}}G^iD^iH^i(U_2-U_1C)$，$\tilde{A}_{d11}^i=\bar{A}_{d11}^i-\bar{A}_{d12}^iC$，$\Delta\tilde{A}_{d11}^i=\Delta\bar{A}_{d11}^i-\Delta\bar{A}_{d12}^iC=U_d^{\mathrm{T}}G_d^iD_d^iH_d^i(U_2-U_1C)$。

由于证明的需要，首先给出如下三个引理。

引理 7.3[70]　假设Q是$n\times n$矩阵，对于任意的常数$k>0$存在正定对称矩阵$P>0$，使得下式成立

$$2x^{\mathrm{T}}Qy\leqslant kx^{\mathrm{T}}QP^{-1}Q^{\mathrm{T}}x+\frac{1}{k}y^{\mathrm{T}}Py \tag{7.37}$$

引理 7.4[66]　假设 $\boldsymbol{D}^i \in \boldsymbol{S}_D, \boldsymbol{D}_{\mathrm{d}}^i \in \boldsymbol{S}_{D_{\mathrm{d}}}$，那么对于任意的 $\boldsymbol{X} \in \boldsymbol{S}_D, \boldsymbol{X}_{\mathrm{d}} \in \boldsymbol{S}_{D_{\mathrm{d}}}$ 有如下不等式成立

$$\boldsymbol{G}^i\boldsymbol{D}^i\boldsymbol{H}^i + (\boldsymbol{G}^i\boldsymbol{D}^i\boldsymbol{H}^i)^{\mathrm{T}} \leqslant \boldsymbol{G}^i\boldsymbol{X}(\boldsymbol{G}^i)^{\mathrm{T}} + (\boldsymbol{H}^i)^{\mathrm{T}}\boldsymbol{X}^{-1}\boldsymbol{H}^i \tag{7.38}$$

$$\boldsymbol{G}_{\mathrm{d}}^i\boldsymbol{D}_{\mathrm{d}}^i\boldsymbol{H}_{\mathrm{d}}^i + (\boldsymbol{G}_{\mathrm{d}}^i\boldsymbol{D}_{\mathrm{d}}^i\boldsymbol{H}_{\mathrm{d}}^i)^{\mathrm{T}} \leqslant \boldsymbol{G}_{\mathrm{d}}^i\boldsymbol{X}(\boldsymbol{G}_{\mathrm{d}}^i)^{\mathrm{T}} + (\boldsymbol{H}_{\mathrm{d}}^i)^{\mathrm{T}}\boldsymbol{X}^{-1}\boldsymbol{H}_{\mathrm{d}}^i \tag{7.39}$$

引理 7.5[66]　假设 $\boldsymbol{Q}=\boldsymbol{Q}^{\mathrm{T}}, \boldsymbol{R}=\boldsymbol{R}^{\mathrm{T}}, \boldsymbol{S}$ 是具有适当维数实矩阵，那么如下不等式成立

$$\begin{bmatrix} \boldsymbol{Q} & \boldsymbol{S} \\ \boldsymbol{S}^{\mathrm{T}} & \boldsymbol{R} \end{bmatrix} < 0 \tag{7.40}$$

其等价于

$$\boldsymbol{R}<0, \boldsymbol{Q}-\boldsymbol{S}\boldsymbol{R}^{-1}\boldsymbol{S}^{\mathrm{T}}<0 \tag{7.41}$$

7.3.2　主要结果

定理 7.3　如果存在对称正定矩阵 $\boldsymbol{Z} \in \mathbb{R}^{m \times m}, \boldsymbol{X} \in \boldsymbol{S}_D, X_{\mathrm{d}} \in S_{D_{\mathrm{d}}}$ 和矩阵 $\boldsymbol{Y} \in \mathbb{R}^{m \times (n-m)}$ 使得如下矩阵不等式

$$\begin{pmatrix} \boldsymbol{V}_{11} + \dfrac{2}{k_i}\boldsymbol{Z} & 0 \\ 0 & -\dfrac{1}{k_i}\boldsymbol{Z} + (\boldsymbol{Z}\boldsymbol{U}_2^{\mathrm{T}} - \boldsymbol{Y}^{\mathrm{T}}\boldsymbol{U}_1^{\mathrm{T}})(\boldsymbol{H}_{\mathrm{d}}^i)^{\mathrm{T}}\boldsymbol{X}^{-1}\boldsymbol{H}_{\mathrm{d}}^i(\boldsymbol{Z}\boldsymbol{U}_2^{\mathrm{T}} - \boldsymbol{Y}^{\mathrm{T}}\boldsymbol{U}_1^{\mathrm{T}})^{\mathrm{T}} \end{pmatrix} < 0 \tag{7.42}$$

成立，其中

$$\begin{aligned} \boldsymbol{Z} &= \boldsymbol{P}^{-1}, \boldsymbol{Y}=\boldsymbol{C}\boldsymbol{Z}, \boldsymbol{V}_{11} = k_i(\overline{\boldsymbol{A}}_{\mathrm{d}11}^i - \overline{\boldsymbol{A}}_{\mathrm{d}12}^i\boldsymbol{C})\boldsymbol{Z}(\overline{\boldsymbol{A}}_{\mathrm{d}11}^i - \overline{\boldsymbol{A}}_{\mathrm{d}12}^i\boldsymbol{C})^{\mathrm{T}} + (\overline{\boldsymbol{A}}_{11}^i\boldsymbol{Z})^{\mathrm{T}} \\ &\quad + \overline{\boldsymbol{A}}_{11}^i\boldsymbol{Z} - \overline{\boldsymbol{A}}_{12}^i\boldsymbol{Y} - (\overline{\boldsymbol{A}}_{12}^i\boldsymbol{Y})^{\mathrm{T}} + \boldsymbol{U}_2^{\mathrm{T}}\boldsymbol{G}^i\boldsymbol{X}(\boldsymbol{G}^i)^{\mathrm{T}}\boldsymbol{U}_2 \\ &\quad + (\boldsymbol{U}_2\boldsymbol{Z} - \boldsymbol{U}_1\boldsymbol{Y})^{\mathrm{T}}(\boldsymbol{H}^i)^{\mathrm{T}}\boldsymbol{X}^{-1}\boldsymbol{H}^i(\boldsymbol{U}_2\boldsymbol{Z} - \boldsymbol{U}_1\boldsymbol{Y}) + \boldsymbol{U}_2^{\mathrm{T}}\boldsymbol{G}_{\mathrm{d}}^i\boldsymbol{X}_{\mathrm{d}}(\boldsymbol{G}_{\mathrm{d}}^i)^{\mathrm{T}}\boldsymbol{U}_2 \end{aligned}$$

那么滑模系统(7.36)是指数渐近稳定的。

证明　由式(7.42)，易知存在充分小的常数 $\varepsilon>0$，使得下式

$$\boldsymbol{V}_{11} + \frac{2\mathrm{e}^{2\varepsilon t}}{k_i}\boldsymbol{Z} + 2\varepsilon\boldsymbol{Z} < 0 \tag{7.43}$$

成立。对于所有的 $t \geqslant 0$，定义如下可微函数

$$V(t) = \mathrm{e}^{2\varepsilon t} z_1^{\mathrm{T}} P z_1 \tag{7.44}$$

对式(7.44)沿着式(7.36)求导得

$$\dot{V}(t) = 2\varepsilon V(t) + \mathrm{e}^{2\varepsilon t} \sum_{i=1}^{p} \{ z_1^{\mathrm{T}}(t) [(\widetilde{A}_{11}^{i} + \Delta \widetilde{A}_{11}^{i})^{\mathrm{T}} P + P(\widetilde{A}_{11}^{i} + \Delta \widetilde{A}_{11}^{i})] z_1(t) + 2 z_1^{\mathrm{T}} P (\widetilde{A}_{\mathrm{d}11}^{i} + \Delta \widetilde{A}_{\mathrm{d}11}^{i}) z_1(t - \tau_i(t)) \}$$

由引理7.3得

$$\dot{V}(t) \leqslant 2\varepsilon V(t) + \mathrm{e}^{2\varepsilon t} \sum_{i=1}^{p} \{ z_1^{\mathrm{T}}(t) [(\widetilde{A}_{11}^{i} + \Delta \widetilde{A}_{11}^{i})^{\mathrm{T}} P + P(\widetilde{A}_{11}^{i} + \Delta \widetilde{A}_{11}^{i}) + k_i P \widetilde{A}_{\mathrm{d}11}^{i} P^{-1} (\widetilde{A}_{\mathrm{d}11}^{i}) P] z_1(t) + \frac{1}{k_i} z_1^{\mathrm{T}}(t - \tau_i(t)) P z_1(t - \tau_i(t)) + 2 z_1^{\mathrm{T}} P \Delta \widetilde{A}_{\mathrm{d}11}^{i} z_1(t - \tau_i(t)) \} \tag{7.45}$$

令

$$Q_i = k_i P \widetilde{A}_{\mathrm{d}11}^{i} P^{-1} (\widetilde{A}_{\mathrm{d}11}^{i})^{\mathrm{T}} P$$

那么

$$z_1^{\mathrm{T}}(t) [(\widetilde{A}_{11}^{i} + \Delta \widetilde{A}_{11}^{i})^{\mathrm{T}} P + P(\widetilde{A}_{11}^{i} + \Delta \widetilde{A}_{11}^{i} P + Q_i)] z_1(t) + \frac{1}{k_i} z_1^{\mathrm{T}}(t - \tau_i(t)) P z_1(t - \tau_i(t))$$

$$= \begin{bmatrix} z_1(t) \\ z_1(t - \tau_i(t)) \end{bmatrix}^{\mathrm{T}} \begin{bmatrix} (\widetilde{A}_{11}^{i} + \Delta \widetilde{A}_{11}^{i})^{\mathrm{T}} P + P(\widetilde{A}_{11}^{i} + \Delta \widetilde{A}_{11}^{i}) + Q_i & P \Delta \widetilde{A}_{\mathrm{d}11}^{i} \\ (P \Delta \widetilde{A}_{\mathrm{d}11}^{i})^{\mathrm{T}} & \frac{1}{k_i} P \end{bmatrix} \begin{bmatrix} z_1(t) \\ z_1(t - \tau_i(t)) \end{bmatrix}$$

$$= \begin{bmatrix} P z_1(t) \\ P z_1(t - \tau_i(t)) \end{bmatrix}^{\mathrm{T}} \begin{bmatrix} Z(\widetilde{A}_{11}^{i} + \Delta \widetilde{A}_{11}^{i})^{\mathrm{T}} + (\widetilde{A}_{11}^{i} + \Delta \widetilde{A}_{11}^{i}) Z + Z Q_i Z & \Delta \widetilde{A}_{\mathrm{d}11}^{i} Z \\ (\Delta \widetilde{A}_{\mathrm{d}11}^{i} Z)^{\mathrm{T}} & \frac{1}{k_i} Z \end{bmatrix} \begin{bmatrix} P z_1(t) \\ P z_1(t - \tau_i(t)) \end{bmatrix}$$

$$=\begin{bmatrix} \boldsymbol{P}z_1(t) \\ \boldsymbol{P}z_1(t-\tau_i(t)) \end{bmatrix}^{\mathrm{T}} \boldsymbol{W} \begin{bmatrix} \boldsymbol{P}z_1(t) \\ \boldsymbol{P}z_1(t-\tau_i(t)) \end{bmatrix} \tag{7.46}$$

其中

$$\boldsymbol{W}=\begin{bmatrix} \boldsymbol{Z}(\widetilde{\boldsymbol{A}}_{11}^i+\Delta\widetilde{\boldsymbol{A}}_{11}^i)^{\mathrm{T}}+(\widetilde{\boldsymbol{A}}_{11}^i+\Delta\widetilde{\boldsymbol{A}}_{11}^i)\boldsymbol{Z}+\boldsymbol{Z}\boldsymbol{Q}_i\boldsymbol{Z} & \Delta\widetilde{\boldsymbol{A}}_{\mathrm{d}11}^i\boldsymbol{Z} \\ (\Delta\widetilde{\boldsymbol{A}}_{\mathrm{d}11}^i\boldsymbol{Z})^{\mathrm{T}} & \dfrac{1}{k_i}\boldsymbol{Z} \end{bmatrix}$$

$$=\begin{bmatrix} \widetilde{\boldsymbol{A}}_{11}^i\boldsymbol{Z}+(\widetilde{\boldsymbol{A}}_{11}^i Z)^{\mathrm{T}}+\boldsymbol{Z}\boldsymbol{Q}_i\boldsymbol{Z} & 0 \\ 0 & \dfrac{1}{k_i}\boldsymbol{Z} \end{bmatrix}+\begin{bmatrix}\boldsymbol{I}\\0\end{bmatrix}\boldsymbol{Z}(\Delta\widetilde{\boldsymbol{A}}_{11}^i)^{\mathrm{T}}[\boldsymbol{I}\quad 0]$$

$$+\begin{bmatrix}\boldsymbol{I}\\0\end{bmatrix}\Delta\widetilde{\boldsymbol{A}}_{\mathrm{d}11}^i\boldsymbol{Z}[\boldsymbol{I}\quad 0]+\begin{bmatrix}0\\\boldsymbol{I}\end{bmatrix}\boldsymbol{Z}(\Delta\widetilde{\boldsymbol{A}}_{\mathrm{d}11}^i)^{\mathrm{T}}[\boldsymbol{I}\quad 0]+\begin{bmatrix}\boldsymbol{I}\\0\end{bmatrix}\Delta\widetilde{\boldsymbol{A}}_{\mathrm{d}11}^i\boldsymbol{Z}[0\quad\boldsymbol{I}] \tag{7.47}$$

由引理 7.4，对于任意的矩阵 $\boldsymbol{X}\in S_D$ 和 $\boldsymbol{X}_{\mathrm{d}}\in S_{D_{\mathrm{d}}}$，可得

$$\begin{bmatrix}\boldsymbol{I}\\0\end{bmatrix}\boldsymbol{Z}(\Delta\widetilde{\boldsymbol{A}}_{11}^i)^{\mathrm{T}}[\boldsymbol{I}\quad 0]+\begin{bmatrix}\boldsymbol{I}\\0\end{bmatrix}\Delta\widetilde{\boldsymbol{A}}_{\mathrm{d}11}^i\boldsymbol{Z}[\boldsymbol{I}\quad 0]$$

$$\leqslant\begin{bmatrix}\boldsymbol{I}\\0\end{bmatrix}\boldsymbol{U}_2^{\mathrm{T}}\boldsymbol{G}^i\boldsymbol{X}(\boldsymbol{G}^i)^{\mathrm{T}}\boldsymbol{U}_2+(\boldsymbol{U}_2\boldsymbol{Z}-\boldsymbol{U}_1\boldsymbol{Y})^{\mathrm{T}}(\boldsymbol{H}^i)^{\mathrm{T}}\boldsymbol{X}^{-1}\boldsymbol{H}^i(\boldsymbol{U}_2\boldsymbol{Z}-\boldsymbol{U}_1\boldsymbol{Y})^{\mathrm{T}}[\boldsymbol{I}\quad 0] \tag{7.48}$$

$$\begin{bmatrix}0\\\boldsymbol{I}\end{bmatrix}\boldsymbol{Z}(\Delta\widetilde{\boldsymbol{A}}_{11}^i)^{\mathrm{T}}[\boldsymbol{I}\quad 0]+\begin{bmatrix}\boldsymbol{I}\\0\end{bmatrix}\Delta\widetilde{\boldsymbol{A}}_{\mathrm{d}11}^i\boldsymbol{Z}[0\quad\boldsymbol{I}]$$

$$\leqslant\begin{bmatrix}0\\\boldsymbol{I}\end{bmatrix}(\boldsymbol{U}_2\boldsymbol{Z}-\boldsymbol{U}_1\boldsymbol{Y})^{\mathrm{T}}(\boldsymbol{H}_{\mathrm{d}}^i)^{\mathrm{T}}\boldsymbol{X}_{\mathrm{d}}^{-1}\boldsymbol{H}_{\mathrm{d}}^i(\boldsymbol{U}_2\boldsymbol{Z}-\boldsymbol{U}_1\boldsymbol{Y})[0\quad\boldsymbol{I}]$$

$$+\begin{bmatrix}\boldsymbol{I}\\0\end{bmatrix}\boldsymbol{U}_2^{\mathrm{T}}\boldsymbol{G}_{\mathrm{d}}^i\boldsymbol{X}_{\mathrm{d}}(\boldsymbol{G}_{\mathrm{d}}^i)^{\mathrm{T}}\boldsymbol{U}_2[\boldsymbol{I}\quad 0] \tag{7.49}$$

由式(7.42)可得

$$\boldsymbol{W}\leqslant\begin{bmatrix} \boldsymbol{V}_{11} & 0 \\ 0 & \dfrac{1}{k_i}\boldsymbol{Z}+(\boldsymbol{Z}\boldsymbol{U}_2^{\mathrm{T}}-\boldsymbol{Y}^{\mathrm{T}}\boldsymbol{U}_1^{\mathrm{T}})(\boldsymbol{H}_{\mathrm{d}}^i)^{\mathrm{T}}\boldsymbol{X}^{-1}\boldsymbol{H}_{\mathrm{d}}^i(\boldsymbol{Z}\boldsymbol{U}_2^{\mathrm{T}}-\boldsymbol{Y}^{\mathrm{T}}\boldsymbol{U}_1^{\mathrm{T}}) \end{bmatrix}$$

$$\leqslant \begin{bmatrix} \boldsymbol{V}_{11} & 0 \\ 0 & 0 \end{bmatrix} + \begin{bmatrix} 0 & 0 \\ 0 & \dfrac{2}{k_i}\boldsymbol{Z} \end{bmatrix} \tag{7.50}$$

由式(7.43)可得

$$\begin{aligned}
\dot{V}(t) &\leqslant 2\varepsilon V(t) + \mathrm{e}^{2\varepsilon t}\sum_{i=1}^{p}\omega_i(z(t))\Big[(\boldsymbol{P}\boldsymbol{z}_1(t))^{\mathrm{T}}\boldsymbol{V}_{11}\boldsymbol{P}\boldsymbol{z}_1(t) \\
&\quad + (\boldsymbol{P}\boldsymbol{z}_1(t-\tau_i(t)))^{\mathrm{T}}\frac{2}{k_i}\boldsymbol{Z}\boldsymbol{P}\boldsymbol{z}_1(t-\tau_i(t))\Big] \\
&< 2\varepsilon V(t) - \mathrm{e}^{2\varepsilon t}\sum_{i=1}^{p}\omega_i(z(t))\boldsymbol{z}_1^{\mathrm{T}}(t)\Big(2\varepsilon \boldsymbol{P} + \frac{2\mathrm{e}^{2\varepsilon\tau}}{k_i}\boldsymbol{P}\Big)\boldsymbol{z}_1(t) \\
&\quad + \frac{2\mathrm{e}^{2\varepsilon\tau}}{k_i}\sum_{i=1}^{p}\omega_i(z(t))V(t-\tau_i(t)) \\
&= \mathrm{e}^{2\varepsilon t}\sum_{i=1}^{p}\frac{\omega_i(z(t))}{k_i}\big[-V(t) + V(t-\tau_i(t))\big]
\end{aligned} \tag{7.51}$$

令 $\lambda_{\max}$ 和 $\lambda_{\min}$ 分别是矩阵 $\boldsymbol{P}$ 的最大特征值和最小特征值，显然，$\lambda_{\max} \geqslant \lambda_{\min} > 0$。如果 $\left|\left|\varphi_1\right|\right| \neq 0$，对任意 $d > 1$，对于所有的 $t \in [-\tau, 0]$，显然 $V(t) < d\lambda_{\max}\left|\left|\varphi_1\right|\right|^2$。否则对于所有的 $t \in [-\tau, t_1]$，存在 $t_1 \geqslant 0$，使得 $V(t_1) = d\lambda_{\max}\|\varphi_1\|^2$ 和 $V(t) < d\lambda_{\max}\|\varphi_1\|^2$，此时 $\dot{V}(t_1) \geqslant 0$。但是由式(7.51)，我们可得

$$\begin{aligned}
\dot{V}(t) &< \mathrm{e}^{2\varepsilon t}\sum_{i=1}^{p}\frac{\omega_i(z(t))}{k_i}\big[-V(t_1) + V(t_1-\tau_i(t))\big] \\
&< \mathrm{e}^{2\varepsilon t}\sum_{i=1}^{p}\frac{\omega_i(z(t))}{k_i}\big(-d\lambda_{\max}\|\varphi_1\|^2 + d\lambda_{\max}\|\varphi_1\|^2\big) \\
&= 0
\end{aligned} \tag{7.52}$$

因此可得

$$V(t) < d\lambda_{\max}\|\varphi_1\|^2 \tag{7.53}$$

对所有的 $t \geqslant 0$，令 $d \to 1$ 并且由 $\boldsymbol{z}_1^{\mathrm{T}}(t)\boldsymbol{P}\boldsymbol{z}_1(t) \geqslant \lambda_{\min}\|\varphi_1\|^2$，那么如下不等式成立：

$$\|z_1(t)\| \leqslant \sqrt{\frac{\lambda_{\max}}{\lambda_{\min}}}\|\varphi_1\|\mathrm{e}^{-\varepsilon t} \tag{7.54}$$

如果 $\|\varphi_1\| = 0$，对任意的 $\varepsilon_1 > 0$，得 $V(t) < \varepsilon_1$。

进一步能够把式(7.42)表示成如下推论中的线性矩阵不等式的形式。

推论 7.1　滑模系统(7.36)是指数渐近稳定的，如果存在正定对称矩阵 $\boldsymbol{Z}\in\mathbb{R}^{m\times m}$，$\boldsymbol{X}\in S_D$，$\boldsymbol{X}_{\mathrm{d}}\in S_{D_{\mathrm{d}}}$和矩阵 $\boldsymbol{Y}\in\mathbb{R}^{m\times(n-m)}$使得如下不等式

$$\begin{bmatrix} \boldsymbol{M} & \overline{\boldsymbol{A}}^i_{\mathrm{d}11}\boldsymbol{Z}-\overline{\boldsymbol{A}}^i_{\mathrm{d}12}\boldsymbol{Y} & (\boldsymbol{H}^i\boldsymbol{U}_2\boldsymbol{Z}-\boldsymbol{H}^i\boldsymbol{U}_1\boldsymbol{Y})^{\mathrm{T}} \\ (\overline{\boldsymbol{A}}^i_{\mathrm{d}11}\boldsymbol{Z}-\overline{\boldsymbol{A}}^i_{\mathrm{d}12}\boldsymbol{Y})^{\mathrm{T}} & -\frac{1}{k_i}\boldsymbol{Z} & 0 \\ \boldsymbol{H}^i\boldsymbol{U}_2\boldsymbol{Z}-\boldsymbol{H}^i\boldsymbol{U}_1\boldsymbol{Y} & 0 & -\boldsymbol{X} \end{bmatrix}<0 \tag{7.55}$$

$$\begin{bmatrix} -\frac{1}{k_i}Z & \boldsymbol{L}^{\mathrm{T}} \\ \boldsymbol{L} & -\boldsymbol{X}_{\mathrm{d}} \end{bmatrix}<0 \tag{7.56}$$

成立。其中

$$\begin{aligned}\boldsymbol{M} &= (\overline{\boldsymbol{A}}^i_{11}\boldsymbol{Z})^{\mathrm{T}}+\overline{\boldsymbol{A}}^i_{11}Z-\overline{\boldsymbol{A}}^i_{12}Y-(\overline{\boldsymbol{A}}^i_{12}Y)^{\mathrm{T}}+\boldsymbol{U}_2^{\mathrm{T}}\boldsymbol{G}^i\boldsymbol{X}(\boldsymbol{G}^i)^{\mathrm{T}}\boldsymbol{U}_2 \\ &\quad +\boldsymbol{U}_2^{\mathrm{T}}\boldsymbol{G}^i_{\mathrm{d}}\boldsymbol{X}_{\mathrm{d}}(\boldsymbol{G}^i_{\mathrm{d}})^{\mathrm{T}}\boldsymbol{U}_2+\frac{2}{k_i}\boldsymbol{Z},\ \boldsymbol{L}=\boldsymbol{H}^i_{\mathrm{d}}\boldsymbol{U}_2\boldsymbol{Z}-\boldsymbol{H}^i_{\mathrm{d}}\boldsymbol{U}_1\boldsymbol{Y}\end{aligned}$$

证明　由 Schur 补引理，从系统(7.41)得到结果 $\boldsymbol{C}=\boldsymbol{Y}\boldsymbol{Z}^{-1}$，如果式(7.34)和式(7.36)中的参数不确定项满足匹配条件，$\Delta\widetilde{\boldsymbol{A}}^i_{11}=0$，$\Delta\widetilde{\boldsymbol{A}}^i_{\mathrm{d}11}=0$，选择线性切换面 (7.35)，我们可以得到如下滑动方程

$$\begin{aligned}\dot{\boldsymbol{z}}_1(t) &= \sum_{i=1}^{p}\overline{\omega}_i(\boldsymbol{z}(t))[(\widetilde{\boldsymbol{A}}^i_{11}-\widetilde{\boldsymbol{A}}^i_{12}\boldsymbol{C})\boldsymbol{z}_1(t) \\ &\quad +(\widetilde{\boldsymbol{A}}^i_{\mathrm{d}11}-\widetilde{\boldsymbol{A}}^i_{\mathrm{d}12}\boldsymbol{C})\boldsymbol{z}_1(t-\tau_i(t))]\end{aligned} \tag{7.57}$$

进一步可将导出的结果归纳为如下推论：

推论 7.2　系统(7.57) 是指数稳定的，如果存在对称正定阵 $\boldsymbol{Z}\in\mathbb{R}^{m\times m}$和一般矩阵 $\boldsymbol{Y}\in\mathbb{R}^{m\times(n-m)}$使得如下矩阵不等式

$$\begin{bmatrix} (\overline{\boldsymbol{A}}^i_{11}\boldsymbol{Z})^{\mathrm{T}}+\overline{\boldsymbol{A}}^i_{11}\boldsymbol{Z}-\overline{\boldsymbol{A}}^i_{12}\boldsymbol{Y}-(\overline{\boldsymbol{A}}^i_{12}\boldsymbol{Y})^{\mathrm{T}}+\frac{1}{k_i}\boldsymbol{Z} & \overline{\boldsymbol{A}}^i_{\mathrm{d}11}\boldsymbol{Z}-\overline{\boldsymbol{A}}^i_{\mathrm{d}12}\boldsymbol{Y} \\ (\overline{\boldsymbol{A}}^i_{\mathrm{d}11}\boldsymbol{Z}-\overline{\boldsymbol{A}}^i_{\mathrm{d}12}\boldsymbol{Y})^{\mathrm{T}} & -\frac{1}{k_i}\boldsymbol{Z} \end{bmatrix}<0 \tag{7.58}$$

成立。

关于推论7.2的证明,可由推论7.1的证明过程稍作修改得出,所以详细证明省略。

当时滞已知时,设计控制器满足如下两个定理。

定理7.4　假设式(7.54)和式(7.55)存在解 $\boldsymbol{Z},\boldsymbol{Y},\boldsymbol{X},\boldsymbol{X}_{\mathrm{d}}$,且由式(7.35)设计的滑模面,那么闭环系统(7.34)的运动轨线在如下控制器的作用下满足到达条件。

$$u = \sum_{i=1}^{p} \bar{\omega}_i(z(t))\,\bar{\boldsymbol{B}}_2^{-1}[\boldsymbol{KS} + (\varepsilon + \bar{n}_1^i + \bar{n}_2^i)\mathrm{sgn}(\boldsymbol{S}) + \overline{\boldsymbol{CA}}^i z(t) + \overline{\boldsymbol{CA}}_{\mathrm{d}}^i z(t-\tau_i(t))] \tag{7.59}$$

其中

$$\boldsymbol{S} = \begin{bmatrix} s_1 \\ s_2 \\ \vdots \\ s_m \end{bmatrix},\quad \mathrm{sgn}(\boldsymbol{S}) = \begin{bmatrix} \mathrm{sgn}(s_1) \\ \mathrm{sgn}(s_2) \\ \vdots \\ \mathrm{sgn}(s_m) \end{bmatrix}$$

$$\bar{\boldsymbol{C}} = [\boldsymbol{C}\quad \boldsymbol{I}],\ \bar{n}_1^i = \|\bar{\boldsymbol{C}}\|\ \|\boldsymbol{G}^i\|\ \|\boldsymbol{H}^i\|\ |z(t)|,$$

$$\bar{n}_2^i = \|\bar{\boldsymbol{C}}\|\ \|\boldsymbol{G}_{\mathrm{d}}^i\|\ \|\boldsymbol{H}_{\mathrm{d}}^i\|\ |z(t-\tau_i(t))|$$

$$\bar{\boldsymbol{A}} = \boldsymbol{TAT}^{-1},\bar{\boldsymbol{A}}_{\mathrm{d}}^i = \boldsymbol{TA}_{\mathrm{d}}\boldsymbol{T}^{-1},\Delta\bar{\boldsymbol{A}}^i = \boldsymbol{T}\Delta\boldsymbol{AT}^{-1},\Delta\bar{\boldsymbol{A}}_{\mathrm{d}}^i = \boldsymbol{T}\Delta\boldsymbol{A}_{\mathrm{d}}\boldsymbol{T}^{-1}$$

证明　考虑 $\|\boldsymbol{T}\| = 1$,可得

$$\begin{aligned} |\bar{\boldsymbol{C}}\Delta\bar{\boldsymbol{A}}^i z(t)| &= |\bar{\boldsymbol{C}}\boldsymbol{T}\Delta\boldsymbol{A}^i\boldsymbol{T}^{-1}z(t)| \\ &\leqslant \|\bar{\boldsymbol{C}}\|\ \|\boldsymbol{G}^i\|\ \|\boldsymbol{H}^i\|\ \|z(t)\| = \bar{n}_1^i \end{aligned} \tag{7.60}$$

$$\begin{aligned} |\bar{\boldsymbol{C}}\Delta\bar{\boldsymbol{A}}_{\mathrm{d}}^i z(t-\tau_i(t))| &= |\bar{\boldsymbol{C}}\boldsymbol{T}\Delta\boldsymbol{A}_{\mathrm{d}}^i\boldsymbol{T}^{-1}z(t-\tau_i(t))| \\ &\leqslant \|\bar{\boldsymbol{C}}\|\ \|\boldsymbol{G}_{\mathrm{d}}^i\|\ \|\boldsymbol{H}_{\mathrm{d}}^i\|\ \|z(t-\tau_i(t))\| = \bar{n}_2^i \end{aligned} \tag{7.61}$$

由式(7.35),式(7.34),式(7.60)和式(7.61),得

$$\begin{aligned} \dot{\boldsymbol{S}} &= \bar{\boldsymbol{C}}\dot{z} \\ &= \sum_{i=1}^{p} \omega_i(z(t))[\bar{\boldsymbol{C}}(\bar{\boldsymbol{A}}^i + \Delta\bar{\boldsymbol{A}}^i)z(t) + \bar{\boldsymbol{C}}(\bar{\boldsymbol{A}}_{\mathrm{d}}^i + \Delta\bar{\boldsymbol{A}}_{\mathrm{d}}^i)z(t-\tau_i)] + \boldsymbol{B}_2\boldsymbol{u} \end{aligned}$$

$$= \sum_{i=1}^{p} \omega_i(z(t))[\bar{C}\Delta\bar{A}^i z(t) + \bar{C}\Delta\bar{A}_d^i z(t-\tau_i) - KS - (\varepsilon + \bar{n}_1^i + \bar{n}_2^i)\operatorname{sgn}(S)]$$

所以

$$S^T\dot{S} \leqslant -\sum_{i=1}^{p} \omega_i(z(t))(S^T KS + \varepsilon|S|) < 0 \tag{7.62}$$

这说明,在控制器(7.59)的作用下,闭环系统(7.34)的状态轨线能够在有限时间内到达切换面。

但是在实际系统中,时滞项经常是不确定的和未知的,因此式(7.59)所设计的控制器具有局限性。所以,当时滞项 $\tau_i(t)$ 未知时,我们将利用自适应方法来设计控制器。

令

$$f = \sum_{i=1}^{p} \omega_i(z(t))[\Delta\bar{A}^i z(t) + (\bar{A}_d^i + \Delta\bar{A}_d^i)z(t-\tau_i(t))] \tag{7.63}$$

存在不确定函数 $\rho(z(t))$ 和确定函数 $\rho^u(z(t))$,使得下式成立

$$|\bar{C}f| \leqslant \rho(z(t)) \leqslant \rho^u(z(t)) \tag{7.64}$$

令

$$u = -\sum_{i=1}^{p} \omega_i(z(t))\bar{B}_2^{-1}[KS + (\varepsilon + u_c)\operatorname{sgn}(S) + \overline{CA^i}z(t) + u_s] \tag{7.65}$$

其中 $u_c = \theta^T\xi$ 为模糊逻辑系统,u_s 为监督控制,K 为正定矩阵,ε 为大于0的常数。

构造监督控制器满足

$$u_s = \begin{cases} (|s|(\rho^u(z(t)) + |u_c|)\operatorname{sgn}(S), & |z| > N \\ 0, & |z| \leqslant N \end{cases} \tag{7.66}$$

当 $|z| > N$ 时,易知

$$S^T\dot{S} = S^T\sum_{i=1}^{p} \omega_i(z(t))[\overline{CA^i}z(t) + \bar{C}f + \bar{B}_2 u]$$

$$= -S^T KS - (\varepsilon + u_c)|S| + S^T\bar{C}f - S^T u_{s2}$$

$$\leqslant -\boldsymbol{S}^{\mathrm{T}}\boldsymbol{K}\boldsymbol{S}-\varepsilon|\boldsymbol{S}| \tag{7.67}$$

所以,到达条件满足。

令 $U_c=\{z||z|\leqslant N\}$,$\Omega_\theta=\{\theta||\theta|\leqslant M_\theta\}$,$M_\theta$ 是设计的参数,用模糊逻辑系统 u_c 逼近参数 $\rho(z(t))$,所以存在最优参数 θ^* 使得

$$|\boldsymbol{u}_c(z|\theta^*)-\rho(z)|\leqslant\omega<\varepsilon-\varepsilon_1 \tag{7.68}$$

成立。

构造如下李雅普诺夫函数

$$\boldsymbol{V}(t)=\frac{1}{2}\boldsymbol{S}^{\mathrm{T}}\boldsymbol{S}+\frac{1}{2\eta}\tilde{\boldsymbol{\theta}}^{\mathrm{T}}\tilde{\boldsymbol{\theta}} \tag{7.69}$$

其中 $\tilde{\theta}=\theta-\theta^*$ 是参数误差向量。对式(7.69)两边求导,得

$$\begin{aligned}
\dot{\boldsymbol{V}}(t)&=\boldsymbol{S}^{\mathrm{T}}\dot{\boldsymbol{S}}+\frac{1}{\eta}\tilde{\boldsymbol{\theta}}^{\mathrm{T}}\dot{\boldsymbol{\theta}}\\
&=\boldsymbol{S}^{\mathrm{T}}\sum_{i=1}^{p}\omega_i(z(t))[\overline{\boldsymbol{C}\boldsymbol{A}}^i z(t)+\overline{\boldsymbol{C}}\boldsymbol{f}+\overline{\boldsymbol{B}}_2\boldsymbol{u}]\\
&=-\boldsymbol{S}^{\mathrm{T}}\boldsymbol{K}\boldsymbol{S}-\varepsilon|\boldsymbol{S}|+\boldsymbol{S}^{\mathrm{T}}\overline{\boldsymbol{C}}\boldsymbol{f}-\boldsymbol{S}^{\mathrm{T}}\boldsymbol{u}_s-|\boldsymbol{S}|\boldsymbol{u}_c+\frac{1}{\eta}\tilde{\boldsymbol{\theta}}^{\mathrm{T}}\dot{\theta}\\
&\leqslant-\boldsymbol{S}^{\mathrm{T}}\boldsymbol{K}\boldsymbol{S}-\varepsilon|\boldsymbol{S}|-\boldsymbol{S}^{\mathrm{T}}\boldsymbol{u}_s-|\boldsymbol{S}|\boldsymbol{u}_c+|\boldsymbol{S}|\rho(z)+\frac{1}{\eta}\tilde{\boldsymbol{\theta}}^{\mathrm{T}}\dot{\theta}\\
&\leqslant-\boldsymbol{S}^{\mathrm{T}}\boldsymbol{K}\boldsymbol{S}-\varepsilon|\boldsymbol{S}|-|\boldsymbol{S}|(\boldsymbol{u}_c-\boldsymbol{u}_c(\boldsymbol{x}|\boldsymbol{\theta}^*))-|\boldsymbol{S}|(\boldsymbol{u}_c(\boldsymbol{x}|\\
&\qquad\boldsymbol{\theta}^*)-\rho(z))+\frac{1}{\eta}\tilde{\boldsymbol{\theta}}^{\mathrm{T}}\dot{\theta}\\
&\leqslant-\boldsymbol{S}^{\mathrm{T}}\boldsymbol{K}\boldsymbol{S}-\varepsilon|\boldsymbol{S}|-|\boldsymbol{S}|\tilde{\boldsymbol{\theta}}^{\mathrm{T}}\xi+\omega|\boldsymbol{S}|+\frac{1}{\eta}\tilde{\boldsymbol{\theta}}^{\mathrm{T}}\dot{\theta}\\
&\leqslant-\boldsymbol{S}^{\mathrm{T}}\boldsymbol{K}\boldsymbol{S}-\varepsilon_1|\boldsymbol{S}|+\frac{1}{\eta}\tilde{\boldsymbol{\theta}}^{\mathrm{T}}(\dot{\theta}-\eta|\boldsymbol{S}|\xi)
\end{aligned} \tag{7.70}$$

设计如下自适应律

$$\dot{\theta}=\begin{cases}\eta|\boldsymbol{S}|\xi, & \text{当}|\theta|<M(\theta)\text{和}\ \eta\boldsymbol{\theta}^{\mathrm{T}}\xi\leqslant 0\ \text{时}\\ \eta|\boldsymbol{S}|\xi-\eta|\boldsymbol{S}|\dfrac{\theta\theta^{\mathrm{T}}}{|\theta|^2}\xi, & \text{当}|\theta|=M(\theta)\text{和}\ \eta\boldsymbol{\theta}^{\mathrm{T}}\xi\leqslant 0\ \text{时}\end{cases} \tag{7.71}$$

$$\dot{\boldsymbol{V}}\leqslant-\boldsymbol{S}^{\mathrm{T}}\boldsymbol{K}\boldsymbol{S}-\varepsilon_1|\boldsymbol{S}| \tag{7.72}$$

易知 $V,S,\tilde{\theta},\theta$ 有界。对式(7.72)两边积分,得

$$\int_0^{+\infty} |\boldsymbol{S}_i|^2 \mathrm{d}t \leqslant \int_0^{+\infty} |\boldsymbol{S}|^2 \mathrm{d}t \leqslant \frac{1}{\lambda_{\min}(K)}(\boldsymbol{V}(0) - \boldsymbol{V}(+\infty)) \tag{7.73}$$

已知 ξ, u 有界，所以 $\dot{\boldsymbol{S}}_i$ 是有界的，由 Barbalat 引理知 $s \to 0$。

由以上分析，我们总结为如下定理。

定理 7.5 给定系统(7.34)，如果满足式(7.64)中的条件，选择式(7.65)中设计的控制器 u 和式(7.71)中的调节参数，那么系统状态轨线在有限时间内到达系统的切换面。

7.3.3 仿真算例

为了进一步证明本文设计的控制器的有效性，给出如下模糊时滞系统

$$\dot{\boldsymbol{x}}(t) = \sum_{i=1}^{2} \omega^i(\boldsymbol{x}(t))[\hat{\boldsymbol{A}}^i \boldsymbol{x}(t) + \hat{\boldsymbol{A}}_{\mathrm{d}}^i \boldsymbol{x}(t - \tau(t)) + \boldsymbol{B}\boldsymbol{u}(t)]$$

其中 $\omega^1(\boldsymbol{x}(t)) = \sin(\boldsymbol{x}_1(t))$，$\omega^2(\boldsymbol{x}(t)) = \cos(\boldsymbol{x}_1(t))$

$$\hat{\boldsymbol{A}}^1 = \begin{bmatrix} [-17 \quad -15] & 0 \\ 0 & [-3 \quad -1] \end{bmatrix},$$

$$\hat{\boldsymbol{A}}_{\mathrm{d}}^1 = \begin{bmatrix} [0.5 \quad 1.5] & [0.5 \quad 1.5] \\ 0 & [0.5 \quad 1.5] \end{bmatrix},$$

$$\hat{\boldsymbol{A}}^2 = \begin{bmatrix} [-12.5 \quad -11.5] & [0.5 \quad 1.5] \\ 0 & [-4 \quad -2] \end{bmatrix},$$

$$\hat{\boldsymbol{A}}_{\mathrm{d}}^2 = \begin{bmatrix} [0.5 \quad 1.5] & 0 \\ [0.5 \quad 1.5] & 0 \end{bmatrix}, \quad B = \begin{bmatrix} 0 \\ 1 \end{bmatrix}$$

$\hat{\boldsymbol{A}}^1$ 能够被重新表示为

$$\hat{\boldsymbol{A}}^1 = \boldsymbol{A}^1 + \Delta \boldsymbol{A}^1 = \begin{bmatrix} -16 & 0 \\ 0 & -2 \end{bmatrix} + k_1^1 \begin{bmatrix} 1 & 0 \\ 0 & 0 \end{bmatrix} + 0 \begin{bmatrix} 0 & 1 \\ 0 & 0 \end{bmatrix} + 0 \begin{bmatrix} 0 & 0 \\ 1 & 0 \end{bmatrix} + k_4^1 \begin{bmatrix} 0 & 0 \\ 0 & 1 \end{bmatrix}$$

$$= \begin{bmatrix} -3 & 0 \\ 0 & -2 \end{bmatrix} + k_1^1 \begin{bmatrix} 1 \\ 0 \end{bmatrix} [1 \quad 0] + 0 \begin{bmatrix} 1 \\ 0 \end{bmatrix} [0 \quad 0] + 0 \begin{bmatrix} 0 \\ 1 \end{bmatrix} [0 \quad 0] + k_4^1 \begin{bmatrix} 0 \\ 1 \end{bmatrix} [0 \quad 1]$$

所以得

$$A^1=\begin{bmatrix}-16 & 0\\ 0 & -2\end{bmatrix}\quad G^1=\begin{bmatrix}1 & 1 & 0 & 0\\ 0 & 0 & 1 & 1\end{bmatrix}$$

$$D^1=\begin{bmatrix}k_1^1 & & & \\ & 0 & & \\ & & 0 & \\ & & & k_4^1\end{bmatrix}\quad H^1=\begin{bmatrix}1 & 0\\ 0 & 0\\ 0 & 0\\ 0 & 1\end{bmatrix}$$

同样可得 $G^2=G_d^1=G_d^2=G^1$

$$A^2=\begin{bmatrix}-12 & 1\\ 0 & -3\end{bmatrix},A_d^1=\begin{bmatrix}1 & 1\\ 0 & 1\end{bmatrix},A_d^2=\begin{bmatrix}1 & 0\\ 1 & 0\end{bmatrix}$$

$$D^2=\begin{bmatrix}k_1^2 & & & \\ & 0 & & \\ & & 0 & \\ & & & k_4^2\end{bmatrix},D_d^1=\begin{bmatrix}k_{d1}^1 & & & \\ & k_{d2}^1 & & \\ & & 0 & \\ & & & k_{d4}^1\end{bmatrix},D_d^2=\begin{bmatrix}k_{d1}^2 & & & \\ & 0 & & \\ & & k_{d3}^2 & \\ & & & k_{d4}^2\end{bmatrix}$$

$$H^2=\begin{bmatrix}0.5 & 0\\ 0 & 0.5\\ 0 & 0\\ 0 & 1\end{bmatrix},H_d^1=\begin{bmatrix}0.5 & 0\\ 0 & 0.5\\ 0 & 0\\ 0 & 0.5\end{bmatrix},H_d^2=\begin{bmatrix}0.5 & 0\\ 0 & 0\\ 0.5 & 0\\ 0 & 1\end{bmatrix}$$

我们选择如下的切换函数

$$s=cx_1(t)+x_2(t)$$

通过 Matlab 工具箱，求解式(7.55)和式(7.56)中的线性矩阵不等式，得

$$X=\begin{bmatrix}0.3032 & & & \\ & 0.6806 & & \\ & & 2.3780 & \\ & & & 7.0344\end{bmatrix},$$

$$X_d=\begin{bmatrix}0.1795 & & & \\ & 0.3602 & & \\ & & 2.3920 & \\ & & & 3.2187\end{bmatrix}$$

$Z=0.479,Y=1.3893,k_1=1/4,k_2=1/6,c=YZ^{-1}=1.667$

令 $k=10,\varepsilon=0.05,\tau(t)=0.5$，初始状态为 $x_1(0)=1, x_2(0)=-2$，应用式(7.65)中所设计的控制器，得到系统的仿真如图7.7所示。

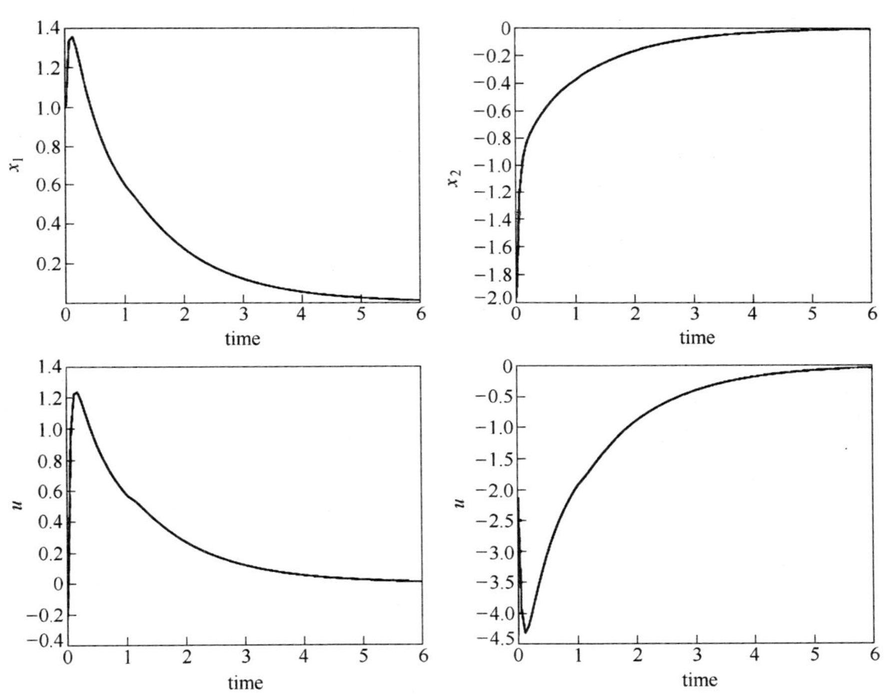

图7.7 系统运动轨线仿真

7.4 结论

在本章中，研究了不确定时滞系统的模糊滑模控制和不确定T－S模糊时滞系统新的滑模控制方法。

基于T－S模型，针对一类不确定时滞系统设计了模糊控制器。在T－S模型的后件部分添加了不确定项，并且考虑了系统的不确定项满足和不满足匹配条件的情况。证明了满足到达条件。利用李雅普诺夫稳定性定理，系统的稳定性得到证明，并且该问题可转化为一类线性矩阵不等式的求解问题。不等式的求解可通过Matlab的LMI

工具相解得。

针对包含时滞项和参数不确定项的系统,利用模糊滑模方法设计了控制器,基于线性矩阵不等式方法,使得系统的滑动模态达到指数稳定。

第 8 章　基于分区切换方法设计倒立摆系统的控制器

8.1　引言

倒立摆是研究重心在上、支点在下、静态不稳定控制问题的绝好模型。由于摆的偏角和小车位移受同一电机输出电压控制，是一个典型的强耦合、不稳定、非线性多变量系统，其控制机理研究对各类伺服平台和空间飞行器的稳定控制有非常重要的应用和参考价值，从 20 世纪 60 年代起，就一直是控制理论和控制工程学家关注的研究课题。随着控制理论的发展，许多学者从不同理论角度提出了有益的设计方法，例如鲁棒控制方法、模糊控制方法、智能控制方法、变结构控制方法等[112-116]。本章利用自适应律和 Lyapunov 函数方法设计控制器，使倒立摆[116]控制有很好的效果。

8.2　模型的建立

设摆长为 $2L$，摆杆质量为 m，小车的质量为 M，摆受水平方向的合力为 f_1，小车水平移动距离为 x，摆在水平方向的示意图如图 8.1 所示。

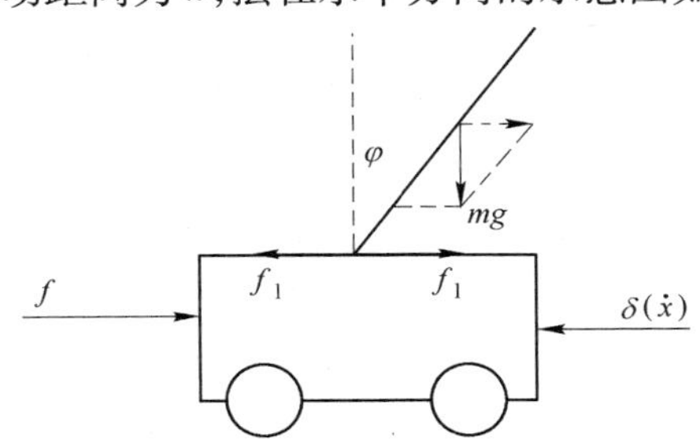

图 8.1　摆水平运动示意图

由图 8.1，摆在水平方向的运动方程为

$$f_1 = m\frac{\mathrm{d}^2}{\mathrm{d}t^2}(x + L\sin\varphi) \tag{8.1}$$

假设电机对小车提供的水平推力为f,小车与导轨间的摩擦力为$\delta(\dot{x})$,则小车的运动方程为

$$f-f_1-\delta(\dot{x})=M\ddot{x} \tag{8.2}$$

将式(8.1)代入式(8.2),得

$$f-\delta(\dot{x})=(M+m)\ddot{x}+mL(\cos\varphi\cdot\ddot{\varphi}-\sin\varphi\cdot\dot{\varphi}^2) \tag{8.3}$$

设摆的转动惯量为J,若不考虑节点摩擦,利用转动力矩的平衡关系,有

$$J\ddot{\varphi}+m\ddot{x}L\cos\varphi-mgL\sin\varphi=0,\quad J=4mL^2/3 \tag{8.4}$$

考虑到节点摩擦力的影响,摆的动态方程为

$$J\ddot{\varphi}+m\ddot{x}L\cos\varphi+(C+\Delta C)\dot{\varphi}-mgL\sin\varphi=0 \tag{8.5}$$

式中,$C>0$,为摩擦系数标称值,ΔC为未知摄动值。

记$\boldsymbol{Z}=[x\ \varphi]^{\mathrm{T}}$,可将式(8.4)和式(8.5)写在一起

$$\boldsymbol{M}(Z,\dot{Z})\ddot{Z}=\boldsymbol{Q}(Z,\dot{Z})+\boldsymbol{U} \tag{8.6}$$

式中,$\boldsymbol{M}(Z,\dot{Z})=\begin{pmatrix}M+m & mL\cos\varphi\\ mL\cos\varphi & 4mL^2/3\end{pmatrix}$,$\boldsymbol{U}=\begin{pmatrix}f-\delta(\dot{x})\\ 0\end{pmatrix}$

$$\boldsymbol{Q}=\begin{pmatrix}mL\dot{\varphi}^2\sin\varphi\\ mLg\sin\varphi-(C+\Delta C)\dot{\varphi}\end{pmatrix}$$

$$\begin{pmatrix}\ddot{x}\\ \ddot{\varphi}\end{pmatrix}=\boldsymbol{M}(\boldsymbol{Z},\dot{Z})^{-1}\boldsymbol{Q}(\boldsymbol{Z},\dot{Z})+\boldsymbol{M}(\boldsymbol{Z},\dot{Z})^{-1}\boldsymbol{U} \tag{8.7}$$

$$\ddot{x}=\frac{-3mg\cos\varphi\sin\varphi+3\dot{\varphi}C\cos\varphi/L+4mL\sin\varphi\cdot\dot{\varphi}^2}{4(M+m)-3m\cos^2\varphi}+\frac{-4\delta(\dot{x})+3\dot{\varphi}\Delta C\cos\varphi/L+4f}{4(M+m)-3m\cos^2\varphi}$$

$$\ddot{\varphi}=\frac{3(M+m)g\sin\varphi-3(M+m)C\dot{\varphi}/(mL)-3m\dot{\varphi}^2\cos\varphi\sin\varphi}{4(M+m)-3m\cos^2\varphi}+\frac{3\cos\varphi\cdot\delta(\dot{x})-3(M+m)\Delta C\dot{\varphi}/(mL)-3\cos\varphi\cdot f}{4(M+m)-3m\cos^2\varphi}$$

记

$$K(\varphi)=4(M+m)-3m\cos^2\varphi$$

$$\alpha_1(\varphi,\dot{\varphi}) = -3mg\sin\varphi\cos\varphi + 3\dot{\varphi}C\cos\varphi/L + 4mL\sin\varphi\cdot\dot{\varphi}^2$$

$$W_1(\varphi,p) = 3\dot{\varphi}\Delta C\cos\varphi/L - 4\delta(\dot{x}) \tag{8.8}$$

$$\alpha_2(\varphi,\dot{\varphi}) = 3(M+m)g\sin\varphi - 3(M+m)C\dot{\varphi}/(mL) - 3m\dot{\varphi}^2\sin\varphi\cos\varphi$$

$$W_2(\varphi,p) = 3\cos\varphi\cdot\delta(\dot{x}) - 3(M+m)\Delta C\dot{\varphi}/(mL) \tag{8.9}$$

式(8.7)可表示为

$$\begin{pmatrix}\ddot{x}\\ \ddot{\varphi}\end{pmatrix} = \begin{pmatrix}\dfrac{\alpha_1(\varphi,\dot{\varphi}) + W_1(\varphi,p) + 4f}{K(\varphi)}\\ \dfrac{\alpha_2(\varphi,\dot{\varphi}) + W_2(\varphi,p) - 3\cos\varphi\cdot f}{K(\varphi)}\end{pmatrix} \tag{8.10}$$

为了证明的需要,首先给出假设8.1。

假设8.1 导轨间的摩擦和节点摩擦满足:

$$|\delta(\dot{x})| < c, |\Delta C| < d$$

由式(8.8),式(8.9),存在未知常数 c_1, c_2, d_1, d_2

$$W_1(\varphi,p) \leqslant c_1|\dot{x}| + c_2|\dot{\varphi}| \tag{8.11}$$

$$W_2(\varphi,p) \leqslant b_1|\dot{x}| + b_2|\dot{\varphi}| \tag{8.12}$$

由于 c_1, c_2, b_1, b_2 一般是不确切知道的,这里通过构造自适应律,来解决常规的上界估计,以减少控制器设计的保守性。

8.3 控制器设计

假设8.2 $\varphi \in \left\{\varphi \mid |\varphi| < \bar{\varphi} < \dfrac{\pi}{2}\right\}$

由假设8.2,当 $|\dot{x}| < |\dot{\varphi}|$ 时,存在 $P>0$,使得

$$3P|\cos\varphi| - |\dot{x}/\dot{\varphi}| > 0 \tag{8.13}$$

定义参数自适应误差

$$\tilde{c}_1 = c_1 - \hat{c}_1(x,t),\ \tilde{c}_2 = c_2 - \hat{c}_2(\varphi,t)$$

$$\tilde{d}_1 = d_1 - \hat{d}_1(x,t),\ \tilde{d}_2 = d_2 - \hat{d}_2(\varphi,t)$$

定理8.1 取控制力

$$f = \begin{cases} f_1, \eta \leqslant 1 \text{ 时} \\ f_2, \eta > 1 \text{ 时}\end{cases},\quad \eta = |\dot{\varphi}/\dot{x}| \tag{8.14}$$

$$f_1 = -x - \eta[2mLg\sin\varphi + (C - \hat{c}_2 - \varepsilon)\dot{\varphi}] - (\hat{c}_1 + \varepsilon)\dot{x} \tag{8.15}$$

$$f_2 = \frac{\dot{\varphi}[P\alpha_2(\varphi,\dot{\varphi}) + 2mLg\sin\varphi - C\dot{\varphi} + P\dot{\varphi}^2\cos\varphi\sin\varphi]}{3P\cos\varphi - \eta} + \frac{x\dot{x} + (\hat{d}_1 + \varepsilon)\dot{x}^2 + (\hat{d}_2 + \varepsilon)\dot{\varphi}^2}{3P\cos\varphi - \eta} \tag{8.16}$$

自适应律

$$\begin{cases} \dot{\hat{c}}_1 = -q_1\dot{x}^2, \dot{\hat{c}}_2 = -q_2\dot{\varphi}^2, \eta \leqslant 1 \\ \dot{\hat{d}}_1 = -r_1\dot{x}^2, \dot{\hat{d}}_2 = -r_2\dot{\varphi}^2, \eta > 1 \end{cases} \tag{8.17}$$

则倒立摆系统渐近稳定。

证明 构造 Lyapunov 函数满足下式

$$v = \frac{1}{2}(\dot{\boldsymbol{Z}}^{\mathrm{T}}\boldsymbol{M}(Z)\dot{\boldsymbol{Z}} + x^2) + mgL(1 - \cos\varphi)$$

由式(8.6)可得,

$$\begin{aligned} \dot{v} &= \dot{\boldsymbol{Z}}^{\mathrm{T}}\boldsymbol{M}(Z)\ddot{\boldsymbol{Z}} + \frac{1}{2}\dot{\boldsymbol{Z}}^{\mathrm{T}}\dot{\boldsymbol{M}}(Z)\dot{\boldsymbol{Z}} + x\dot{x} + mgL\dot{\varphi}\sin\varphi \\ &= \dot{\boldsymbol{Z}}^{\mathrm{T}}\boldsymbol{Q}(Z,\dot{Z}) + \dot{\boldsymbol{Z}}\boldsymbol{U} + \frac{1}{2}\dot{\boldsymbol{Z}}^{\mathrm{T}}\dot{\boldsymbol{M}}(Z)\dot{\boldsymbol{Z}} + x\dot{x} + mgL\dot{\varphi}\sin\varphi \\ &= \dot{x}mL\dot{\varphi}^2\sin\varphi + 2mLg\dot{\varphi}\sin\varphi - (\boldsymbol{C} + \Delta\boldsymbol{C})\dot{\varphi}^2 + \dot{x}(f - \delta(\dot{x} + x)) - \dot{x}\dot{\varphi}^2 mL\sin\varphi \\ &= \dot{x}(x + f) + 2mLg\dot{\varphi}\sin\varphi - C\dot{\varphi}^2 - (\dot{x}\delta(\dot{x}) + \Delta C\dot{\varphi}^2) \end{aligned} \tag{8.18}$$

由假设 8.1 得

$$\dot{v} \leqslant \dot{x}(x + f) + 2mLg\dot{\varphi}\sin\varphi - C\dot{\varphi}^2 + c_1\dot{x}^2 + c_2\dot{\varphi}^2 \tag{8.19}$$

为设计控制律的方便,我们引入速度比 $\eta = |\dot{\varphi}/\dot{x}|$,将状态空间分为两个区域:

$$A = \{\overline{\boldsymbol{Z}} | \eta \leqslant 1\}, B = \{\overline{\boldsymbol{Z}} | \eta > 1\}$$

在区域 $A = \{\overline{\boldsymbol{Z}} | \eta \leqslant 1\}$,取 Lyapunov 函数

$$V_1 = v + \frac{\tilde{c}_1^2}{2q_1} + \frac{\tilde{c}_2^2}{2q_2}$$

对 V_1 沿倒立摆系统(8.8)求导,并利用式(8.19)

$$\dot{V}_1 = \dot{v} + \frac{\tilde{c}_1\dot{\hat{c}}_1}{q_1} + \frac{\tilde{c}_2\dot{\hat{c}}_2}{q_2}$$

$$\leqslant \dot{x}(x+f)+2mLg\,\dot{\varphi}\sin\varphi - C\,\dot{\varphi}^2 + c_1\,\dot{x}^2 + c_2\,\dot{\varphi}^2 + \frac{\tilde{c}_1\,\dot{\hat{c}}_1}{q_1} + \frac{\tilde{c}_2\,\dot{\hat{c}}_2}{q_2}$$

$$= \dot{x}\left[x+f+\eta(2mLg\sin\varphi - C\,\dot{\varphi})\right] + c_1\,\dot{x}^2 + c_2\,\dot{\varphi}^2 + \frac{\tilde{c}_1\,\dot{\hat{c}}_1}{q_1} + \frac{\tilde{c}_2\,\dot{\hat{c}}_2}{q_2} \tag{8.20}$$

由式(8.14)和式(8.15)，此时$f=f_1$，将式(8.15)代入式(8.20)，得

$$\dot{V}_1 \leqslant \tilde{c}_1\dot{x}^2 + \tilde{c}_2\dot{\varphi}^2 + \frac{\tilde{c}_1\,\dot{\hat{c}}_1}{q_1} + \frac{\tilde{c}_2\,\dot{\hat{c}}_2}{q_2} - \varepsilon(\dot{x}^2+\dot{\varphi}^2)$$

$$= \tilde{c}_1\left(\dot{x}^2 + \frac{\dot{\hat{c}}_1}{q_1}\right) + \tilde{c}_2\left(\dot{\varphi}^2 + \frac{\dot{\hat{c}}_2}{q_2}\right) - \varepsilon(\dot{x}^2+\dot{\varphi}^2)$$

再由自适应律(8.17)的第一式，得

$$\dot{V}_1 \leqslant -\varepsilon(\dot{x}^2+\dot{\varphi}^2) \tag{8.21}$$

在区域$B=\{\overline{\mathbf{Z}} \mid \eta>1\}$，取 Lyapunov 函数

$$V_2 = v + \frac{1}{6}PK(\varphi)\dot{\varphi}^2 + \frac{\tilde{d}_1^2}{2r_1} + \frac{\tilde{d}_2^2}{2r_2}$$

由式(8.18)的计算

$$\dot{V}_2 = \dot{x}(x+f) + 2mLg\,\dot{\varphi}\sin\varphi - C\,\dot{\varphi}^2 - \dot{x}\delta(\dot{x}) - \Delta C\,\dot{\varphi}^2 + \frac{1}{3}\dot{\varphi}PK(\varphi)\,\ddot{\varphi} + \frac{1}{6}P\dot{K}(\varphi)\dot{\varphi}^2 + \frac{\tilde{d}_1\,\dot{\hat{d}}_1}{2r_1} + \frac{\tilde{d}_2\,\dot{\hat{d}}_2}{2r_2}$$

将式(8.10)的第二式代入上式

$$\begin{aligned}\dot{V}_2 &= \dot{x}(x+f) + 2mLg\,\dot{\varphi}\sin\varphi - C\,\dot{\varphi}^2 - \dot{x}\delta(\dot{x}) - \Delta C\,\dot{\varphi}^2 \\ &\quad + \frac{\tilde{d}_1\,\dot{\hat{d}}_1}{2q_1} + \frac{\tilde{d}_2\,\dot{\hat{d}}_2}{2q_2} + \dot{\varphi}P[\alpha_2(\varphi,\dot{\varphi}) + W_2(\varphi,p) - 3\cos\varphi\cdot f] \\ &\quad + P\,\dot{\varphi}^3 m\sin\varphi\cos\varphi \\ &= \dot{\varphi}[P\alpha_2(\varphi,\dot{\varphi}) + 2mLg\sin\varphi - C\,\dot{\varphi} + P\,\dot{\varphi}^2 m\sin\varphi\cos\varphi] \\ &\quad + (\dot{x} - 3P\,\dot{\varphi}\cos\varphi)f + x\,\dot{x} + \frac{\tilde{d}_1\,\dot{\hat{d}}_1}{r_1} + \frac{\tilde{d}_2\,\dot{\hat{d}}_2}{r_2} \\ &\quad - \dot{x}\delta(\dot{x}) - \Delta C\,\dot{\varphi}^2 + \dot{\varphi}PW_2(\varphi,p)\end{aligned} \tag{8.22}$$

由式(8.11)和式(8.12),存在 $d_1>0, d_2>0$,使上式最后三项

$$-\dot{x}\delta(\dot{x})-\Delta C\dot{\varphi}^2+\dot{\varphi}PW_2(\varphi,p)\leqslant d_1\dot{x}^2+d_2\dot{\varphi}^2$$

$$\dot{V}_2\leqslant\dot{\varphi}[P\alpha_2(\varphi,\dot{\varphi})+2mLg\sin\varphi-C\dot{\varphi}+P\dot{\varphi}^2\sin\varphi\cos\varphi$$

$$+(\dot{x}/\dot{\varphi}-3P\cos\varphi)f]+x\dot{x}+\frac{\tilde{d}_1\dot{\hat{d}}_1}{r_1}+\frac{\tilde{d}_2\dot{\hat{d}}_2}{r_2}+d_1\dot{x}^2+d_2\dot{\varphi}^2$$

由式(8.14),此时 $f=f_2$,将式(8.16)代入上式

$$\dot{V}_2\leqslant-\varepsilon(\dot{x}^2+\dot{\varphi}^2)+\frac{\tilde{d}_1\dot{\hat{d}}_1}{r_1}+\frac{\tilde{d}_2\dot{\hat{d}}_2}{r_2}+\tilde{d}_1\dot{x}^2+\tilde{d}_2\dot{\varphi}^2$$

$$=-\varepsilon(\dot{x}^2+\dot{\varphi}^2)+\tilde{d}_1\left(\frac{\dot{\hat{d}}_1}{r_1}+\dot{x}^2\right)+\tilde{d}_2\left(\frac{\dot{\hat{d}}_2}{r_2}+\dot{\varphi}^2\right)$$

再由自适应律(8.17),得

$$\dot{V}_2\leqslant-\varepsilon(\dot{x}^2+\dot{\varphi}^2) \tag{8.23}$$

因为

$$\frac{\partial(\dot{x}^2+\dot{\varphi}^2)}{\partial(\dot{x},\dot{\varphi})}\begin{pmatrix}\ddot{x}\\ \ddot{\varphi}\end{pmatrix}=2(\dot{x}\ddot{x}+\dot{\varphi}\ddot{\varphi})\neq0$$

由文献[7]中结论,倒立摆系统渐近稳定。

由前面式(8.21)的推导可以看出,只要能保证 $|\varphi|=\frac{\pi}{2}$ 附近 $\dot{x}>\delta>0$,就可取 $f=f_1$ 使 $\dot{V}_1<0$ 成立。且可以证明,在上面的控制力作用下,$|\varphi|=\frac{\pi}{2}$ 时不会出现 $\dot{x}=0$ 的情况。因此,在定理 8.1 给出的控制律下,即使去掉假设 8.2,系统也是渐近稳定的。

8.4 仿真试验结果

所用倒立摆模型参数为:小车质量 $m_0=0.2\text{kg}$,摆杆质量 $m=0.3\text{kg}$,摆杆长度为 $L=0.32\text{m}$。使用上面设计的分区切换自适应控制器,成功地实现了倒立摆的控制。其仿真结果如图 8.2 和图 8.3 所示。

从仿真结果可以看出,小车和摆杆在所设计控制力的作用下是稳定的,并且具有很好的鲁棒性。

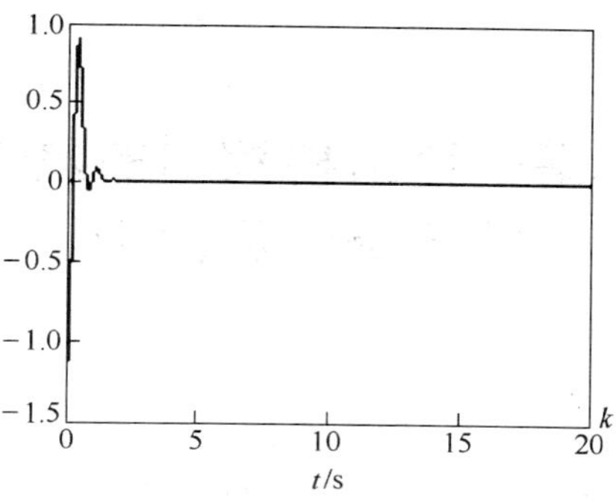

图 8.2　位移(x)响应曲线

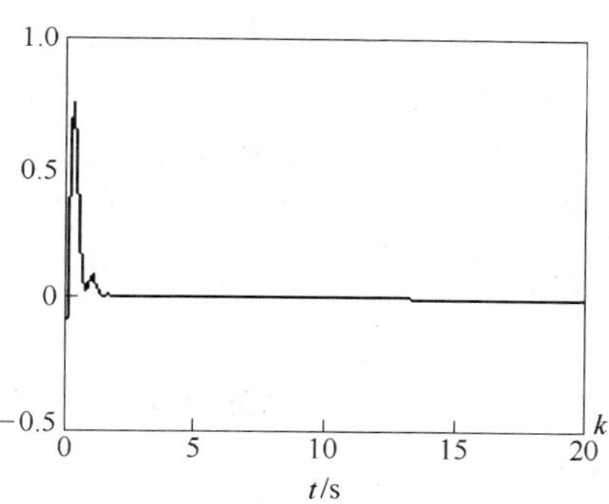

图 8.3　偏角 φ 响应曲线

8.5　结论

本章利用小台车平移速度和摆杆的角速度之比,给出的分段切换控制律,较好地解决了摆偏角和小台车位移非线性强耦合带来的困难,得到了全局渐近稳定的结果。而且计算简单,自适应律的应用减少了保守性。

第9章 基于变结构控制的复杂网络的鲁棒自适应同步

9.1 引言

在自然界中,许多实际的系统如生物系统、技术系统和社会系统等,都可以用各种网络模型来描述,因此,复杂网络成为近年来一个新的研究方向。网络问题最初属于图论的研究范畴。早期图论主要研究一些简单的规则网络。这类规则网络的特点是每个节点的近邻数目都相同。20世纪50年代末,匈牙利数学家突破传统图论的局限,提出了完全随机的ER随机网络模型。在此后的近半个世纪里,ER模型成为学术界研究网络的基本思路和主要数学工具,并被许多科学家认为是描述真实系统最适宜的网络[117]。

随着计算机技术的飞速发展,人们对复杂网络的认识发生了巨大的变化,单纯应用规则图和随机网络模型很难描述现实的复杂系统。1998年,Watts和Strogatz提出了一种融合规则网络和随机网络优点的"小世界"网络模型[118-120],以及1999年Barabasi和Albert提出了著名的无尺度模型,标志着复杂网络的研究进入网络科学的新时代[121-123]。

在复杂动态网络中,其中所有动态节点的同步是非常有意义和有趣的现象,因此,关于耦合网络的同步问题受到广泛的关注。文献[124-127]提出了一个简单的一致连结的复杂动力网络模型,并且研究了网络的简单动态同步问题。文献[128]研究了一类一般复杂网络系统的混沌同步问题。时滞是自然界中广泛存在的一种物理现象,实际当中,节点本身很有可能存在滞后现象,所以,针对耦合时滞复杂网络的同步问题研究,呈现了一大批研究成果[129-133]。

基于以上研究成果,以及变结构方法具有快速性和鲁棒性的优点,能够有效地处理动态系统中存在的时滞问题[134,135]。本章利用变结构控制方法,研究了一类时滞耦合复杂网络的同步问题。利用系统的左特征向量函数构造稳定的切换面,针对系统的不确定项的界已知和未知两种情况分别设计控制器,从而保证了系统达到全局同步。

9.2 网络系统描述

考虑一个由 N 个等同节点线性耦合的时滞复杂动态网络,模型如下:状态方程

$$\dot{\boldsymbol{x}}_i = \boldsymbol{A}\boldsymbol{x}_i + \boldsymbol{f}(\boldsymbol{x}_i,t) + \sum_{j=1}^{N}\boldsymbol{A}_{ij}\boldsymbol{x}_j(t-\tau_{ij}(t)) + \boldsymbol{B}_i\boldsymbol{u}_i, i = 1,2,\cdots,N \tag{9.1}$$

式中,$\boldsymbol{x}_i = (x_{i1},x_{i2},\cdots,x_{in})^{\mathrm{T}} \in \mathbb{R}^n$是节点 i 的状态向量;$f(\boldsymbol{x}_i,t):\mathbb{R}^n \times \mathbb{R} \to \mathbb{R}^n$是光滑的非线性向量函数; $\sum_{j=1}^{N}\boldsymbol{A}_{ij}\boldsymbol{x}_j(t-\tau_{ij}(t))$ 是时滞不确定互联项,其中 $\tau_{ij}(t)$ 可微且满足 $0 \leqslant \tau_{ij}(t) \leqslant \tau_{ij} < \infty$, $\tau_{ij} > 0$;$\boldsymbol{A} \in \mathbb{R}^{n\times n}$,$\boldsymbol{B}_i \in \mathbb{R}^{n\times m}$是具有适当维数的常数矩阵,$\boldsymbol{u}_i \in \mathbb{R}^m$是控制输入。

当 $t\to\infty$,有 $\boldsymbol{x}_1 = \boldsymbol{x}_2 = \cdots = \boldsymbol{x}_N \to \boldsymbol{s}(t)$,称系统(9.1)达到渐近同步。其中耦合控制项满足 $\sum_{j=1}^{N}\boldsymbol{A}_{ij}\boldsymbol{x}_j(t-\tau_{ij}(t)) + \boldsymbol{B}_i\boldsymbol{u}_i = 0$;$s(t)$是网络的一个孤立节点的解,满足如下方程:

$$\dot{\boldsymbol{s}} = \boldsymbol{A}\boldsymbol{s} + \boldsymbol{f}(\boldsymbol{s},t) \tag{9.2}$$

控制的目标是设计控制器 $\boldsymbol{u}_i \in \mathbb{R}^m$,使得系统(9.1)的解与系统(9.2)渐近同步, 并且满足如下方程

$$\lim_{x\to\infty} \| \boldsymbol{x}_i(t) - \boldsymbol{s}(t) \| = 0, i = 1,2,\cdots,N \tag{9.3}$$

为了研究同步状态的稳定性,令 $\boldsymbol{e}_i = \boldsymbol{x}_i(t) - \boldsymbol{s}$,那么方程(9.1)减方程(9.2)得

$$\dot{\boldsymbol{e}}_i = \boldsymbol{A}\boldsymbol{e}_i + \tilde{\boldsymbol{f}}(\boldsymbol{x}_i,s) + \sum_{j=1}^{N}\boldsymbol{A}_{ij}\boldsymbol{x}_j(t-\tau_{ij}(t)) + \boldsymbol{B}_i\boldsymbol{u}_i \tag{9.4}$$

式中, $\tilde{\boldsymbol{f}}(\boldsymbol{x}_i,s) = \boldsymbol{f}(\boldsymbol{x}_i,t) - \boldsymbol{f}(s,t)$。

为了以后证明的需要,给出如下假设。

假设 9.1 矩阵对$(\boldsymbol{A},\boldsymbol{B}_i)$是可控的。

假设 9.2 每个输入矩阵 $\boldsymbol{B}_i$ 是满秩矩阵。

假设 9.3 非线性函数f满足如下条件

$$\| \boldsymbol{f}(\boldsymbol{x}_i,t) - \boldsymbol{f}(\boldsymbol{x}_j,t) \| \leqslant \mu_i \| \boldsymbol{x}_i(t) - \boldsymbol{x}_j(t) \| \tag{9.5}$$

式中，$\mu_i>0$ 是常数，$i,j=1,2,\cdots,N$。

假设 9.4 假设互联项矩阵满足匹配条件：

$$\boldsymbol{A}_{ij}=\boldsymbol{B}_i\boldsymbol{H}_{ij} \tag{9.6}$$

假设 9.5 系统(9.4)时滞项满足

$$\|\boldsymbol{x}_j(t-\tau_{ij}(t))\|\leqslant \boldsymbol{x}_{j\max} \tag{9.7}$$

式中，$\boldsymbol{x}_{j\max}=\max\|\boldsymbol{x}_j(t)\|$。

那么方程(9.4)可以表示为

$$\dot{\boldsymbol{e}}_i=\boldsymbol{A}\boldsymbol{e}_i+\tilde{f}(\boldsymbol{x}_i,s)+\sum_{j=1}^{N}\boldsymbol{B}_i\boldsymbol{H}_{ij}\boldsymbol{x}_j(t-\tau_{ij}(t))+\boldsymbol{B}_i\boldsymbol{u}_i \tag{9.8}$$

9.3 设计切换面

针对系统(9.8)设计如下滑模向量：

$$\boldsymbol{\sigma}(e)=[\boldsymbol{\sigma}_1^{\mathrm{T}}(\boldsymbol{e}_1),\boldsymbol{\sigma}_2^{\mathrm{T}}(\boldsymbol{e}_2),\cdots,\boldsymbol{\sigma}_N^{\mathrm{T}}(\boldsymbol{e}_N)] \tag{9.9}$$

式中

$$\boldsymbol{\sigma}_i(e_i)=\boldsymbol{C}_i\boldsymbol{e}_i=0,i=1,\cdots,N \tag{9.10}$$

是局部滑模面，$\boldsymbol{C}_i$ 是 $m\times n$ 常数矩阵，并且 $\boldsymbol{e}=[\boldsymbol{e}_1^{\mathrm{T}},\cdots,\boldsymbol{e}_N^{\mathrm{T}}]\in\mathbb{R}^N$。

为了设计控制器的需要，给出如下两个引理：

引理 9.1[136] 假设 $\boldsymbol{X}$ 和 $\boldsymbol{Y}$ 具有适当维数的向量或矩阵，通过选择常数 $\beta>0$，得到下面不等式成立：

$$2\boldsymbol{X}^{\mathrm{T}}\boldsymbol{Y}\leqslant\beta\boldsymbol{X}^{\mathrm{T}}\boldsymbol{X}+\beta^{-1}\boldsymbol{Y}^{\mathrm{T}}\boldsymbol{Y} \tag{9.11}$$

引理 9.2[136] 假设矩阵 $\boldsymbol{D}=\begin{pmatrix}\boldsymbol{D}_{11} & \boldsymbol{D}_{12}\\ \boldsymbol{D}_{21} & \boldsymbol{D}_{22}\end{pmatrix}$ 是可逆矩阵，并且 $\|\boldsymbol{D}_{22}\|\neq 0$，那么

$$\boldsymbol{D}^{-1}=\begin{pmatrix}\boldsymbol{D}_{11,2}^{-1} & -\boldsymbol{D}_{11,2}\boldsymbol{A}_{12}\boldsymbol{A}_{22}^{-1}\\ -\boldsymbol{D}_{22}^{-1}\boldsymbol{D}_{21}\boldsymbol{D}_{11,2}^{-1} & \boldsymbol{D}_{22}^{-1}+\boldsymbol{D}_{22}^{-1}\boldsymbol{D}_{21}\boldsymbol{D}_{11,2}^{-1}\boldsymbol{D}_{12}\boldsymbol{D}_{22}^{-1}\end{pmatrix} \tag{9.12}$$

式中，$\boldsymbol{D}_{11,2}=\boldsymbol{D}_{11}-\boldsymbol{D}_{12}\boldsymbol{D}_{22}^{-1}\boldsymbol{D}_{21}$ 是可逆的。

孤立误差子系统满足

$$\dot{\boldsymbol{e}}_i=\boldsymbol{A}\boldsymbol{e}_i+\boldsymbol{B}_i\boldsymbol{u}_i \tag{9.13}$$

因为$(\boldsymbol{A},\boldsymbol{B}_i)$是可控的，所以存在矩阵 $\boldsymbol{K}_i\in\mathbb{R}^{m\times n}$，使得矩阵 $\tilde{\boldsymbol{A}}_i=$

$\boldsymbol{A}+\boldsymbol{B}_i\boldsymbol{K}_i$是稳定矩阵，且矩阵 $\boldsymbol{B}_i$ 是满秩矩阵，不妨令矩阵 $\boldsymbol{B}_i=\begin{pmatrix}0\\ \tilde{\boldsymbol{B}}_i\end{pmatrix}$，$\tilde{\boldsymbol{B}}_i\in\mathbb{R}^{m\times m}$。将控制器 $\boldsymbol{u}_i=\boldsymbol{K}_i\boldsymbol{e}_i+\boldsymbol{v}_i$代入式(9.13)，系统方程可以变化为

$$\dot{\boldsymbol{e}}_{i1}=\tilde{\boldsymbol{A}}_{i11}\boldsymbol{e}_{i1}+\tilde{\boldsymbol{A}}_{i12}\boldsymbol{e}_{i2} \tag{9.14}$$

$$\dot{\boldsymbol{e}}_{i2}=\tilde{\boldsymbol{A}}_{i21}\boldsymbol{e}_{i1}+\tilde{\boldsymbol{A}}_{i22}\boldsymbol{e}_{i2}+\tilde{\boldsymbol{B}}_i\boldsymbol{v}_i \tag{9.15}$$

因为$\tilde{\boldsymbol{A}}_i$是稳定矩阵，不妨假设 $\lambda_{i1},\cdots,\lambda_{im},\mu_{i1},\cdots,\mu_{in-m}$是$\tilde{\boldsymbol{A}}_i$的 n 个稳定特征根，令

$$\Lambda_{i1}=\begin{pmatrix}\mu_{i1} & & \\ & \ddots & \\ & & \mu_{in-m}\end{pmatrix},\quad \Lambda_{i2}=\begin{pmatrix}\lambda_{i1} & & \\ & \ddots & \\ & & \lambda_{im}\end{pmatrix} \tag{9.16}$$

因为利用极点配置得到可逆的特征向量矩阵$\begin{pmatrix}\boldsymbol{G}_{i1} & \boldsymbol{G}_{i2}\\ \boldsymbol{V}_{i1} & \boldsymbol{V}_{i2}\end{pmatrix}$，所以下面等式成立：

$$\begin{pmatrix}\boldsymbol{G}_{i1} & \boldsymbol{G}_{i2}\\ \boldsymbol{V}_{i1} & \boldsymbol{V}_{i2}\end{pmatrix}\begin{pmatrix}\tilde{\boldsymbol{A}}_{i11} & \tilde{\boldsymbol{A}}_{i12}\\ \tilde{\boldsymbol{A}}_{i21} & \tilde{\boldsymbol{A}}_{i22}\end{pmatrix}=\begin{pmatrix}\boldsymbol{\Lambda}_{i1} & 0\\ 0 & \boldsymbol{\Lambda}_{i2}\end{pmatrix}\begin{pmatrix}\boldsymbol{G}_{i1} & \boldsymbol{G}_{i2}\\ \boldsymbol{V}_{i1} & \boldsymbol{V}_{i2}\end{pmatrix} \tag{9.17}$$

$$\begin{pmatrix}\tilde{\boldsymbol{A}}_{i11} & \tilde{\boldsymbol{A}}_{i12}\\ \tilde{\boldsymbol{A}}_{i21} & \tilde{\boldsymbol{A}}_{i22}\end{pmatrix}\begin{pmatrix}\boldsymbol{G}_{i1} & \boldsymbol{G}_{i2}\\ \boldsymbol{V}_{i1} & \boldsymbol{V}_{i2}\end{pmatrix}^{-1}=\begin{pmatrix}\boldsymbol{G}_{i1} & \boldsymbol{G}_{i2}\\ \boldsymbol{V}_{i1} & \boldsymbol{V}_{i2}\end{pmatrix}^{-1}\begin{pmatrix}\boldsymbol{\Lambda}_{i1} & 0\\ 0 & \boldsymbol{\Lambda}_{i2}\end{pmatrix} \tag{9.18}$$

$$\begin{pmatrix}\boldsymbol{G}_{i1} & \boldsymbol{G}_{i2}\\ \boldsymbol{V}_{i1} & \boldsymbol{V}_{i2}\end{pmatrix}^{-1}=\begin{pmatrix}\boldsymbol{\xi}_{i1} & \boldsymbol{\xi}_{i2}\\ \boldsymbol{\eta}_{i1} & \boldsymbol{\eta}_{i2}\end{pmatrix} \tag{9.19}$$

$$\begin{pmatrix}\tilde{\boldsymbol{A}}_{i11} & \tilde{\boldsymbol{A}}_{i12}\\ \tilde{\boldsymbol{A}}_{i21} & \tilde{\boldsymbol{A}}_{i22}\end{pmatrix}\begin{pmatrix}\boldsymbol{\xi}_{i1} & \boldsymbol{\xi}_{i2}\\ \boldsymbol{\eta}_{i1} & \boldsymbol{\eta}_{i2}\end{pmatrix}=\begin{pmatrix}\boldsymbol{\xi}_{i1} & \boldsymbol{\xi}_{i2}\\ \boldsymbol{\eta}_{i1} & \boldsymbol{\eta}_{i2}\end{pmatrix}\begin{pmatrix}\boldsymbol{\Lambda}_{i1} & 0\\ 0 & \boldsymbol{\Lambda}_{i2}\end{pmatrix} \tag{9.20}$$

所以

$$\tilde{\boldsymbol{A}}_{i11}\boldsymbol{\xi}_{i1}+\tilde{\boldsymbol{A}}_{i12}\eta_{i1}=\xi_{i1}\Lambda_{i1} \tag{9.21}$$

由以上推导可得,矩阵$\begin{bmatrix}\xi_{i1} & \xi_{i2}\\ \eta_{i1} & \eta_{i2}\end{bmatrix}$是$\begin{bmatrix}\widetilde{\boldsymbol{A}}_{i11} & \widetilde{\boldsymbol{A}}_{i12}\\ \widetilde{\boldsymbol{A}}_{i21} & \widetilde{\boldsymbol{A}}_{i22}\end{bmatrix}$的右特征向量矩阵。

设计如下切换函数

$$\boldsymbol{C}_i=[\boldsymbol{V}_{i1}\quad \boldsymbol{V}_{i2}] \tag{9.22}$$

当系统运动轨线到达滑模面时,$\sigma_i=\boldsymbol{C}_i\boldsymbol{e}_i=\boldsymbol{V}_{i1}\boldsymbol{e}_{i1}+\boldsymbol{V}_{i2}\boldsymbol{e}_{i2}=0$。得

$$\boldsymbol{e}_{i2}=-\boldsymbol{V}_{i2}^{-1}\boldsymbol{V}_{i1}\boldsymbol{e}_{i1} \tag{9.23}$$

将式(9.23)代入式(9.14),得如下滑模方程

$$\dot{\boldsymbol{e}}_{i1}=(\widetilde{\boldsymbol{A}}_{i11}-\widetilde{\boldsymbol{A}}_{i12}\boldsymbol{V}_{i2}^{-1}\boldsymbol{V}_{i1})\boldsymbol{e}_{i1} \tag{9.24}$$

因为矩阵$\boldsymbol{V}_{i2}\in\mathbb{R}^{m\times m}$和矩阵$(\boldsymbol{G}_{i1}-\boldsymbol{G}_{i2}\boldsymbol{V}_{i2}^{-1}\boldsymbol{V}_{i1})$是可逆的,且由引理9.2,得如下等式

$$\eta_{i1}=-\boldsymbol{V}_{i2}^{-1}\boldsymbol{V}_{i1}\xi_{i1} \tag{9.25}$$

将式(9.25)代入式(9.21)得

$$(\widetilde{\boldsymbol{A}}_{i11}-\widetilde{\boldsymbol{A}}_{i12}\boldsymbol{V}_{i2}^{-1}\boldsymbol{V}_{i1})\xi_{i1}=\xi_{i1}\Lambda_{i1} \tag{9.26}$$

由以上推导可知,滑模方程(9.13)包含的 $n-m$ 个期望特征根是稳定的,所以滑模方程 (9.14) 是稳定的。

又因为 $\boldsymbol{C}_i$ 是矩阵$\widetilde{\boldsymbol{A}}_i$的具有 m 个稳定特征根的左特征向量,那么

$$\boldsymbol{C}_i\widetilde{\boldsymbol{A}}_i=\Lambda_{i2}\boldsymbol{C}_i \tag{9.27}$$

所以针对复杂网络系统(9.4),如果非线性项和耦合项满足匹配条件,则系统(9.4)可以转换为系统(9.24),即包含期望的特征根,那么系统(9.4)显然稳定。当系统(9.4)中的非线性项不满足匹配条件时,则系统(9.4)可以表示为如下形式:

$$\dot{\boldsymbol{e}}_{i1}=\widetilde{\boldsymbol{A}}_{i11}\boldsymbol{e}_{i1}+\widetilde{\boldsymbol{A}}_{i12}\boldsymbol{e}_{i2}+\widetilde{f}_{i1}(\boldsymbol{x}_i,\boldsymbol{s}) \tag{9.28}$$

$$\dot{\boldsymbol{e}}_{i2}=\widetilde{\boldsymbol{A}}_{i21}\boldsymbol{e}_{i1}+\widetilde{\boldsymbol{A}}_{i22}\boldsymbol{e}_{i2}+\widetilde{f}_{i2}(\boldsymbol{x}_i,\boldsymbol{s})+\sum_{j=1}^{N}\widetilde{\boldsymbol{B}}_i\widetilde{\boldsymbol{H}}_{ij}\boldsymbol{x}_j(t-\tau_{ij}(t))+\widetilde{\boldsymbol{B}}_i\boldsymbol{v}_i \tag{9.29}$$

当 $\sigma_i=0$ 时，得 $\boldsymbol{e}_{i2}=-\boldsymbol{V}_{i2}^{-1}\boldsymbol{V}_{i1}\boldsymbol{e}_{i1}$，所以滑模方程(9.28)可以表示为

$$\dot{\boldsymbol{e}}_{i1}=\overline{\boldsymbol{A}}_i\boldsymbol{e}_{i1}+\tilde{f}_{i1}(\boldsymbol{x}_i,\boldsymbol{s}) \tag{9.30}$$

其中，$\overline{\boldsymbol{A}}_i=\widetilde{\boldsymbol{A}}_{i11}-\widetilde{\boldsymbol{A}}_{i12}\boldsymbol{V}_{i2}^{-1}\boldsymbol{V}_{i1}$，显然矩阵 $\overline{\boldsymbol{A}}_i$ 是稳定的。

那么，具有非匹配不确定项的复杂网络的同步条件可以归纳为如下定理9.1。

定理9.1　如果非线性项 $\tilde{f}(x_i,s)$ 不满足匹配条件，那么系统(9.30)在分散滑模控制作用下实现渐近同步当且仅当如下条件满足：

$$k_1\mu_i<-\beta_i(\lambda_i+\beta_i) \tag{9.31}$$

其中，$k_1>0$ 是常数，且 $\lambda_i=\max\{\lambda_{i1},\cdots,\lambda_{im}\}<0$。

证明　针对动态系统(9.30)设计李雅普诺夫函数 V

$$V=\sum_{i=1}^{N}\boldsymbol{e}_{i1}^{\mathrm{T}}\boldsymbol{e}_{i1} \tag{9.32}$$

对函数 V 求导并将系统(9.30)代入，得

$$\dot{V}=\sum_{i=1}^{N}2\boldsymbol{e}_{i1}^{\mathrm{T}}[\overline{\boldsymbol{A}}\boldsymbol{e}_{i1}+\tilde{f}_{i1}(\boldsymbol{x}_i,\boldsymbol{s})] \tag{9.33}$$

由假设9.3，存在正常数 k_1，使得 $\|\tilde{f}_{i1}(\boldsymbol{x}_i,\boldsymbol{s})\|\leqslant k_1\mu_i\|\boldsymbol{e}_{i1}\|$ 成立，且由引理9.1，可得下式：

$$\begin{aligned}(9.33)&\leqslant\lambda_i\|\boldsymbol{e}_{i1}\|^2+\beta_i\|\boldsymbol{e}_{i1}\|^2+\frac{1}{\beta_i}k_1\mu_i\|\boldsymbol{e}_{i1}\|^2\\&=\left(\lambda_i+\beta_i+\frac{1}{\beta_i}k_1\mu_i\right)\|\boldsymbol{e}_{i1}\|^2\end{aligned} \tag{9.34}$$

又因为 $\lambda_i<0$，所以 $\dot{V}<0$。

9.4　时滞复杂网络的同步条件设计

基于上节设计的滑模面，当系统运动轨线到达滑模面时，可以保证系统实现同步。为了保证从任意状态出发的运动轨线都能在有限时间内到达切换面，本节需要设计一组分散滑模控制器，使得系统在滑动模态保持全局鲁棒稳定性。一般系统的到达条件如下式所示：

$$\boldsymbol{\sigma}(t)^{\mathrm{T}}\dot{\boldsymbol{\sigma}}(t)<0 \tag{9.35}$$

因为这里考虑的系统存在耦合项，常规的到达条件不成立，所以需要重新

设计到达条件如下

$$\sum_{i=1}^{N}\frac{\boldsymbol{\sigma}_i^{\mathrm{T}}(e_i)\,\dot{\boldsymbol{\sigma}}_i(e_i)}{\|\boldsymbol{\sigma}_i(e_i)\|}<0 \tag{9.36}$$

为了保证从任意初始状态出发的轨线都能到达切换面，设计控制器满足如下定理。

定理 9.2　当设计控制器满足下式

$$u_i=\boldsymbol{K}_i\boldsymbol{e}_i-(\boldsymbol{C}_i\boldsymbol{B}_i)^{-1}R_i\frac{\boldsymbol{\sigma}_i}{\|\boldsymbol{\sigma}_i\|}\|\boldsymbol{e}_i\| \tag{9.37}$$

式中，$R_i=\mu_i\|\boldsymbol{C}_i\|+\sum_{j=1}^{N}\|\boldsymbol{C}_i\boldsymbol{B}_i\|\ \|\boldsymbol{H}_{ij}\|\ \|x_{j\max}\|+\varepsilon,\varepsilon>0$ 是常数时，那么系统(9.4)的运动状态渐近收敛到切换面 $\sigma(e)=0$，即实现同步。

证明　由式(9.4)和式(9.10)，则系统的滑动模态可以表示为

$$\begin{aligned}\dot{\boldsymbol{\sigma}}_i&=\boldsymbol{C}_i\dot{\boldsymbol{e}}_i\\&=\boldsymbol{C}_iA\boldsymbol{e}_i+\boldsymbol{C}_i\tilde{f}(\boldsymbol{x}_i,s)+\boldsymbol{C}_i\sum_{j=1}^{N}\boldsymbol{B}_i\boldsymbol{H}_{ij}\boldsymbol{x}_j(t-\tau)+\boldsymbol{C}_i\boldsymbol{B}_i\boldsymbol{u}_i\\&=\boldsymbol{\Lambda}_{i2}\boldsymbol{\sigma}_i-\boldsymbol{C}_i\boldsymbol{B}_i\boldsymbol{K}_i\boldsymbol{e}_i+\boldsymbol{C}_i\boldsymbol{B}_i\boldsymbol{u}_i+\boldsymbol{C}_i\tilde{f}(\boldsymbol{x}_i,s)+\boldsymbol{C}_i\sum_{j=1}^{N}\boldsymbol{B}_i\boldsymbol{H}_{ij}\boldsymbol{x}_j(t-\tau)\end{aligned} \tag{9.38}$$

将式(9.37)代入式(9.38)，得

$$\dot{\boldsymbol{\sigma}}=\boldsymbol{\Lambda}_{i2}\sigma_i-R_i\frac{\boldsymbol{\sigma}_i}{\|\boldsymbol{\sigma}_i\|}\|\boldsymbol{e}_i\|+\boldsymbol{C}_i\tilde{f}(\boldsymbol{x}_i,s)+\boldsymbol{C}_i\sum_{j=1}^{N}\boldsymbol{B}_i\boldsymbol{H}_{ij}\boldsymbol{x}_j(t-\tau) \tag{9.39}$$

设计如下李雅普诺夫函数

$$V=\sum_{i=1}^{N}d_i\|\boldsymbol{\sigma}_i\| \tag{9.40}$$

对式(9.40)两边求导得

$$\dot{V}=\sum_{i=1}^{N}d_i\frac{\boldsymbol{\sigma}_i^{\mathrm{T}}\dot{\boldsymbol{\sigma}}_i}{\|\sigma_i\|} \tag{9.41}$$

将式(9.37)和式(9.39)代入式(9.41)得

$$\dot{V}=\sum_{i=1}^{N}d_i\frac{\boldsymbol{\sigma}_i^{\mathrm{T}}}{\|\boldsymbol{\sigma}_i\|}\Big[\Lambda_{i2}\boldsymbol{\sigma}_i+\boldsymbol{C}_i\tilde{f}(\boldsymbol{x}_i,\boldsymbol{s})$$

$$+\sum_{j=1}^{N}\boldsymbol{C}_i\boldsymbol{B}_i\boldsymbol{H}_{ij}\boldsymbol{x}_j(t-\tau_{ij})-\boldsymbol{R}_i\frac{\boldsymbol{\sigma}_i}{\|\boldsymbol{\sigma}_i\|}\|\boldsymbol{e}_i\|\Big]$$
(9.42)

因为 $\boldsymbol{\lambda}_i=\max\{\boldsymbol{\lambda}_{i1},\cdots,\boldsymbol{\lambda}_{im}\}<0$,且由假设9.2得

$$\dot{V}\leqslant\sum_{i=1}^{N}\Big[d_i\boldsymbol{\lambda}_i\|\boldsymbol{\sigma}_i\|+d_i\|\boldsymbol{C}_i\|\mu_i\|\boldsymbol{e}_i\|+d_i\sum_{j=1}^{N}\|\boldsymbol{C}_i\boldsymbol{B}_i\|\|H_{ij}\|\|\boldsymbol{x}_j(t-\tau_{ij})\|-d_i\boldsymbol{R}_i\|\boldsymbol{e}_i\|\Big]$$

$$=\sum_{i=1}^{N}d_i\boldsymbol{\lambda}_i\|\boldsymbol{\sigma}_i\|+\sum_{i=1}^{N}\sum_{j=1}^{N}d_i\|\boldsymbol{C}_i\boldsymbol{B}_i\|\|\boldsymbol{H}_{ij}\|\|\boldsymbol{x}_j(t-\tau_{ij})\|-\sum_{i=1}^{N}\sum_{j=1}^{N}d_i\|\boldsymbol{C}_i\boldsymbol{B}_i\|\|\boldsymbol{H}_{ij}\|\|\boldsymbol{x}_{j\max}(t)\|-\varepsilon<0 \quad (9.43)$$

因此,在定理9.2设计的控制器的作用下,系统(9.4)的运动状态能够渐近到达滑模面,实现系统同步。

在实际中,可能存在非线性项满足 $\|\tilde{f}(\boldsymbol{x}_i,\boldsymbol{s})\|\leqslant\mu_i\|\boldsymbol{e}_i\|$,而 μ_i 是未知参数。本节中,将针对未知参数设计鲁棒自适应控制器,从而实现系统的同步。

为了证明的需要,给出另外两个假设,

假设 9.6 $\operatorname{rank}(\tilde{f}, \boldsymbol{B}_i)=\operatorname{rank}(\boldsymbol{B}_i)$

假设 9.7 令 $\boldsymbol{B}_i=\begin{pmatrix}0\\ \boldsymbol{B}_{2i}\end{pmatrix}$,其中$\boldsymbol{B}_{2i}\in\mathbb{R}^{m\times m}$是非奇异矩阵。

令 $\boldsymbol{u}_i=\boldsymbol{K}_i\boldsymbol{e}_i+\boldsymbol{v}_i$,则滑模方程变为

$$\dot{\boldsymbol{e}}_{i1}=(\tilde{\boldsymbol{A}}_{i11}-\tilde{\boldsymbol{A}}_{i12}\boldsymbol{V}_{i2}^{-1}\boldsymbol{V}_{i1})\boldsymbol{e}_{i1} \quad (9.44)$$

通过构造切换函数很容易证明滑动模态是渐近稳定的,所以本节的主要任务是设计满足定理9.3的鲁棒控制器保证系统从任意点出发的状态轨线都能在有限时间内到达切换面。

定理 9.3 在假设9.6和假设9.7成立的条件下,且满足如下设计的鲁棒自适应控制器

$$\boldsymbol{u}_i=\boldsymbol{K}_i\boldsymbol{e}_i-(\boldsymbol{C}_i\boldsymbol{B}_i)^{-1}\Big[\boldsymbol{C}_i\hat{\mu}_i\|\boldsymbol{e}_i\|$$

$$+\sum_{j=1}^{N}\|\boldsymbol{C}_i\boldsymbol{B}_i\|\ \|\boldsymbol{H}_{ij}\|\ \|\boldsymbol{x}_{j\max}\|+\varepsilon_i\mathrm{sgn}\sigma_i\Big]$$

$$\dot{\hat{\mu}}_i=\|C_i\|\ \|\boldsymbol{e}_i\|,\tilde{\mu}_i=\hat{\mu}_i-\mu_i \tag{9.45}$$

其中,$\hat{\mu}_i$ 是未知参数 μ_i 的估计值,$\varepsilon_i>0$ 是常数,则保证系统(9.4)实现全局一致渐近稳定。

证明 构造如下李雅普诺夫函数

$$V=\sum_{i=1}^{N}\|\boldsymbol{\sigma}_i\|+\frac{1}{2}\sum_{i=1}^{N}\tilde{\mu}_i^2 \tag{9.46}$$

对式(9.46)两边分别求导,得

$$\begin{aligned}\dot{V}&=\sum_{i=1}^{N}\frac{\sigma_i^{\mathrm{T}}(e_i)\dot{\sigma}_i(e_i)}{\|\sigma_i\|}+\sum_{i=1}^{N}\tilde{\mu}_i\dot{\hat{\mu}}_i\\&=\sum_{i=1}^{N}\frac{\boldsymbol{\sigma}_i^{\mathrm{T}}}{\|\boldsymbol{\sigma}_i\|}\Big[\boldsymbol{\Lambda}_{i2}\boldsymbol{\sigma}_i-\boldsymbol{C}_i\boldsymbol{B}_i\boldsymbol{K}_i\boldsymbol{e}_i+\boldsymbol{C}_i\boldsymbol{B}_i\boldsymbol{u}_i+\boldsymbol{C}_i\tilde{f}(\boldsymbol{x}_i,\boldsymbol{s})+\\&\quad\boldsymbol{C}_i\sum_{j=1}^{N}\boldsymbol{B}_i\boldsymbol{H}_{ij}x_j(t-\tau_{ij})\Big]+\sum_{i=1}^{N}\tilde{\mu}_i\dot{\hat{\mu}}_i\\&\leqslant\sum_{i=1}^{N}\Big[\lambda_i\|\boldsymbol{\sigma}_i\|-\boldsymbol{C}_i\boldsymbol{B}_i\boldsymbol{K}_i\boldsymbol{e}_i+\boldsymbol{C}_i\,\mu_i\|\boldsymbol{e}_i\|+\sum_{j=1}^{N}\|\boldsymbol{C}_i\boldsymbol{B}_i\|\ \|\boldsymbol{H}_{ij}\|\\&\quad\|\boldsymbol{x}_j(t-\tau_{ij})\|+\boldsymbol{C}_i\boldsymbol{B}_i\boldsymbol{u}_i\Big]+\sum_{i=1}^{N}\tilde{\mu}_i\dot{\hat{\mu}}_i\\&\leqslant\sum_{i=1}^{N}\lambda_i\|\boldsymbol{\sigma}_i\|-\varepsilon_i\end{aligned} \tag{9.47}$$

因为 $\lambda_i<0,\varepsilon_i>0$,所以系统(9.4)在定理9.3设计的控制器的作用下实现同步稳定。

9.5 仿真算例

例1 具有已知界非线性项的复杂网络的仿真算例。

用混沌 Chua 系统来描述复杂网络的一个动态节点。孤立的 Chua 系统可用如下状态方程来描述:

$$\dot{x}=p(-x+y-f(x)),\dot{y}=x-y+z,\dot{z}=-qy$$

其中,$f(x)=m_0x+\frac{1}{2}(m_1-m_0)(|x+1|-|x-1|),m_0<0,m_1<0,$ $p=10,q=14.87,m_0=-1.27,m_1=-0.68$ 分别是常数;混沌 Chua 系统

相位图如图 9.1 所示。

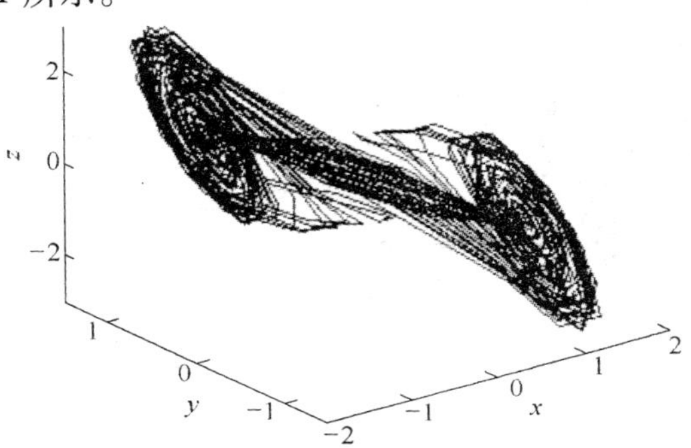

图 9.1 混沌 Chua 系统相位图

令 $x_1=x,x_2=y,x_3=z$,那么 Chua 系统也可以表示为:

$$\dot{x}_1=p(-x_1+x_2-f(x_1)),\dot{x}_2=x_1-x_2+x_3,\dot{x}_3=qx_2$$

Chua 系统对应的时滞耦合网络可用下面方程来描述:

$$\begin{pmatrix}\dot{x}_{i1}\\ \dot{x}_{i2}\\ \dot{x}_{i3}\end{pmatrix}=\begin{pmatrix}-p & p & 0\\ 1 & -1 & 1\\ 0 & -q & 0\end{pmatrix}\begin{pmatrix}x_{i1}\\ x_{i2}\\ x_{i3}\end{pmatrix}+\begin{pmatrix}-pf(x_{i1})\\ 0\\ 0\end{pmatrix}+\begin{pmatrix}\sum\limits_{k=i}^{i+2}x_{k,1}(t-\tau_{ij})\\ 0\\ \sum\limits_{k=i}^{i+2}x_{k,3}(t-\tau_{ij})\end{pmatrix}+\begin{pmatrix}0\\ 0\\ 1\end{pmatrix}u_i$$

为了仿真的方便,不妨设 $\tau_{ij}<0.02$,利用定理 9.2 中设计的控制器,系统的误差同步轨线如图 9.2 ~ 图 9.4 所示,可以看出这里设计的变结构控制器是有效的。

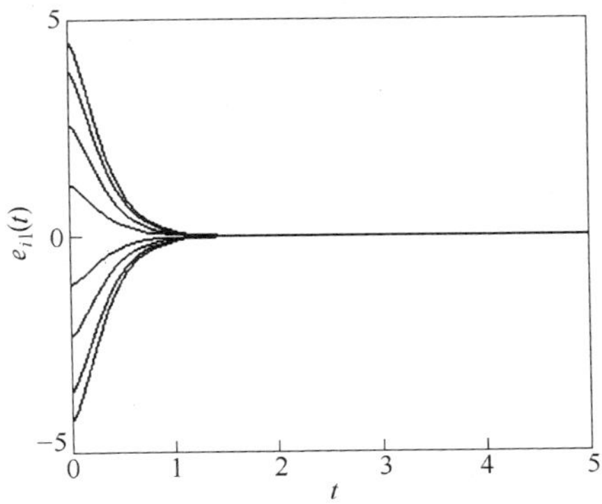

图 9.2 Chua 系统的 e_{i1} 同步稳定轨线

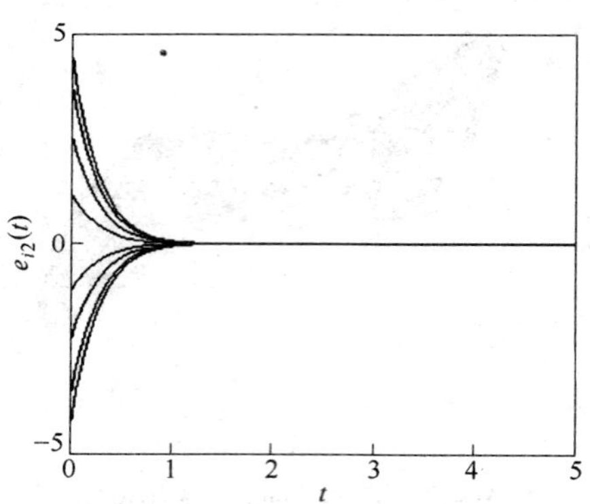

图 9.3　Chua 系统的 e_{i2} 同步稳定轨线

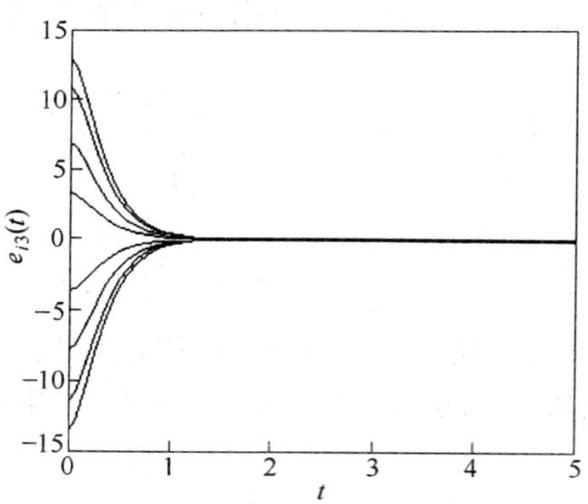

图 9.4　Chua 系统的 e_{i3} 同步稳定轨线

例 2　具有未知界非线性项的复杂网络系统仿真

用 Duffing 系统来描述复杂网络的一个动态节点，其中孤立 Duffing 可以用如下方程表示：

$$\dot{x} = y, \dot{y} = -0.1y - x^3 + 12\cos t$$

令 $x_1 = x, x_2 = y$，则 Duffing 系统能够被表示为：

$$\dot{x}_1 = x_2, \dot{x}_2 = -0.1x_2 - x_1^3 + 12\cos t$$

对应的网络方程如下

$$\begin{bmatrix} \dot{x}_{i1} \\ \dot{x}_{i2} \end{bmatrix} = \begin{bmatrix} 0 & 1 \\ 0 & -0.1 \end{bmatrix} \begin{bmatrix} x_{i1} \\ x_{i2} \end{bmatrix} + \begin{bmatrix} 0 \\ -x_{i1}^3 + 12\cos t \end{bmatrix} + \begin{bmatrix} \sum_{k=i}^{i+2} x_{k,1}(t-\tau_{ij}) \\ \sum_{k=i}^{i+2} x_{k,1}(t-\tau_{ij}) \end{bmatrix} + \begin{bmatrix} 0 \\ 1 \end{bmatrix} u_i$$

由定理 9.3，Duffing 系统的误差同步轨线如图 9.5 和图 9.6 所示，说明了本节设计的自适应变结构控制器的有效性。

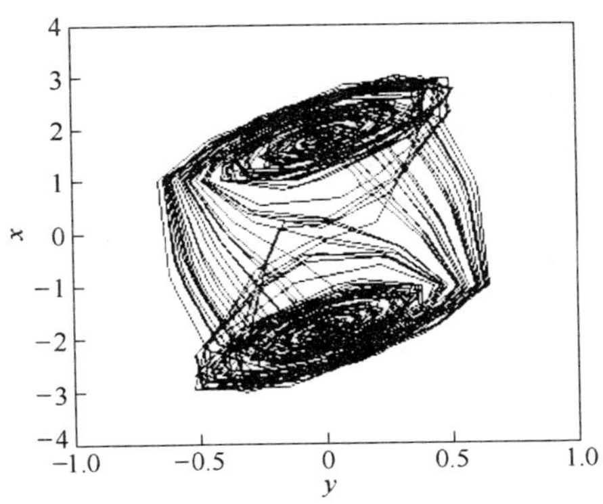

图 9.5 Duffing 系统相位图

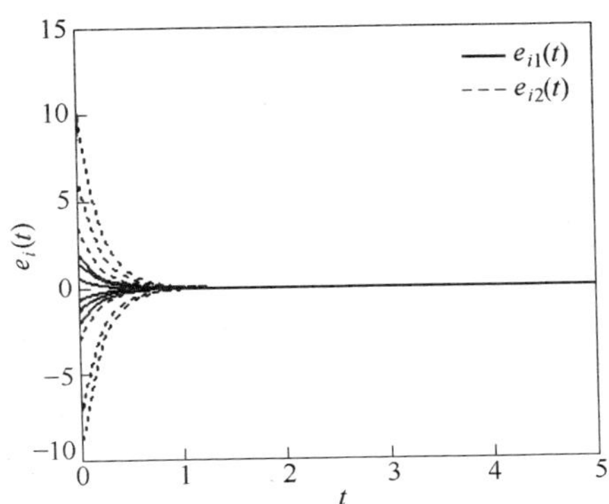

图 9.6 Duffing 系统的 e_{i1}，e_{i2}同步稳定轨线

9.6 结论

本章中,基于变结构控制,考虑了一类复杂网络的同步稳定问题。分别考虑了包含已知界的非线性项和未知界的非线性项的情况。最后,给出两个仿真算例,证明了方法的有效性。

第10章　结　束　语

近年来,模糊控制理论和应用取得了丰硕的成果,但是对于模糊控制稳定性、鲁棒性等性能的分析还比较困难,因此将模糊控制与常规控制理论相结合,设计具有全局稳定性的模糊控制器,是当前研究的重点。而变结构由于具有鲁棒性,被有效地用来控制不确定系统。当系统运动轨线到达滑动模态时,利用变结构控制,使得系统对于外部干扰和参数变量具有不变性。但是变结构控制也存在抖振的缺点,因此也需要通过结合智能控制技术来消除抖振。

基于以上思想,笔者在分别利用滑模控制技术和模糊控制技术研究不确定系统的基础上,尝试将两者相结合。首先研究了不确定离散系统的相关滑模控制问题,针对一类不确定离散系统设计了全程滑模控制器,并且利用不确定项的变化,设计了改进的滑模控制器。缩短了传统的滑模控制中的到达阶段,克服了传统滑模控制利用不确定项的界设计控制律的保守性缺点。还对包含时滞项的不确定系统,构造了鲁棒观测器,改进了传统的龙伯格观测器只能观测确定系统的缺点。基于T－S模型模糊控制方法,研究了包含参数不确定项和时滞项的非线性离散系统的镇定问题,通过构造线性矩阵不等式,把对系统的镇定问题转化为线性矩阵不等式的求解问题。还将模糊控制与滑模控制理论相结合,设计具有全局稳定性组合模糊控制器。分别考虑了基于模糊动态补偿的滑模控制器和具有监督滑模控制的模糊控制器,简化了模糊推理,保证了系统的稳定。在研究结果中可以看到,融合了滑模技术的模糊控制不仅能够对非线性系统的稳定性给出证明,而且还能有效地抑制在单纯滑模控制中出现的抖振现象。而且,利用模糊控制技术还能有效地减弱传统的滑模控制对不确定项的边界限制条件。最后,将滑模控制技术应用到倒立摆系统的稳定性问题研究和复杂网络的同步问题研究中,取得了理想的控制效果。

利用模糊滑模控制研究非线性系统,已经取得了很大的进展,但仍然有许多问题值得考虑,笔者将来还要深入研究的方向为:

(1)在利用模糊逻辑系统逼近非线性系统时,一般要求模糊控制规则对模糊空间的划分具有完备性,而且都是固定了推理前件中模糊集的形状和规则数,这样就会造成计算量过大,影响了控制效果。目前,模糊神经元融汇技术、遗传算法是解决这一问题的两种有潜力的途径,需要更多地研究和探索。

(2)本书在多数情况下只研究了鲁棒镇定问题,但是在实际应用中,跟踪问题也是一个重要的研究方向,而 H_∞ 性能指标是验证跟踪性能的一个重要指标。所以,如何将 H_∞ 控制与模糊滑模控制结合起来研究跟踪控制,也是以后要研究的课题。

(3)书中研究的时滞系统,是利用时滞项的界来设计控制器的。为了能够更精确地逼近实际系统,减小误差,变时滞问题、多时滞问题和时滞依赖问题都需要深入探索。

(4)从理论上讲,模糊滑模控制既具有智能控制的简单易于实现的特点,又融合了经典控制完备的稳定性证明。但仿真实现是通过计算机模拟的,使得智能控制的优点还不能充分体现。因此,今后将成熟的理论做到硬件实现,并投入到大规模生产中,也是需要重点研究的课题。

总而言之,对于不确定系统的研究,利用模糊滑模控制是一种有效的方法,但是没有单一的一种方法能够解决所有问题,因为一种控制方法难以一并处理诸多因素的影响。因此,将各种方法综合运用是解决问题的途径之一;同时,关注其他控制理论新方法来有效处理不断出现的新问题,也是理论工作者的任务之一。

参 考 文 献

1. Korovin S K, Utkin V I. Using sliding modes in static optimization and nonlinear programming[J]. Automatica, 1974, 10(5): 525 - 532
2. Utkin V I. Variable structure systems with sliding modes[J]. IEEE Trans Automatic Control, 1977, 22(20): 212 - 222
3. Dot Y, Holf R G. Microprocessor based sliding mode controller for DC motor drives[A]. Presented at the Industrial application society Annual meeting[C] 1980, Cincinnati, Ohio
4. Milosavljevic D. General conditions for the existence of a quasi - sliding mode on the switching hyperplane in discrete variable structure systems[J]. Automatic Remote Control, 1985, 46(3): 307 - 314
5. 高为炳, 程勉. 变结构控制的品质控制[J]. 控制与决策, 1989,4(4): 1 - 6
6. 高为炳. 离散时间系统的变结构控制[J]. 自动化学报, 1995,21(2): 154 - 161
7. 高为炳. 变结构控制的理论及设计方法[M]. 北京:科学出版社, 1998
8. Chang Koan - Yuh, Wang Wen - June. Robust covariance control for perturbed stochastic multivariable system via variable structure control[J]. Systems and Control Letters, 1999, 37(5): 323 - 328
9. 周军, 周凤岐, 陈新海, 吴宏鑫. 变结构局部模型跟踪控制研究[J]. 控制理论与应用, 1995, 12(6): 665 - 672
10. 胡寿松, 连善强, 王贞荣. 关联大系统的鲁棒稳定性[J]. 航空学报, 1994, 15(9): 1037 - 1042
11. 吴玉强, 冯纯伯. 结构未建模系统的变结构自适应控制器设计[J]. 控制与决策, 1994, 9(1): 8 - 13
12. Shyu Kuo - Kai, Tsai Yao - Wen, Lai Chiu - Keng. A dynamic output feedback controllers for mismatched uncertain variable structure systems[J]. Automatica, 2001, 37(5): 775 - 779
13. Leung Tin - Pui, Su Chun - Yi, Stepanenko Yury. Combined adaptive and variable structure control for constrained robots[J]. Automatica, 1995, 31(3): 483 - 488
14. 周军, 周凤岐. 挠性卫星变结构控制的全物理仿真试验分析[J]. 控制理论与应用, 1998, 15(4): 583 - 588
15. Hwang Chih - Lyang. Robust discrete variable structure control with finite - time approach to switching surface[J]. Automatica, 2002, 38(1): 167 - 175
16. Hui Stefen, Zak Stanislaw H. On discrete - time variable structure sliding mode control[J]. Systems and Control Letters, 1999, 38(4 - 5): 283 - 288
17. Feng Chun - Bo, Wu Yu - Qiang. A Design scheme of variable structure adaptive control for uncertain dynamic systems [J]. Automatica, 1996, 32(4): 561 - 567
18. Choi Han Ho. On the uncertain variable structure systems with bounded controllers[J]. Journal of The Franklin Institute, 2003, 340(2): 135 - 146
19. Cheng Chih - Chiang, Liu I - Ming. Design of MIMO integral variable structure controllers[J].

Journal of The Franklin Institute, 1999, 336(7):1119 - 1134

20. Furuta Katsuhisa, Pan Yaodong. Variable structure control with sliding sector[J]. Automatica, 2000, 36(2): 211 - 228

21. Yu Xinghuo, Zhihong Man. Multi - input uncertain linear systems with terminal sliding - mode control[J]. Automatica, 1998, 34(3): 389 - 392

22. 吴玉强,冯纯伯. 动态不确定多输入多输出系统的变结构鲁棒控制[J]. 控制理论与应用, 1994, 11(1): 20 - 29

23. 岳东, 刘永清. 滑动模态补偿器在变结构控制设计中的应用[J]. 控制与决策, 1995, 10(1): 45 - 49

24. 顾树生, 肖继烈, 高文忠. 具有不确定性的非线性系统的变结构控制[J]. 信息与控制, 1995, 24(3): 143 - 147

25. 李文林. 控制受限情况下变结构系统的全局稳定性[J]. 控制理论与应用, 1995, 12(6): 764 - 769

26. Filippov V I, Gutman M B. Electric resistance furnaces for heat treatment of metals and alloys[J]. Metal Science and Heat Treatment, 1977, 19(9 - 10): 917 - 919

27. Isidori A. Nonlinear control systems: an introduction, springer - verlag, 1985

28. 井元伟,严星刚,于守江,张嗣瀛. 基于状态观测器的伪非线性系统的镇定设计[J]. 控制与决策, 1996,11(1):28 - 33

29. 井元伟,胡三清,刘晓平,张嗣瀛. 可解的具有广义对称性的非线性系统的同结构分解与可控性[J]. 控制理论与应用, 1996,13(2):259 - 263

30. 井元伟,王刚,原萍,Georgim Dimirovski. 基于观测器的动态时滞系统鲁棒控制器的设计[J]. 控制与决策, 1998, 13(5):585 - 588

31. Zadeh L A . Fuzzy Set[J]. Information and Control, 1965, 8(2): 338 - 358

32. 李人厚, 张平安. 关于模糊辨识的理论与应用实际问题[J]. 控制理论与应用, 1995, 12(2): 129 - 137

33. 贺剑锋, 陈晖, 黄石生. 模糊控制的新近发展[J]. 控制理论与应用, 1994, 11(2): 129 - 136

34. Mizumoto M. Realization of PID controls by fuzzy control methods[J]. Fuzzy Sets and Systems, 1995, 70(2 - 3): 171 - 182

35. Michels Kai. A model - based fuzzy controller[J]. Fuzzy Sets and Systems, 1997, 85(2): 223 - 232

36. Yurkovich S, Widjaja M. Fuzzy controller synthesis for an inverted pendulum system[J]. Control Engineering Practice, 1996, 4(4): 455 - 469

37. 睢刚, 陈来九. 规则自适应模糊控制器[J]. 控制理论与应用, 1997, 14(4): 520 - 525

38. 佟绍成, 柴天佑. 一种非线性系统的模糊自适应控制[J]. 信息与控制, 1997, 26(2): 87 - 91

39. 张化光, 杨英旭, 柴天佑. 多变量模糊控制的现状与发展[J]. 控制与决策, 1995, 10(4): 289 - 295

40. Hao Ying. An analytical study on structure, stability and design of general nonlinear Takagi – Sugeno fuzzy control systems[J]. Automatica, 1998, 34(2): 1617 – 1623

41. Xiaodong Liu, Qingling Zhang. New approaches to H_∞ controller designs based on fuzzy observers for T – S fuzzy systems via LMI[J]. Automatica, 2003, 39(9): 1571 – 1582

42. Chen Jen – Yang. Rule regulation of fuzzy sliding mode controller design: direct adaptive approach [J]. Fuzzy Sets and Systems, 2001, 120(1): 159 – 168

43. 胡云安, 顾文锦. 模糊变结构控制及其应用[J]. 航天控制, 1995, 4: 54 – 58

44. Takagi T, Sugeno M. Stability analysis and design of fuzzy control systems[J]. Fuzzy Sets and Systems, 1992, 45(2): 135 – 196

45. 张曾科. 模糊数学在自动化技术中的应用[M]. 北京:清华大学出版社,1996

46. Furuta K. Sliding mode control of variable structure control systems[J]. System Control Letters, 1990, 14(2): 145 – 152

47. 姚琼荟, 黄继起, 吴汉松. 变结构控制系统[M]. 重庆:重庆大学出版社, 1997

48. 张科, 周凤岐. 不确定性多变量系统的全程滑模变结构控制方案设计[J]. 控制理论与应用, 1999, 16(2): 221 – 224

49. 于双和. 不确定离散系统的变结构控制[J]. 控制理论与应用, 2000, 17(1): 85 – 88

50. Xia Y Q, Jia Y M. Robust sliding mode control for uncertain time – delay systems: an LMI approach[A]. Proceeding of the American Control Conference, Anchorage[C]. 2002, 53 – 58

51. Alessandri A. Sliding – mode estimators for a class of non – linear systems affected by bounded disturbances[J]. Int Journal Control, 2003, 3: 226 – 236

52. Alessandri A. Design of sliding – mode observers and filters for nonlinear dynamic systems[A]. Proceedings of the 39th IEEE Conf. Decision and Control[C]. Sydney, 2000, 2593 – 2598

53. Cao S G, Rees N W, Feng G. Lyapunov – like stability theorems for discrete – time fuzzy control systems[J]. International Journal of Systems Science, 1997, 28(3): 229 – 241

54. Wang Z D, Unbehauen H. A class of nonlinear observers for discrete – time systems with parametric uncertainty[J]. International Journal of Systems Science, 2000, 31(1): 19 – 26

55. Mahmoud M S. Robust H_∞ control of discrete systems with uncertain parameters and unknown delays[J]. Automatica, 2000, 36: 627 – 653

56. 俞立. 不确定离散线性系统的鲁棒镇定[J]. 控制与决策, 1999, 14(2): 169 – 172

57. 马克茂, 伞冶. 离散模糊系统镇定律设计[J]. 控制与决策, 2001, 16(1): 831 – 833

58. Moura J T, Olgac N. Robust Lyapunov control with perturbation estimation[J]. 1998, IEEE Proc. Control Theory Appl., 45(3): 307 – 315

59. Cheres E, Gutman S, Plamor Z J. Stabilization of uncertain dynamic systems including state delay, IEEE Tran. Automa. Control[J]. 1989, 34: 1199 – 1230

60. Chou C H, Cheng C C. Design of adaptive variable structure controllers for perturbed time – varying state delay systems, Journal of the Franklin Institute[J]. 2001, 338: 35 – 46

61. Souza C de, Li X. Dely – dependent robust H_∞ control of uncertain linear state – delayed systems [J]. Automatica, 1999, 35: 1313 – 1321

62. Rajamani R. Observers for Lipschitz nonlinear systems[J]. IEEE Trans on Automat Control, 1998, 43: 397 - 401

63. Rajamani R, Cho Y M. Existence and design of observers for nonlinear systems: relation to distance to unobservability[J]. Int J Control, 1998, 69: 717 - 731

64. Wang Z D, Goodall D P, Burnham K J. On designing observers for time - delay system with non - linear disturbances[J]. In. J. Control, 2002, 75: 803 - 811

65. 李华，刘晓志，井元伟，张嗣瀛. 不确定组合系统的分散变结构控制[J]. 东北大学学报(自然科学版). 2003, 24(7): 613 - 615

66. Boyd S, Ghaou L EI, Feron E, Balakrishnan V. Linear matrix inequalities in systems and control theory[A]. Studies in Applied Mathematics. Philadelphia: SIAM, 1994

67. Tong S C, Wang T, Li H X. Fuzzy robust tracking control for uncertain nonlinear systems[J]. International Journal of Approximate Reasoning, 2002, 30: 73 - 90

68. Cao S G, Rees N W, Feng G, *et al.* H_∞ control of nonlinear discrete - time systems based on dynamical fuzzy models[J]. International Journal of Systems Science, 2000, 31(2): 229 - 241

69. Ma X J, Sun Z Q, He Y Y. Analysis an design of fuzzy controller and fuzzy observer[J]. IEEE Transaction on Fuzzy Systems, 1998, 6(1): 41 - 51

70. Cao Y Y, Frank P M. Analysis and synthesis of nonlinear time - delay systems via fuzzy control approach[J]. IEEE Transaction on Fuzzy Systems, 2000, 8(2): 200 - 211

71. Koshkouei A J, Zinober A S. Sliding mode observers for a class of nonlinear systems, Proceeding of the American Control Conference, Anchorage[C]. 2002, 2106 - 2111

72. 王岩，张庆灵，刘晓东，段晓东. 一类复杂非线性系统的模糊控制稳定性分析[J]. 东北大学学报, 2002, 23(8): 718 - 721

73. Jagannathan S, Vandegrift M W, Lewis F L. Adaptive fuzzy logic control of discrete - time dynamical systems[J]. Automatica, 2000, 36: 229 - 241

74. Zhongping Jiang, Yuan Wang. Input - to - state stability for discrete - time nonlinear systems[J]. Automatica, 2001, 37: 857 - 869

75. Chang W, Sun C. Constrained fuzzy controller design of discrete Takagi - Sugeno fuzzy models [J]. Fuzzy Sets and Systems, 2003, 133: 37 - 55

76. 米阳，井元伟. 基于 T - S 模型的非线性离散系统的鲁棒镇定[J]. 东北大学学报, 2004, 25: 13 - 16

77. Hwang G C, Lin S C. A stability approach to fuzzy control design for nonlinear systems[J]. Fuzzy Set and System, 1992, 48(2): 279 - 287

78. Sung - Woo Kim, Ju - Jang Lee. Design of a fuzzy controller with fuzzy sliding surface[J]. Fuzzy Set and System, 1995, 71(30): 359 - 367

79. Wang L X. Stable adaptive control of nonlinear systems[J]. IEEE Trans on Fuzzy Systems, 1993, 1(2): 146 - 155

80. Su C Y, Stepanenko Y. Adaptive control of a class of nonlinear systems with fuzzy logic[J]. IEEE trans. Fuzzy System, 1994, 2(4): 285 - 294

81. Graham Wheeler, Chun – Yi Su, Yury Stepanenko. A sliding mode controller with improved adaptation law for the upper bounds on norm of uncertainties[J]. Automatica, 1998, 34(12): 1657 – 1661

82. Chun – Yi Su , Robustness of static sliding mode control for non – linear systems[J]. Int. J. control, 1999, 72(15): 1343 – 1353

83. 朴国营，张俊星，张化光. 基于模糊逻辑的一类非线性系统直接自适应控制[J]. 控制理论与应用，2001，18(1):45 – 50

84. Takagi T, Sugeno M. Fuzzy identification of systems and its applications to modeling and control [J]. IEEE Trans. Systems Man Cybernet, 1985, 15(1): 116 – 132

85. Wook Chang, Jin Bae Park, Young Hoon Joo, Guan rong Chen. Design of robust fuzzy – model – based controller with sliding mode control for SISO nonlinear systems[J]. Fuzzy Sets and Systems, 2002, 125: 1 – 22

86. Young – Wan Cho, Chang – Woo Park, Mignon Park. An indirect model reference adaptive fuzzy control for SISO Takagi – Sugeno model[J]. Fuzzy Sets and Systems, 2002, 131: 197 – 215

87. Mei – Lang Chan, C W Tao, Tsu – Tian Lee. Sliding mode controller for linear systems with mismatched time – varying uncertainties[J]. Journal of the Franklin Institute, 2000, 337: 105 – 115

88. T H Lee, J X Xu, M Wang. An adaptive variable structure output tracking controller with improved transient performance[J]. International Journal of Systems Science, 2000, 31(1): 35 – 45

89. Kuo – Kai Shyu, Yao – Wen Tsai, Chiu – Keng Lai. A dynamic output feedback controllers for mismatched uncertain variable structure systems[J]. Automatica, 2001, 37: 775 – 779

90. C. Bonivento, L. Marconi, R. Zanasi. Output regulation of nonlinear systems by sliding mode [J]. Automatica, 2001,37: 535 – 542

91. R. Palm, Sliding mode fuzzy control, Proceedings of IEEE Conference on Fuzzy Systems, San Diedgo, 1992, 519 – 526

92. L X Wang, Adaptive Fuzzy Systems and Control – Design and Stability Analysis, Prentice – Hall, Englewood Cliffs, NJ, 1994

93. S G Cao, N W Rees, G Feng. Analysis and design for a class of complex control systems part II: Fuzzy controller design[J]. Automatica, 1997, 33(6): 1029 – 1039

94. Raul Ordonez, Kevin M. Passino. Control of discrete time nonlinear systems with a time – varying structure[J]. Automatica, 2003, 39:463 – 470

95. D Nesic, A R Teel, P V Kokotovic. Sufficient conditions for stabilization of sampled – data nonlinear systems via discrete – time approximations[J]. Systems & Control Letters, 1999, 38: 259 – 270

96. C Y Chan. Discrete adaptive sliding – mode tracking controller[J]. Automatica, 1997, 33(5): 999 – 1002

97. G Bartolini, A Ferrara, Utkin V I. Design of discrete – time adaptive sliding mode control, In Proc. 31st IEEE Conf. on Decision and Control. Tucson, AZ, 1992, 2387 – 2391

98. C Y Chan. Robust discrete quasi – sliding mode tracking controller[J]. Automatica, 1995, 31:

09 – 1511

99. Jean – Michel Renders, Marco Saerens, Hugues Bersini. Fuzzy adaptive control of a certain class of SISO discrete – time processes[J]. Fuzzy Sets and Systems, 1997, 85: 49 – 61

100. Jyh – Horng Chou, Shinn – Horng Chen. Stability analysis of the discrete Takagi – Sugeno fuzzy model with time – varying consequent uncertainties[J]. Fuzzy Sets and Systems, 2001, 118: 271 – 279

101. Wen – Jer Chang, Chein – Chung Sun. Constrained fuzzy controller design of discrete Takagi – Sugeno fuzzy models[J]. Fuzzy Sets and Systems, 2003, 133: 37 – 55

102. Cao Y Y, Frank P M. Stability analysis and synthesis of nonlinear time – delay systems via linear Takagi – Sugeno fuzzy models[J]. Fuzzy Sets and Systems, 2001,124: 213 – 229

103. Tseng C S, Chen B S, Uang H J. Fuzzy tracking control design for nonlinear dynamic systems via T – S fuzzy model[J]. IEEE Transactions on Fuzzy Systems, 2001, 9(3): 381 – 392

104. Tao C W, Chan M L, Lee T T. Adaptive fuzzy sliding mode controller for linear systems with mismatched time – varying uncertainties[J]. IEEE Transactions on systems, man, and cybernetics – part B: cybernetics, 2003, 33(2): 283 – 294

105. Choi H H. Variable structure control of dynamical systems with mismatched norm – bounded uncertainties: an LMI approach[J]. Int J Control, 2001, 74(13): 1324 – 1334

106. Shyu K K, Tsai Y W, Lai C K. A dynamic output feedback controllers for mismatched uncertain variable structure system[J]. Automatica, 2001, 37: 775 – 779

107. Gouaisbaut F, Dambrine M, Richard J P. Robust control of delay systems: a sliding mode control design via LMI[J]. System & control letters, 2002, 46: 219 – 230

108. Li X Q, Decarlo R A. Robust sliding mode control of uncertain time delay systems[J]. Int. J. Control, 2003, 76(13): 1296 – 1305

109. Zheng F, Cheng M, Gao W B. Feedback stabilization of linear systems with distributed delays in state and control variable[J]. IEEE Trans. Automatic Control, 1994, 39: 1714 – 1718

110. Zheng F, Wang Q G, Lee T H. Output tracking control of MIMO fuzzy nonlinear systems using variable structure control approach[J]. IEEE transactions on fuzzy systems, 2002, 10(6): 686 – 697

111. Mahmoud M S, Mohamed Z. Stabilizing controllers using observers for uncertain systems with delays[J]. International Journal of Systems Science, 2001, 32(6):767 – 773

112. 申铁龙,梅生伟,王宏等.鲁棒控制基准设计问题:倒立摆控制[J].控制理论与应用,2003,20(6):974 – 975

113. Li Shaoyuan, Xi Yugeng. Adaptive fuzzy sliding mode control for a class of nonlinear systems [C] // Proc of the 3rd world Congresson Intellgent Control and Automation, Heifei China University of science and Technology of china Press,2000,1848 – 1853

114. 张明廉,郝健康,何卫东.拟人智能控制与三级倒立摆[J].航空学报,1995,16(6):654 – 661

115. 姚利娜,王宏,周靖林,岳红.倒立摆系统的变结构控制方案[J].控制理论与应用,2004,21

(5):724 -727

116. 关世勇,魏衡华,陈星.拟人智能控制在二轮小车倒立摆系统中的应用[J].控制与工程,2006,13(5):433 -435

117. P. Erdös and A. Rényi, On the evolution of random graphs, Publ Math. Inst. Hung. Acad. Sci., 1960,5: 17 -61

118. D. J. Watts, S. H. Strogatz. Collective dynamics of small - world networks, Nature ,1998,393 (6684): 440 -442

119. D. J. Watts. Small - Worlds: The Dynamics of Networks Between Order and Randomness, Princeton University Press, Princeton, NJ, 1999

120. S. H. Strogatz. Exploring complex networks, Nature, 2001,410: 268 -276

121. A. L. Barablasi, R. Albert. Emergence of scaling in random networks, Science, 1999, 286:509 -512

122. A. L. Barabasi, R. Albert, H. Jeong. Mean - field theory for scale - free random networks, Physcia A , 1999, 272: 173 -187

123. R. Albert, A. L. Barablasi. Statistical mechanics of complex networks, Rev. Mod. Phys., 2002, 74:47 -91

124. X. F. Wang. Complex networks: topology, dynamics and synchronization, Int. J. Bifurcat. Chaos , 2002,2(5):885 -916

125. X. F. Wang, G. Chen. Complex networks: small - world, scale - free, and beyond, IEEE Circuits Syst. Mag., 2003, 3 (1) : 6 -20

126. X. F. Wang, G. Chen. Synchronization in small - world dynamical networks, Int. J. Bifurcat. Chaos, 2002, 12:187 -192

127. X. F. Wang, G. Chen. Synchronization in scale - free dynamical networks: robustness and fragility, IEEE Trans. CAS - I , 2002, 49 (1): 54 -62

128. Jinhu Lu, Xinghuo Yu, Guanrong Chen. Chaos synchronization of general complex networks dynamical, Physica A , 2004, 334: 281 -302

129. Zhi Li , Guanrong Chen. Robust adaptive synchronization of uncertain dynamical networks, Physics Letters A , 2004,324:166 -178

130. Chunguang Li, Guanrong Chen. Synchronization in general complex dynamical networks with coupling delays, Physica A , 2004,343:263 -278

131. Ping Li, Zhang Yi, Lei Zhang. Global synchronization of a class of delayed complex networks, Chaos, Solitons & Fractals, 2006, 30:903 -908

132. Jin Zhou, Tian Ping Chen. Synchronization in general complex delayed dynamical networks, IEEE Transactions on Circuits and Systems, 2006, 53:733 -744

133. Zhi Li, Gang Feng, David Hill. Controlling complex dynamical networks with coupling delays to a desired orbit, Physics Letters A, 2006, 351:42 -46

134. Chien - Hsin Chou, Chih - Chiang Cheng. A decentralized reference adaptive variable structure controller for large - scale time - varying delay systems, IEEE Transactions Automatic Control,

2003, 48:1213 - 1217

135. Kuo - Kai Shyu, Wen - Jeng Liua, Kou - Cheng Hsu. Design of large - scale time - delayed systems with dead - zone input via variable structure control, Automatica, 2005, 41:1239 - 1246

136. J. L. Lee, W - J. Wang. Robust decentralized stabilization via sliding mode control, Theory and Advanced Technology, 1997, 10 (2): 622 - 731